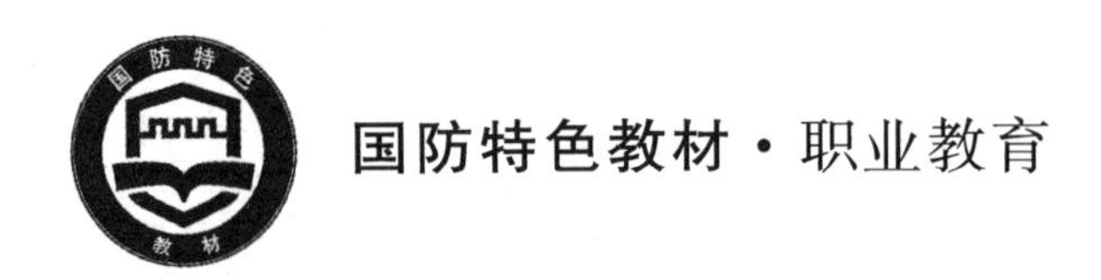

国防特色教材·职业教育

网络数据库应用技术

主　编　柴　晟　王永红　马国涛
主　审　银　河

北京航空航天大学出版社
北京理工大学出版社　哈尔滨工业大学出版社
哈尔滨工程大学出版社　西北工业大学出版社

内容简介

本书根据国防工业信息化建设特点，依托国防科技工业高等职业教育培训基地，从培养对实际问题的分析、理解和求解的能力出发，以完整的数据库案例分析和实现为主线，介绍了数据库系统的维护、管理和开发过程，突出高职教育“够用，实用”的特点。主要内容包括数据库安装与配置、数据库基本操作、数据库中的表、数据查询、数据库的数据完整性、视图、索引、Transact－SQL 语言编程、存储过程、触发器、SQL Server 数据库的安全、备份与恢复等。采用项目驱动的案例教学方法，列出了学习目标和要点，相应的知识点都有实例来引导说明，从而可有针对性地进行技能训练，强调岗位技能的训练和综合技能的培养，十分注重可操作性和可视化程度，通过操作步骤截图逐步展现数据库开发的过程，使读者建立整体概念，易于理解和掌握，并从实际操作角度出发给出习题，强化对本章知识点实际掌握能力训练。本书提供多媒体课件和实例代码。

本书适合作为普通高等院校、职业院校和各类培训学校计算机及其相关专业教材，也可作为职业资格等级考试或认证考试培训教材，还可作为从事相关工作的人员学习 SQL Server 知识的自学教材或参考书。

图书在版编目(CIP)数据

网络数据库应用技术 / 柴晟主编. --北京 ：北京航空航天大学出版社，2013.8

ISBN 978－7－5124－1226－2

Ⅰ. ①网… Ⅱ. ①柴… Ⅲ. ①关系数据库系统—高等职业教育—教材 Ⅳ. ①TP311.138

中国版本图书馆 CIP 数据核字(2013)第 186037 号

网络数据库应用技术

主　编　柴　晟　王永红　马国涛

主　审　银　河

责任编辑　刘亚军　潘世琴　朱锦秋

*

北京航空航天大学出版社出版发行

北京市海淀区学院路 37 号(邮编 100191)　http://www.buaapress.com.cn

发行部电话：(010)82317024　传真：(010)82328026

读者信箱：goodtextbook@126.com　邮购电话：(010)82316936

涿州市新华印刷有限公司印装　各地书店经销

*

开本：787×960　1/16　印张：22.75　字数：510 千字

2013 年 8 月第 1 版　2013 年 8 月第 1 次印刷　印数：3 000 册

ISBN 978－7－5124－1226－2　定价：39.00 元

前　言

在国防科技工业基础数据库和网络平台建设中，急需从事数据维护、管理和编码等信息化建设的高技能人才队伍。为此，多家国防工业高职院校和航空企事业单位的专家、专业教师，结合国防工业信息数据库建设的需求特点，依托国防科技工业高等职业教育培训基地，发挥与航空企事业单位产学研结合优势，共同编写了本书。这也是为落实《国务院关于大力发展职业教育的决定》和国防科技工业教育工作会议的精神，而进行的积极探索和实践。

本书具有以下特点：

1. 定位明确。一方面，按照国防科技工业行业信息化和资源数据库建设的要求，选择案例来自国防科技工业生产实践项目，突出重点，完善、规范，强调基本操作技能的培养，适合专业教学与实践。另一方面，结合职业资格等级考试的思路，对各知识点进行了比较全面的分析，也适合职业资格等级考试培训。

2. 突出职业教育特点。"网络数据库应用技术"课程是国家示范性高等职业教育重点建设专业的优质核心课程，在充分利用国家示范性高等职业院校建设项目的支持和人才优势下，本书从培养对实际问题的分析、理解和求解的能力出发，采用完整实际案例的情景分析和实现，介绍了数据维护、管理和开发过程，避免传统教材和教学方法中"重理论、轻实践"的弊端，突出高职教育"够用，实用"的特点。

3. 适合实践教学。本书内容组织和结构合理，条理清晰，操作步骤鲜明，每章列出了学习目标和要点，相应的知识点都有数据库实例来引导说明，提供上机练习，既方便进行操作实验，又方便讲解和指导实习。本书精心编写了习题，从实际操作角度出发，强化读者对本章知识点的实际掌握。最后提供了一个国防科技工业生产实践项目系统，完成对完整数据库系统从设计到实现、从安装配置到维护的全过程。本书提供多媒体课件和每章的范例代码。书中所涉及源代码均可从北航出版社网站下载(www.buaapress.com.cn)。

4. 教学环节系统化、规范化。该课程有完整的教学实践文件(包括教学大纲、讲授和实验计划、教案和电子课件、实习实验大纲和指导书等)，理论教学和实验安排比例应为1∶1,每章课程突出学习目标,教学重点和难点等力求文字通俗易懂。实例过程图文并茂,可以对照学习,简明易懂。

5. 本书作者队伍由一线教师、具有多年信息化建设技术经验的行业企事业专家和职业资格培训一线优秀教师联合编写,教学与实践紧密结合。本书可作为企事业单位、高等院校的专业和技能培训教材,也可作为职业资格等级考试或认证考试培训教材。

本书选用 Microsoft 公司的数据库服务器产品 SQL Server 2008,各章内容如下:

第1章数据库的安装配置:主要讲解 Microsoft SQL Server 数据库的特点、所需配置,还介绍了如何安装 SQL Server,主要组件的使用,如何实现客户机与服务器的网络配置和连接的方法,服务器的注册方法以及启动服务器。

第2章数据库的基本概念和操作:主要讲解数据库的基本概念、数据库的发展及体系结构,并介绍概念模型的相关概念、表示方法以及概念模型向关系模型的转换方法,讨论了数据库的设计步骤和方法,还介绍了数据文件和文件组的概念、数据库的存储方式,如何通过企业管理器、向导工具以及 T-SQL 语言建立和管理数据库等操作。

第3章数据库的表:主要讲解 SQL Server 的数据类型、数据表的建立方法,数据表的查看、修改和删除方法。

第4章数据检索:主要讲解多表连接查询和子查询,按照功能需求熟练检索出符合要求的数据并将其按照指定格式展现给用户或者应用程序的操作。

第5章数据完整性:主要讲解 Microsoft SQL Server 系统的数据完整性方法,数据完整性的概念和类型,如何通过定义表的各种约束实现数据完整性,以及如何管理规则对象和默认对象。

第6章视图:主要讲解视图,阐述其概念和特点,描述了创建视图的过程,讨论了如何对视图进行查看、修改、删除等管理操作。

第7章索引:主要讲解索引的概念,数据的存储方式,并介绍了索引的分类,详细讨论了创建、查看和删除索引的方法。

第8章 Transact-SQL 语言编程:主要讲解程序的批处理的概念,变量的定义,并介绍了流程控制语句,对常用系统函数和用户定义函数进行了描述,还讨论了游标声明、打开、使用和关系,事务和锁的概念和使用。

第9章存储过程:主要讲解存储过程的概念、用途、创建方法,以及如何编写简单的存储过程。

第10章触发器：主要讲解触发器的概念，如何创建、使用和维护触发器等内容。

第11章数据库安全：主要讲解数据库的安全性管理问题，涉及服务器登录、数据库用户、角色、权限等。

第12章数据库的备份与恢复：主要讲解数据库备份与恢复的基本概念、类型及方法。重点讲解了各种不同数据库备份方法的异同点，根据不同实际情况如何制定相应的备份与恢复策略，还介绍了使用SQL Server企业管理器及T-SQL语句进行数据库备份与恢复的操作方法。

第13章切削管理数据库的设计与实现：通过一个完整数据库系统从设计到实现、从安装配置到维护的全过程，对前面12章的数据库基本操作技能和知识进行一个系统的整合。

本书由银河担任主审，柴晟、王永红和马国涛任主编，李万武、罗传军、张金凤、王津、陈良维、杜垚、申巧俐、王诗瑶等参编。其中，柴晟编写第2章，王永红编写第1,8～10章，马国涛编写第3章，李万武编写第4,5章，罗传军编写第6章，张金凤编写第7,11～13章；第1章的软件安装和图片处理由王诗瑶完成；示例部分的整理由王津完成第1～5章，陈良维完成第6～10章，杜垚完成第11章，申巧俐完成第12章。张强等参与了资料整理和程序调试工作，在此表示衷心的感谢。

作为国家示范性高等职业院校建设单位和国防科技工业高等职业教育培训基地建设单位，成都航空职业技术学院组织完成了本书的编写和实施。

在本书的编写过程中，得到了四川航空工业局的大力支持，江苏畜牧兽医职业技术学院、黑龙江科技大学、荆楚理工学院、南京交通职业技术学院、扬州大学新闻与传媒学院等学校也积极支持，在此表示衷心的感谢。

由于编者水平所限，疏漏之处在所难免，恳请读者和专家不吝赐教。

编　者

2013年7月

目　　录

第1章 数据库的安装配置

本章要点

本章内容包括 SQL Server 2008 的特点、客户机/服务器体系结构以及 SQL Server 2008 在数据库管理系统领域的发展简史，SQL Server 2008 主要组件的使用方法(包括 SQL Server 配置管理器、SQL Server Management Studio、SQL Server Profiler 等的功能和使用方法)，重点介绍最重要的工具 Microsoft SQL Server Management Studio。

学习目标

☑ 了解 SQL Server 2008 的特点

☑ 熟悉 SQL Server 2008 的所需配置

☑ 掌握安装 SQL Server 2008 的方法

☑ 掌握 SQL Server 2008 主要组件的功能与启动方法

☑ 掌握 SQL Server 服务器的启动与停止的方法

作为系统开发人员和数据库管理员(Database Administrator,DBA)来说，为什么需要学习使用数据库(Database,DB)呢？这是因为实际应用中有大量的业务数据，而数据库能够方便地存储和管理这些业务数据。例如，银行的储蓄业务，手机中通讯录和短消息的存储，都与数据库息息相关。

使用数据库是通过数据库管理系统(Database Management System,DBMS)进行的。DBMS 是位于用户与操作系统之间的一层数据管理软件，为用户或应用程序提供访问数据库的方法，包括数据库的建立、查询、更新以及各种数据库控制等。

当前，数据库市场上的常见数据库产品包括甲骨文公司的 Oracle 系统，IBM 公司的 DB2 系统和 Informix 系统，赛贝斯公司的 Sybase ASE 系统，微软公司的 Microsoft SQL Server 系统和 Access 系统，以及 MySQL 开源数据库系统等。

在数据库领域，Oracle 常被认为是市场领导者。Oracle 功能强大，适应性很强，适宜为大公司提供大型解决方案，广泛应用于 Web 搜索引擎。但是，从开发者的角度来看，Oracle 比 SQL Server 复杂，使用不方便，价格较高。

Sybase 主要用在 UNIX 操作系统上，非常快，且十分稳健，通常一年只需重启一两次。但是，与 Microsoft SQL Server 相比，功能不够强大，命令和特性不够丰富，编程语言也不够强大。高端的 Sybase 没有图形用户界面前端。

而微软公司本身的 Microsoft Access 数据库在可扩缩性、速度以及灵活性方面有局限性，只适用于小型的内部系统。

所以，本书以微软公司的 Microsoft SQL Server 为例介绍数据库。

1.1 SQL Server 的基本架构

1.1.1 SQL Server 的发展

最早的 SQL Server 系统是赛贝斯公司开发的。1987 年，赛贝斯公司发布了 Sybase SQL Server 系统。1988 年微软公司参与到赛贝斯公司的运行于 OS/2 上的 SQL Server 系统开发，提出将 SQL Server 移植到自己刚推出的 Windows NT 系统中，1993 年终止合作。1995 年、1996 年和 1998 年，微软公司分别发布了 Microsoft SQL Server 6.0、6.5 和 7.0 系统。此时，Windows SQL Server 逐渐突显实力，以至于 Oracle 推出了运行于 NT 平台上的 7.1 版本作为直接的竞争。

2000 年，微软公司发布了与传统 SQL Server 有重大区别的 Microsoft SQL Server 2000 系统。该版本的市场份额超过 Oracle，占据第一。

2005 年，微软公司艰难地发布了 Microsoft SQL Server 2005 系统，质的飞跃是引入了 .NET Framework，由原来的数据库转换成一个数据库管理平台。引入.NET Framework 能够构建.NET SQL Server 专有对象，正如包含 Java 的 Oracle 所拥有的那样，使 SQL Server 具有灵活的功能。2008 年 8 月，微软公司发布了 Microsoft SQL Server 2008 系统。

目前，微软公司对 SQL Server 2000 已不再销售和提供主流支持，不建议系统开发人员再使用该版本开发新系统。

鉴于 Microsoft SQL Server 市场的占有率，通常把 Microsoft SQL Server 简称为 SQL Server。

1.1.2 SQL Server 2008 的体系结构

SQL Server 2008 由一族数量众多的数据库组件组成。这些组件在功能上互相补充，在使用方式上彼此协调，以满足用户在数据存储和管理、大型 Web 站点支持和企业数据分析处理上的需求。

从不同的应用和功能角度出发，SQL Server 2008 具有下列不同的系统结构分类。

1) 客户机/服务器体系结构：主要应用于客户端可视化操作、服务器端功能配置以及客户端和服务器端的通信。

2) 数据库体系结构：又划分为数据库逻辑结构和数据库物理结构。数据库逻辑结构主要应用于面向用户的数据组织和管理，如数据库的表、视图、约束、用户权限等；数据库物理结构主要应用于面向计算机的数据组织和管理，如数据文件、表和视图的数据组织方式，磁盘空间的利用和回收，文本和图形数据的有效存储等。

3）关系数据库引擎体系结构：主要应用于服务器端的高级优化，如线程和任务的处理、数据在内存的组织和管理等。

4）服务器管理体系结构：主要面向 SQL Server 2008 的数据库管理员，具体内容包括分布式管理框架、可视化管理工具、数据备份和恢复以及数据复制等。

SQL Server 2008 对大多数用户而言，首先是一个功能强大的具有客户机/服务器体系结构的关系数据库管理系统。所以，从入门和学习的角度来看，理解它的客户机/服务器体系结构是非常有益的。它可以使用户明白自己所执行的每一个普通操作主要将利用或影响到整个数据库体系中的哪一个或哪几个组件，出了问题应该到什么地方去找原因，从而有的放矢地进行系统学习。

SQL Server 2008 的客户机/服务器体系结构可以划分为客户端组件、服务器端组件和通信组件三部分。

1. 客户机/服务器或浏览器/服务器

20 世纪 80 年代末到 90 年代初，许多应用系统从主机终端方式、文件共享方式向客户机/服务器方式过渡。客户机/服务器系统比文件服务器系统能提供更高的性能，因为客户机和服务器将应用的处理要求分开，同时又共同实现其处理要求（即分布式应用处理）。服务器为多个客户机管理数据库，而客户机发送请求并分析从服务器接收的数据。在一个客户机/服务器应用中，数据库服务器是智能化的，它只封锁和返回一个客户机请求的那些行，保证了并发性，网络上的信息传输减到最少，因而可以改善系统的性能。

典型客户机/服务器方式的特点：

- 服务器负责数据管理及程序处理。
- 客户机负责界面描述和界面显示。
- 客户机向服务器提出处理要求。
- 服务器响应后将处理结果返回客户机。
- 网络数据传输量小。

总体来说，客户机/服务器方式是一种两层结构的体系。随着技术的进步以及需求的改变，更多的层次被划分出来。目前，在 Internet 应用体系结构中，事务的处理被划分为三层，即：浏览器—Internet 服务器—数据库服务器。在这种体系结构中，业务的表达通过简单的浏览器来实现，用户通过浏览器提交表单，把信息传递给 Internet 服务器，Internet 服务器根据用户的请求，分析出请求数据库服务器进行的查询，交给数据库服务器去执行，数据库服务器把查询的结果反馈给 Internet 服务器，再由 Internet 服务器用标准的超文本置标语言（HTML）反馈给浏览器。

使用浏览器/服务器最大的好处是对客户端的要求降到了最低，减少了客户端的拥有和使用成本，具有更大的灵活性。但是，它也增加了潜在的复杂性，尤其对小型应用程序而言，开发速度可能比较慢。

2. SQL Server 2008 的服务器端组件

SQL Server 2008 基于 Microsoft .NET 架构环境。在 SQL Server 组件中，最关键的组件是数据库引擎(Database Engine)、分析服务(Analysis Services)、报表服务(Reporting Services)和整合服务(Integration Services)，并以数据整合服务为中心，形成一个逻辑上的整体。四个组件以服务的形式存在，服务之间相互存在和相互应用，如图 1-1 所示。

(1) 数据库引擎

SQL Server 数据库引擎即人们常说的数据库，是人们日常应用中最多的部分。实际上，使用 SQL Server 就是在使用 SQL Server 数据库引擎部分，它在数据库管理系统中的地位就像发动机在汽车中的地位一样，是最重要的组成部分。SQL Server 数据库引擎包括数据引擎(用于存储、处理和保护数据核心服务)、复制、全文搜索，以及用于管理关系数据和可扩展置标语言(XML)数据的工具。

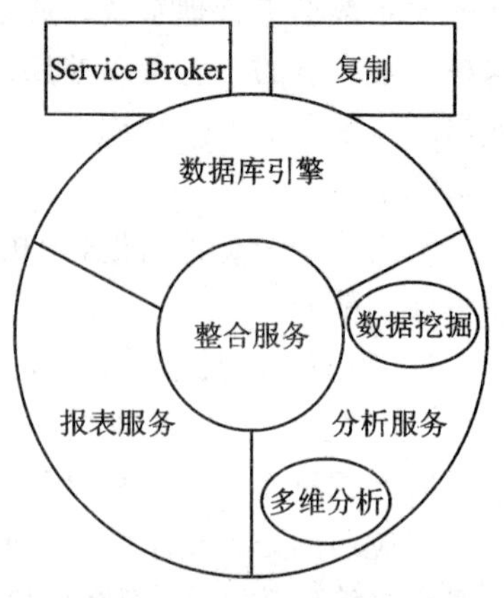

图 1-1 SQL Server 组件中最关键的四个组件及其关系

SQL Server 数据库引擎是系统中唯一可以直接读取和修改数据的组件。客户对数据库的所有服务请求，最终都会体现为一组 Transact SQL 命令。它的功能是负责协调和安排这些服务请求的执行顺序，然后逐一解释和执行 SQL 命令，并向提交这些服务请求的客户返回执行的结果，同时也可以支持分布式的数据库查询。

SQL Server 数据库引擎的功能还包括监督客户对数据库的操作，实施企业规划，维护数据的一致性等，具体体现在：

- 负责存储过程和触发器的执行。
- 对数据加锁，实施并发性控制，以防止多个用户同时修改同一个数据。
- 管理分布式数据库，保证不同物理地址上存放的数据的一致性和完整性。
- 加强系统的安全性。

(2) 分析服务

分析服务包括用于创建和管理联机分析处理(OLAP)以及数据挖掘应用程序工具。

SQL Server 2008 的分析服务也得到了很大的改进和增强。比如，能够 Scale-Out(向外扩展)许多小服务器的 OLAP 查询工作负载，通过新的 Block Computation(块计算)增强了查询速度。

(3) 报表服务

报表服务包括用于创建、管理和部署表格报表、矩阵报表、图形报表以及自由格式报表的服务器和客户端组件，同时它还是一个可用于开发报表应用程序的可扩展平台。

SQL Server 2008 报表服务的处理能力和性能得到了改进，使得大型报表不再耗费所有可用内存，在报表的设计和完成之间也有了更好的一致性。

(4) 整合服务

整合服务是一组图形工具和可编程对象，用于移动、复制和转换数据。

SQL Server 2008 整合服务的功能有很大的改进和增强，比如它的执行程序能够更好地并行执行。整合服务能够在多处理器机器上跨越两个处理器，而且在处理大件包上面的性能得到了提高，整合服务引擎更加稳定，锁死率更低。另外，整合服务能够从不同的数据源获取相关信息，包括 ADO. NET，XML，OLEDB 和其他整合服务压缩包。

SQL Server 2008 除了以上四个核心服务组件外，还提供了四个周边服务，包括通知服务、全文检索服务、复制服务和代理服务等功能组件，它们共同构成了整个复杂的结构。

3. SQL Server 2008 客户端组件

SQL Server 2008 客户端组件包括命令提示工具、Reporting Services 工具、连接组件、编程模型、管理工具、开发工具以及 SQL Server 联机丛书。

4. 客户端应用程序与数据库服务器的通信

(1) 通信方式

SQL Server 2008 采用多种方式实现客户端应用程序与数据库服务器之间的通信。具体可以划分为以下两种情况：

1) 客户端应用程序与数据库服务器位于同一台计算机。在这种情况下，SQL Server 2008 利用 Windows 进程间通信组件，如本地命名管道或者共享内存等。

2) 客户端应用程序与数据库服务器位于不同计算机。在这种情况下，SQL Server 将使用网络进程通信组件进行客户端和服务器端的连接。

(2) 进程间通信(IPC)

一个 IPC 通常由两部分组成：

1) API(Application Programming Interface，应用编程接口)部分。API 主要是一组已经定义好的函数，应用软件通过调用这些函数来向 IPC 发送查询请求，取回查询的结果。

2) 协议(Protocol)部分。协议定义了两个利用 IPC 进行通信组件之间传递数据所使用的格式。当使用网络 IPC 进行通信时，协议定义了传递的分组数据格式。

由于 SQL Server 2008 强大的网络应用功能，所以客户端的通信方式比以往任何一个版本都要复杂。但是 SQL Server 2008 做了大量的简化工作，把复杂的通信方式屏蔽在用户的使用范围之外。SQL Server 的客户端应用程序可以动态确定服务器的网络地址，所需要的仅仅是服务器计算机的网络名字。

在 SQL Server 所使用的通信组件中，网络库是最为主要的。网络库的功能是按照适当的网络协议将数据库请求以及传输结果进行打包。网络库必须在客户机和服务器上进行安装。客户机和服务器可以同时使用多个网络库，但必须都使用通用网络库，以便成功地进行通信。

1.1.3 SQL Server 2008 的特点

SQL Server 2008 是一个可信任的、高效的、智能的数据平台，是微软公司数据平台愿景中的一个主要部分，旨在满足目前和将来管理和使用数据的需求。可信任性使得企业可以以很高的安全性、可靠性和可扩展性来运行关键任务的应用程序。高效性使得企业可以降低开发和管理数据基础设施的时间和成本。智能性提供了一个全面的平台，当企业用户需要的时候，企业可以发送观察和信息。SQL Server 2008 的特点体现在如下几个方面。

1. 增强了信息安全性

透明的数据加密可以对整个数据库、数据文件和日志文件进行加密，而不需要改动应用程序。外键管理为加密和密钥管理提供了一个全面的解决方案。通过支持第三方密钥管理和硬件安全模块(HSM)产品提供了支持。增强的审查功能可以审查数据使用者对数据的操作，提高遵从性和安全性。审查包括对数据修改的信息，以及什么时候对数据进行读取的信息。可以定义每一个数据库的审查规范，配置的灵活性更高。

2. 确保业务可持续性

SQL Server 2008 更可靠地加强了数据库镜像的平台。页面自动修复通过请求获得一个从镜像合作机器上得到的出错页面的映像，使主要的和镜像的计算机可以透明地修复数据页面上的 823 和 824 错误。压缩了输出的日志流，使数据库镜像所要求的网络带宽最小，提高了性能。新增加了执行计数器、动态管理视图(Dynamic Management View)和对现有的视图的扩展，可显示镜像会话的更多信息。CPU 资源可以直接添加到 SQL Server 2008 所在的硬件平台上而不需要停止应用程序。

3. 最佳的和可预测的系统性能

SQL Server 2008 提供了一个广泛的功能集合，使企业数据平台上的所有工作负载的执行都是可扩展的和可预测的。性能数据的采集为管理员性能调整和排除故障，推出了范围更大的数据采集和一个用于存储性能数据的新的集中的数据库，以及新的报表和监控工具。备份压缩减少了需要的磁盘 I/O，在线备份所需要的存储空间也减少了，而且备份的速度明显加快了。改进的数据压缩使数据可以更有效存储，并且降低了数据的存储要求。数据压缩还为大型的限制输入/输出的工作负载(如数据仓库)提供了显著的性能改进。资源监控器使公司可以提供持续的和可预测的响应给终端用户。资源监控器使数据库管理员可以为不同的工作负载定义资源限制和优先权，使得并发工作负载可以为终端用户提供稳定的性能。新的制订查询计划的功能提供了更好的查询执行稳定性和可预测性。

4. 基于政策的管理

陈述式管理架构(DMF)是用于 SQL Server 数据库引擎的新的基于策略的管理框架，是一个基于政策的管理一个或多个 SQL Server 2008 实例的系统。政策管理员使用强制、对改动进行检查、检查时间表三种执行模式之一，使政策自动执行。

5. 改进了安装

改进了服务生命周期，重新设计了安装、建立和配置架构，使安装与 SQL Server 软件的配置分离开来。

6. 加速开发过程

SQL Server 提供了集成的开发环境和更高级的数据提取，使开发人员可以创建下一代数据应用程序，同时简化了对数据的访问。

ADO.NET 实体框架使开发人员可以以实体来设计关系数据。语言级集成查询能力(LINQ)使开发人员可以通过使用管理程序语言(如 C#或 Visual Basic .NET 而不是 SQL 语句)对数据进行查询。ADO.NET 的对象服务层使得可以进行具体化检索、改变跟踪和实现作为公共语言运行时(CLR)的数据的可持续性。Service Broker 可扩展性继续加强。通过关键的改进增强了 Transact－SQL 编程人员的开发体验。

7. 偶尔连接系统

偶尔连接成为移动设备和活动式工作人员的一种工作方式。SQL Server 2008 推出了一个统一的同步平台，使得在应用程序、数据存储和数据类型之间达到一致性同步。

8. 不只是关系数据

SQL Server 2008 基于过去对非关系数据的强大支持，提供了新的数据类型，使得开发人员和管理员可以有效地存储和管理非结构化数据，如文档和图片；还增加了对管理高级地理数据的支持。除了新的数据类型，SQL Server 2008 提供了一系列对不同数据类型的服务，同时为数据平台提供了可靠性、安全性和易管理性。HierarchyId 是一个新的系统类型，它可以存储一个层次树中显示的结点的值。FileStream 数据类型使大型的二进制数据(如文档和图片等)可以直接存储到一个 NTFS 文件系统中，并维护事务的一致性。集成的全文检索使得在全文检索和关系数据之间可以无缝转换，同时使全文索引可以对大型文本字段进行高速的文本检索。稀疏列使 NULL 数据不占物理空间，从而提供了一个非常有效的管理数据库中的空数据的方法。大型的用户定义的类型超越了用户定义的类型的 8KB 的限制。地理信息为在基于空间的应用程序中消耗、扩展和使用位置信息提供了广泛的空间支持。

9. 集成任何数据

SQL Server 2008 提供了一个全面的和可扩展的数据仓库平台，可以用一个单独的分析存储进行强大的分析，满足成千上万的用户在几兆字节的数据中的需求。

10. 发送相应的报表

SQL Server 2008 提供了一个可扩展的商业智能基础设施，使得 IT 人员可以在整个公司内使用商业智能来管理报表以及任何规模和复杂度的分析。

11. 使用户获得全面的洞察力

SQL Server 2008 强大的在线分析处理(Online Analytical Processing，OLAP)能力，为所

有用户提供了更快的查询速度。性能的提升使得公司可以执行具有许多维度和聚合的非常复杂的分析。执行速度与 Microsoft Office 的深度集成相结合,使 SQL Server 2008 可以让所有用户获得全面的洞察力。

1.2 配置安装 SQL Server 2008 数据库

1.2.1 SQL Server 的配置要求

1. SQL Server 的版本

微软公司根据企业和个人对功能、特殊需求和价格的不同要求,把 SQL Server 2008 按照 7 个版本进行开发,分别是企业版(Enterprise Edition)、标准版(Standard Edition)、工作组版(Workgroup Edition)、开发者版(Developer Edition)、简易版(Express Edition)、Web 版、Compact 版。另外,还有一个评估版(Evaluation Edition)。各种版本的说明如下:

SQL Server 2008 企业版:作为生产数据库服务器使用。支持 SQL Server 2008 中的所有可用功能,并可根据支持最大的 Web 站点和企业联机事务处理(OLTP)及数据仓库系统所需的性能水平进行伸缩。企业版是最全面的 SQL Server 版本,是超大企业的理想选择,能够满足最复杂的性能和运算要求。

SQL Server 2008 标准版:适合于中小企业的数据管理和分析平台。它包括电子商务、数据仓库和业务流解决方案所需的基本功能。标准版是需要全面的数据管理和平台的中小型企业的理想选择。

SQL Server 2008 工作组版:理想的入门级数据库,具有可靠、功能强大且易于管理的特点。工作组版可以用做前端 Web 服务器,也可以用于部门分支机构的运营。它包括 SQL Server 产品系列的核心数据库功能,并且可以轻松升级到标准版或企业版。对于那些在大小和用户数量上没有限制的数据库和小型企业,工作组版是理想的数据管理方案。

SQL Server 2008 开发者版:用来开发将 SQL Server 2008 用做数据存储的应用程序。虽然开发者版支持企业版的所有功能,使开发人员能够编写和测试可使用这些功能的应用程序,但是只能将开发者版作为开发和测试系统使用,不能作为生产服务器使用。它是软件开发商、咨询人员、系统集成商以及创建和测试应用程序的企业开发人员的理想选择。开发者版可以根据需要升级到企业版。

SQL Server 2008 简易版:免费、易用且便于管理的数据库,与 Microsoft Visual Studio 2008 集成在一起,可以轻松开发功能丰富、存储安全、可快速部署的数据驱动应用程序。SQL Server Express 是学习和构建桌面及小型服务器应用程序的理想选择,也是独立软件供应商、非专业开发人员和热衷于构建客户端应用程序的人员的最佳选择。如果需要使用高级的数据库功能,则可以无缝升级到 SQL Server 版本。

SQL Server 2008 Web 版是针对运行于 Windows 服务器中要求高可用、面向 Internet Web 服务的环境而设计的。这一版本为实现低成本、大规模、高可用性的 Web 应用或客户托管解决方案提供了必要的支持工具。

SQL Server Compact 版针对开发人员而设计的免费嵌入式数据库。这一版本的意图是构建独立、仅有少量连接需求的移动设备、桌面和 Web 客户端应用。SQL Server Compact 可以运行于所有的微软 Windows 平台之上，包括 Windows XP 和 Windows Vista 操作系统，以及 Pocket PC 和 SmartPhone 设备。

至于 SQL Server 2008 评估版，可从网站上免费下载，仅用于评估 SQL Server 功能，下载 180 天后该版本将停止运行。

2. 安装 SQL Server 的软件和硬件需求

数据库操作系统所需要的软硬件配置是运行数据库操作系统的前提。

SQL Server 2008 企业版要求安装在 Windows Server 2003 及 Windows Server 2008 系统上，其他版本还可以支持 Windows XP 系统。以下两点值得注意：

- SQL Server 2008 已经不再提供对 Windows 2000 系列操作系统的支持。
- 64 位的 SQL Server 程序仅支持 64 位的操作系统。64 位平台相关的硬件配置都比较高，现阶段主要是在企业应用。

当前操作系统满足上述要求以后，就需要检查系统中是否包含以下必备软件组件：

- NET Framework 3.5 SP1；
- SQL Server Native Client；
- SQL Server 安装程序支持文件；
- Microsoft Windows Installer 4.5 或更高版本；
- Microsoft Internet Explorer 6 SP1 或更高版本。

其中，所有的 SQL Server 2008 安装都需要使用 Microsoft Internet Explorer 6 SP1 或更高版本。Microsoft 管理控制台（MMC）、SQL Server Management Studio、Business Intelligence Development Studio、Reporting Services 的报表设计器组件和 HTML 帮助都需要 Internet Explorer 6 SP1 或更高版本。

在安装 SQL Server 2008 的过程中，Windows Installer 会在系统驱动器中创建临时文件。在运行安装程序以及安装或升级 SQL Server 之前，请检查系统驱动器中是否有至少 2 GB 的可用磁盘空间用来存储这些文件。即使在将 SQL Server 组件安装到非默认驱动器中时，此项要求也适用。

要安全、可靠地运行 SQL Server 2008，对计算机有相应的硬件要求（如表 1－1 所示）。

表 1-1 安装 SQL Server 的硬件需求

硬件	最低要求
CPU	Pentium Ⅲ兼容处理器或速度更快的处理器。各个版本的要求有所不同
内存 (RAM)	至少 1 GB,建议 4GB 或更多。根据笔者的经验,内存容量可以和数据容量保持 1:1 的比例,这样可以更好地发挥其效能。各个版本的要求有所不同
硬盘空间	所需硬盘容量的大小取决于用户选择安装组件的多少。数据库引擎和数据文件、复制和全文搜索为 280MB;SQL Server Analysis Services 为 90MB;SQL Server Reporting Services 为 120MB;SQL Server Integration Services 为 120MB;客户端组件为 850MB;SQL Server 联机丛书为 240MB 安装时尽量使用较大的硬盘空间。因为使用数据库系统的目的在于存储和管理数据,用户必须为将来要存储的有用的数据开辟足够的空间。在某些特定场合,这些将来才会出现的数据所占用的硬盘空间也许是惊人的
显示器	需要设置成 1 024×768 模式,才能使用其图形分析工具
驱动器	从光盘进行安装时需要相应的 CD 或 DVD 驱动器
网络容量	这个需求取决于使用网络的用户的多少,以及用户在网络上传递数据的形式和数据量的大小。一般来说,在少于 50 人的工作环境里 16Mb/s 的环网和 10Mb/s 的以太网可勉强满足使用需求。如果条件许可,可选择 100Mb/s 的快速以太网或更快捷的网络。如果网络传输速率过低,那么它必将成为制约数据库应用程序运行速度的瓶颈

1.2.2 SQL Server 的安装

1. 安装 Microsoft SQL Server 2008 之前需要考虑的事项

- 确保计算机满足 Microsoft SQL Server 2008 的系统要求。
- 如果在同一台计算机上安装 SQL Server 2008,则应备份 Microsoft SQL Server 的当前安装。
- 如果安装故障转移群集,则在运行 SQL Server 安装程序之前禁用所有专用网卡上的 NetBIOS。
- 检查所有 SQL Server 安装选项,并准备在运行安装程序时做适当的选择。
- 考虑 SQL Server 安装的文件位置。

2. SQL Server 的安装位置

在实际安装前,应确定安装文件的根目录,默认为\Program Files\Microsoft SQL Server\,存储 Microsoft SQL Server 系统程序文件。数据库文件包含了数据库的数据文件和日志文件。

SQL Server 安装的文件位置,既可以使用默认安装路径,也可以自定义路径。Microsoft SQL Server 2008 的默认实例,其程序文件位于\Program Files\Microsoft SQL Server\MSSQL10.<实例 ID>\MSSQL\Binn 目录中;其数据文件位于 C:\Program Files\Microsoft SQL Server\MSSQL10.<实例 ID>\MSSQL\Data。须注意的是,程序文件和数据文件不能

安装在可移动磁盘驱动器上、使用压缩的文件系统上、系统文件所在的目录上、故障转移群集实例的共享驱动器上。

默认情况下，共享工具安装在 \Program Files\Microsoft SQL Server\100\Tools。此文件夹包含由所有 SQL Server 2008 实例（默认实例和命名实例）共享的文件。这些工具包含 SQL Server 联机丛书、开发工具和其他组件。

3. 运行 SQL Server 2008 安装程序前的准备工作

如果要在运行 Windows Server 2008 或者 Windows 7 的计算机上安装 SQL Server 2008，并且希望 SQL Server 2008 与其他客户端和服务器通信，则需要创建一个或多个域用户账户。

用具有本地管理权限的用户账户登录到操作系统，或者给域用户账户指派适当的权限。

关闭所有和 SQL Server 相关的服务，包括所有使用 ODBC 的服务，如 Microsoft Internet Information 服务（IIS）。

【例 1－1】 完成 SQL Server 2008 的安装过程。

安装步骤如下：

1) 在 Windows 7 操作系统中，启动 Microsoft SQL 2008 安装程序后，系统兼容性助手将提示软件存在兼容性问题，如图 1－2 所示。这里选择“运行程序”开始 SQL Server 2008 的安装。

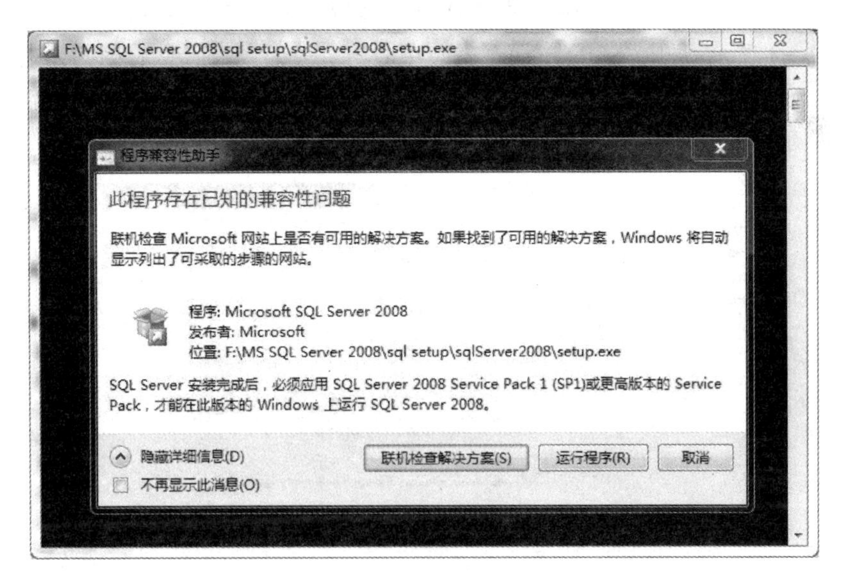

图 1－2　兼容性问题提示

注意

Microsoft SQL Server 2008 与 Windows 7 操作系统存在一定的兼容性问题，在完成安装之后需要为 Microsoft SQL Server 2008 安装 SP1 补丁。

2）进入“SQL Server 安装中心”后，跳过“计划”内容，直接选择界面左侧列表中的“安装”，如图 1-3 所示，进入安装列表选择。

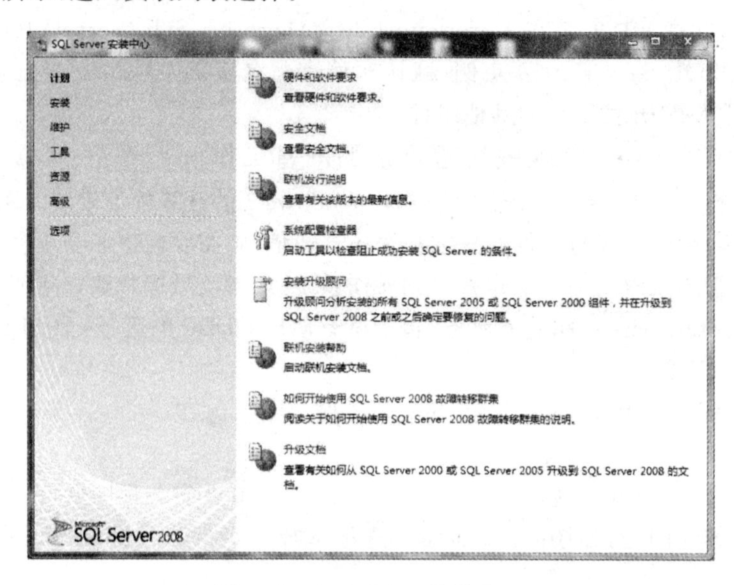

图 1-3　SQL Server 安装中心

3）如图 1-4 所示，进入“SQL Server 安装中心”的“安装”界面后，右侧的列表显示了不同的安装选项。以全新安装为例说明整个安装过程，这里选择第一个安装选项“全新 SQL Server 独立安装或现有安装添加功能”。

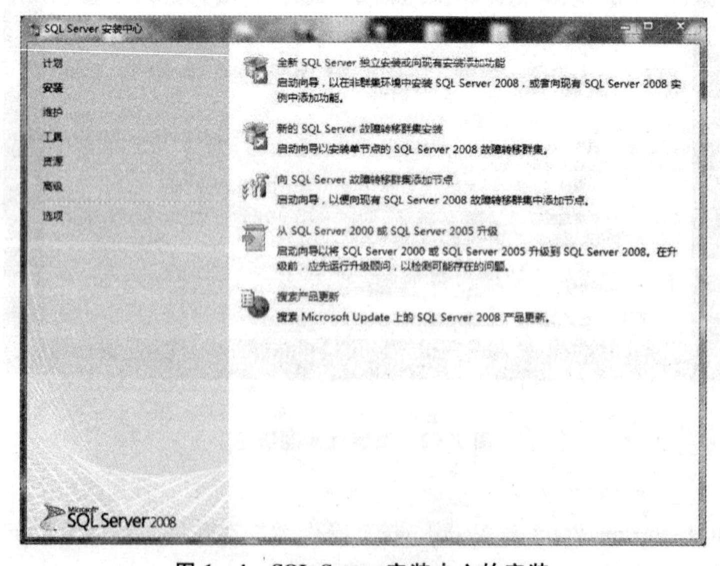

图 1-4　SQL Server 安装中心的安装

4）选择全新安装之后，系统程序兼容助手再次提示兼容性问题，如图 1－5 所示。选择“运行程序”继续安装。

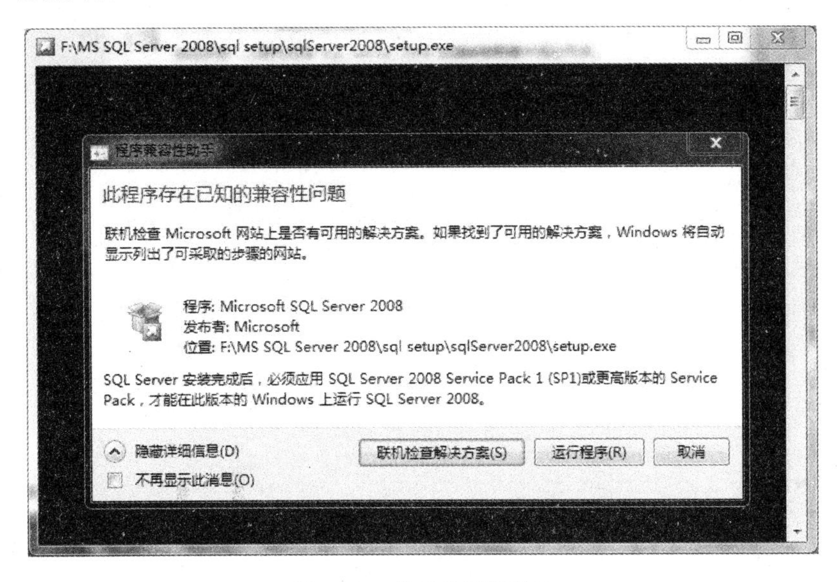

图 1－5 兼容性问题提示

5）进入“安装程序支持规则”安装界面，安装程序将自动检测安装环境基本支持情况，需要保证通过所有条件后才能进行下面的安装，如图 1－6 所示。当完成所有检测后，单击“确定”按钮进行下面的安装。

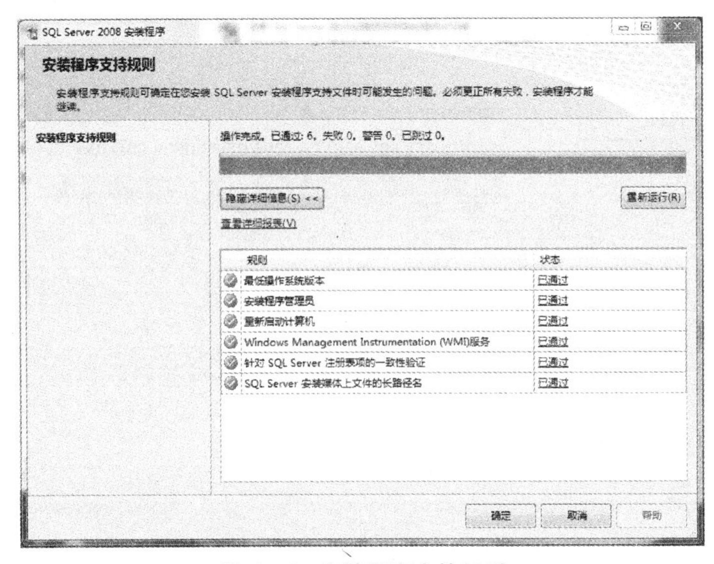

图 1－6 安装程序支持规则

6）SQL Server 2008 版本选择和密钥填写。密钥可以向 Microsoft 官方购买。如果没有密钥，可以选择 Enterprise Evaluation 版和免费的 Express 版安装，如图 1－7 所示。

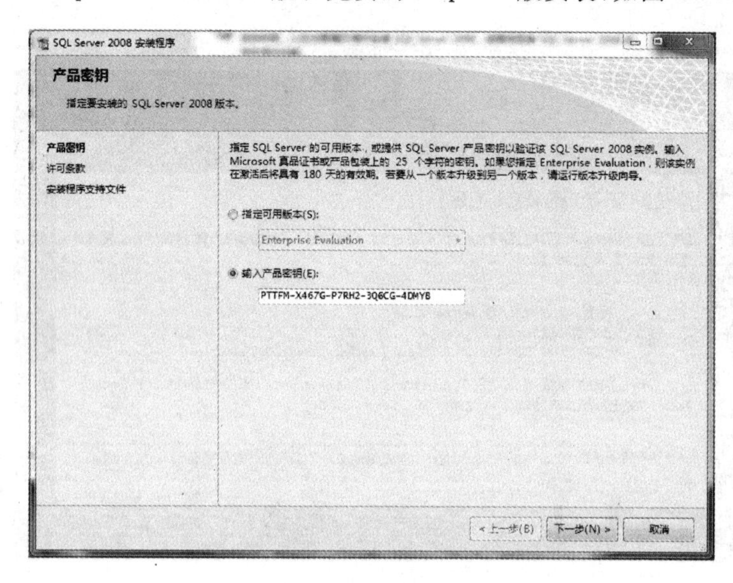

图 1－7 产品密钥

7）在许可条款界面中，需要接受 Microsoft 软件许可条款才能安装 SQL Server 2008，如图 1－8 所示。

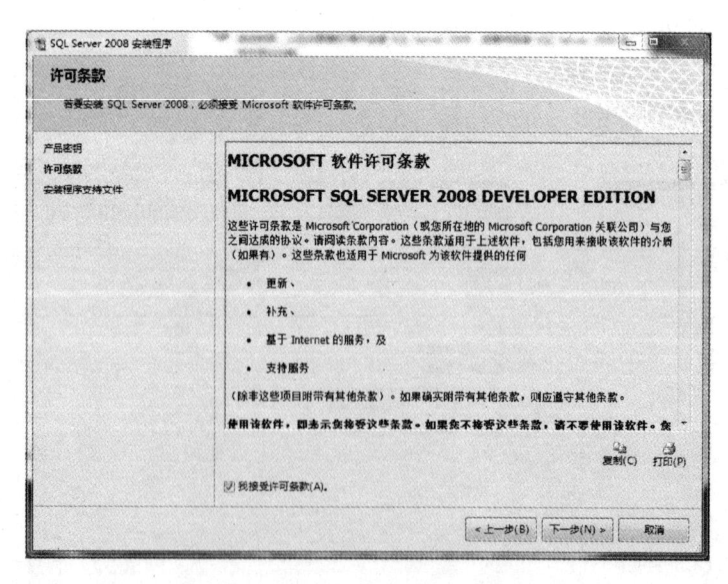

图 1－8 许可条款

8）进行安装支持检测，如图 1-9 所示。单击“安装”按钮继续安装。

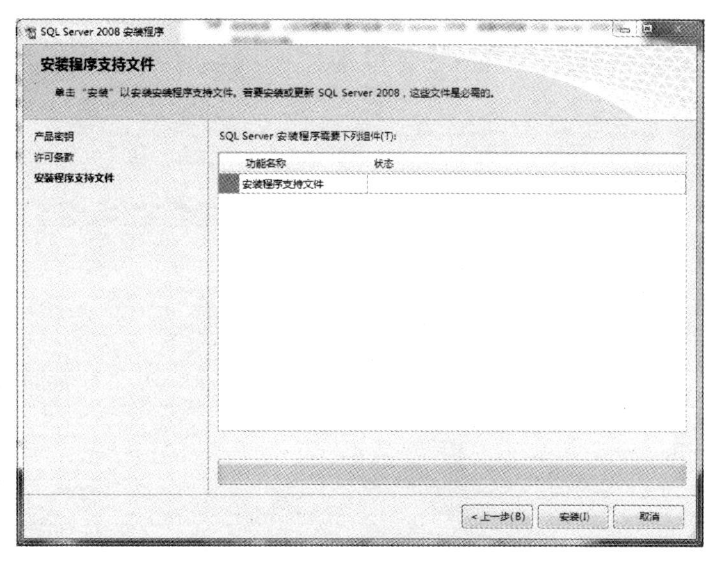

图 1-9 安装程序支持文件

9）如图 1-10 所示，当所有检测都通过之后才能继续下面的安装。如果出现错误，需要更正所有错误后才能安装。

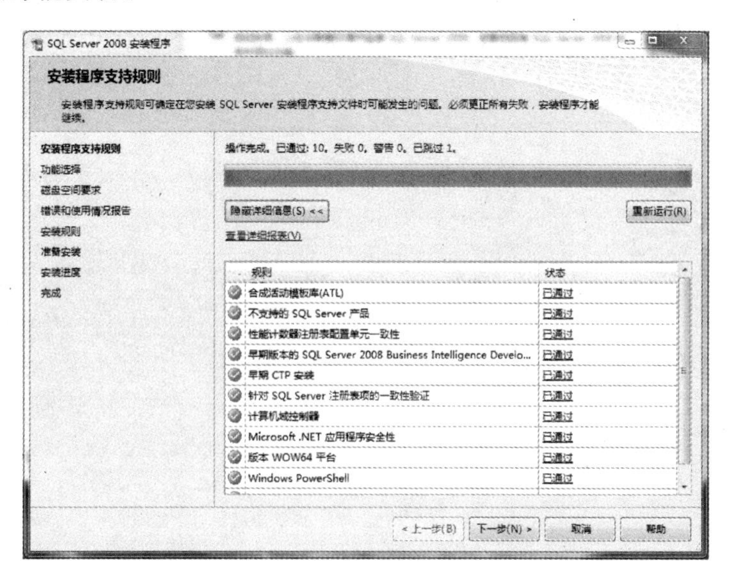

图 1-10 安装程序支持规则

10）通过“安装程序支持规则”检测之后进入“功能选择”界面，如图 1－11 所示。这里选择需要安装的 SQL Server 功能，以及共享功能目录。

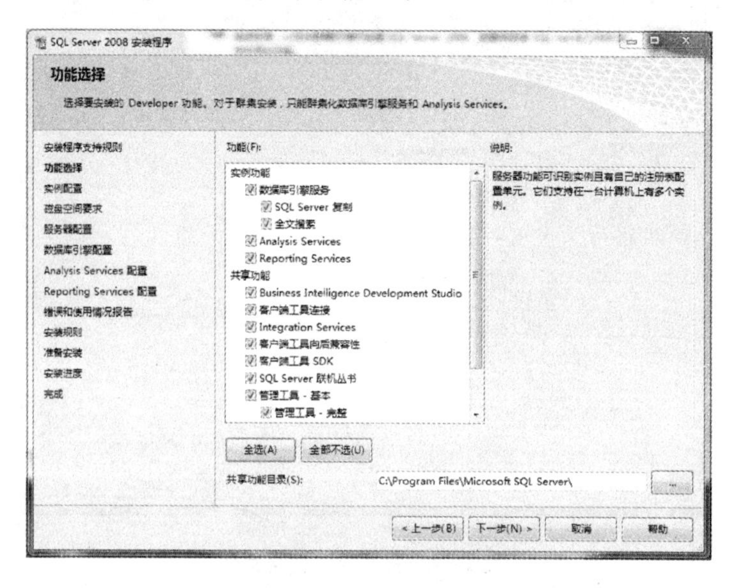

图 1－11 功能选择

11）接下来是“实例配置”。如图 1－12 所示，这里选择默认的 ID 和路径。当前操作系统如果是初次安装 SQLServer，可以选择默认实例进行安装；如果已经存在实例，那么只能通过

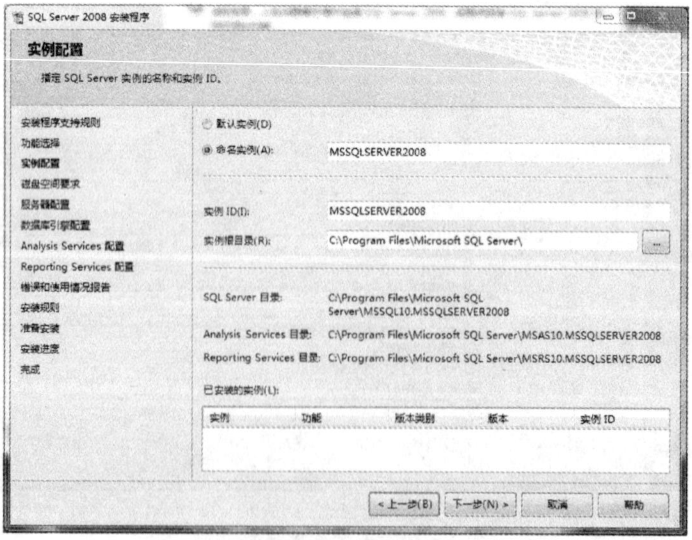

图 1－12 实例配置

选择命名实例进行安装，输入自定义的实例名，再单击"下一步"按钮进行安装。

注意

这里所指的"实例"，就是一个 SQL Server 数据库引擎。应用程序连接本地计算机上实例的方式与连接其他计算机上实例的方式基本相同。由于每个实例各有一套自己的系统及用户数据库，所以各实例独立运行，不会受其他实例运行的影响，也不会影响其他实例的运行。在一台计算机上安装多个 SQL Server 实例，就相当于把这台计算机模拟成多个数据库服务器，而且这些模拟的数据库服务器是独立且同时运行的。

实例包括默认实例和命名实例两种。一台计算机上最多只有一个默认实例，也可以没有默认实例。默认实例名与计算机名相同，修改计算机名会同步修改默认实例名。客户端连接默认实例时，将使用安装 SQL Server 实例的计算机名。

一台计算机上可以安装多个命名实例，客户端连接命名实例时，必须使用以下计算机名称与命名实例的实例名组合的格式：

computer_name\instance_name

12）在完成安装内容选择之后计算机会显示磁盘使用情况，用户可根据磁盘空间自行调整，如图 1－13 所示。

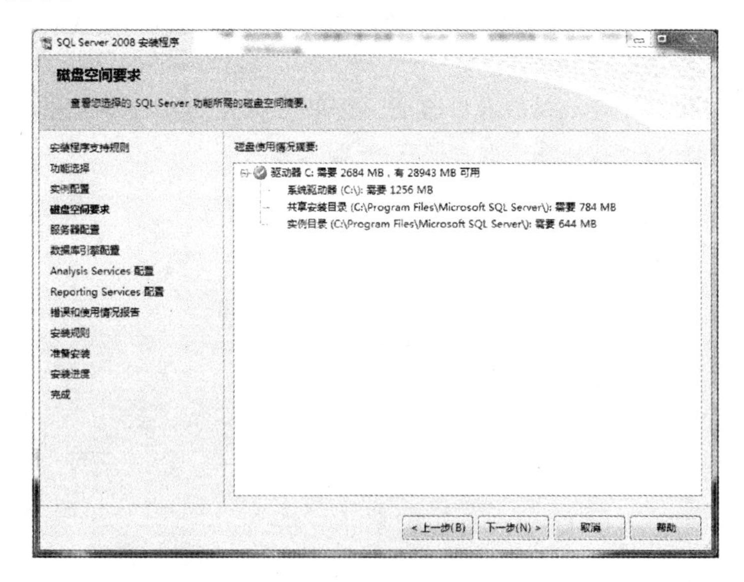

图 1－13　磁盘空间要求

13）如图 1－14 所示，在服务器配置中，需要为各种服务指定合法的账户。单击"对所有 SQL SERVER 服务使用相同的账号"，选中使用的账户。SQL Server 及 SQL Server 代理最好选为自动启动。

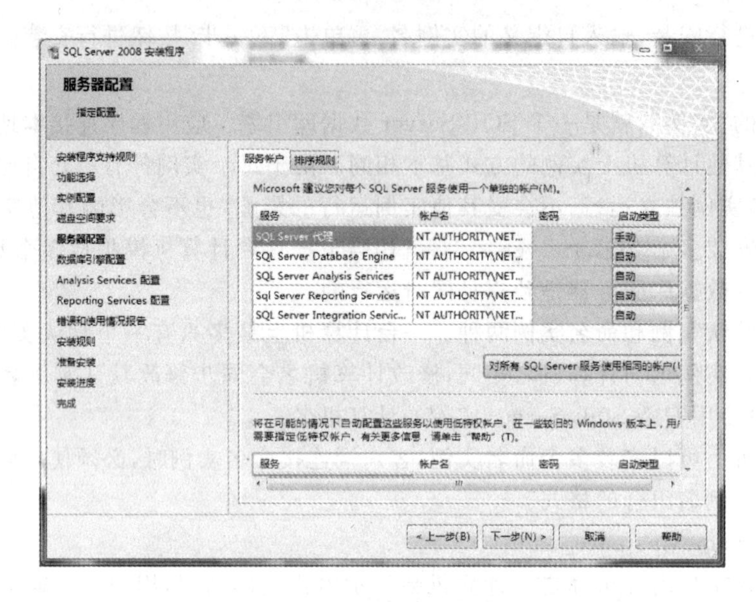

图 1-14 服务器配置

单击“排序规则”标签，可以在此处定义数据库引擎的排序规则，默认的排序规则与当前操作系统的区域语言选项保持一致。

14）接下来是数据库登录时的身份验证。这里需要为 SQL Server 指定一位管理员，如图 1-15 所示。身份验证模式选中混合模式，并输入密码。

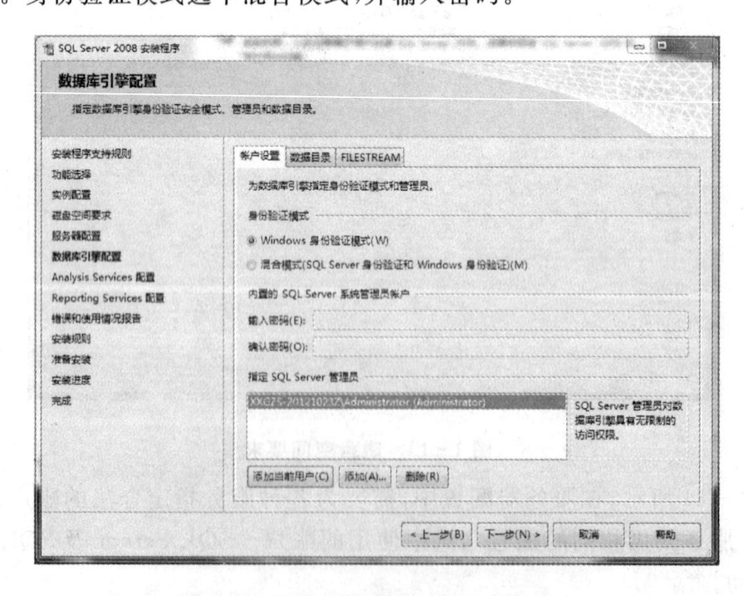

图 1-15 数据库引擎配置—账户设置

在"数据库引擎配置"界面,可以为数据引擎指定身份验证模式和管理员。从安全性角度考虑,一般身份验证模式建议使用 Windows 身份验证模式;而从数据库服务器的角度考虑,建议使用混合模式。使用混合模式验证必须指定内置的 sa 账户密码,此密码必须符合 SQL 定义的强密码策略。

在"数据库引擎配置"界面,单击"数据目录"标签可以自定义数据目录,如图 1-16 所示。单击 FILESTREAM 标签可以配置是否启用 FILESTREAM,如图 1-17 所示。

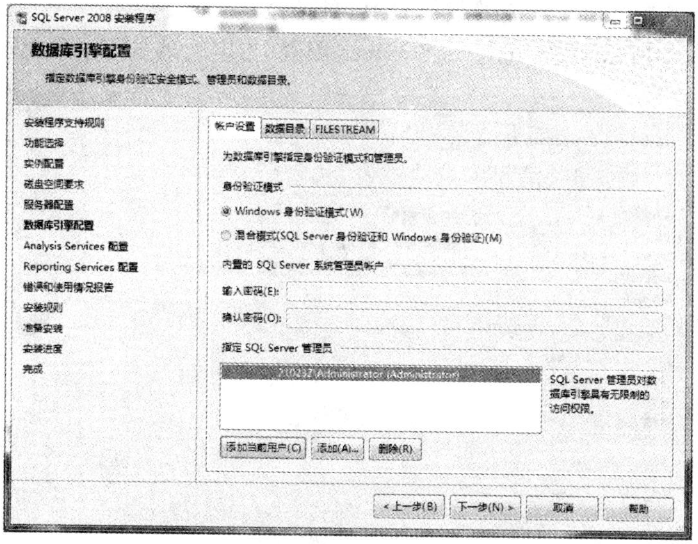

图 1-16 数据库引擎配置—数据目录

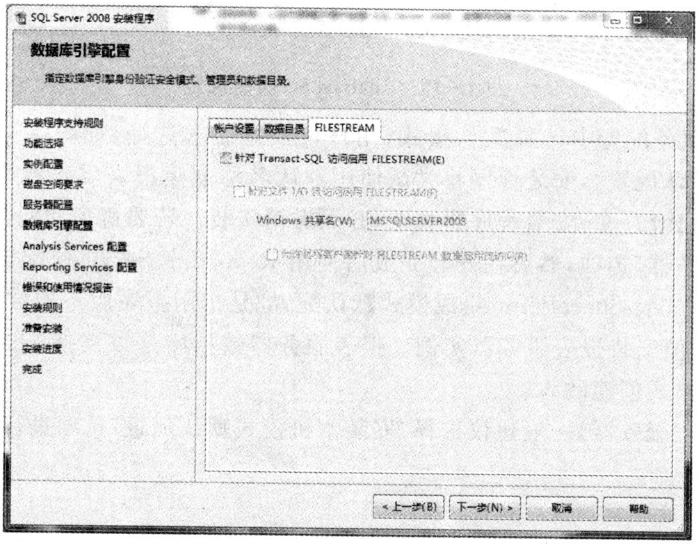

图 1-17 数据库引擎配置—FILESTREAM

注意

文件流(FILESTREAM)是 SQL Server 2008 的新特性,使得基于 SQL Server 的应用程序可以在文件系统中存储非结构化的数据,如文档、图片、音频、视频等。文件流主要将 SQL Server 数据库引擎和新技术文件系统(NTFS)集成在一起,主要以 varbinary(max)数据类型存储数据。使用这个数据类型,非结构化数据存储在 NTFS 文件系统中;而 SQL Server 数据库引擎管理文件流字段和存储在 NTFS 的实际文件。使用 T-SQL 语句,用户可以插入、更新、删除和选择存储在可用文件流的数据表中的数据。

15) 如图 1-18 所示,为“Analysis Services 配置”指定管理员。

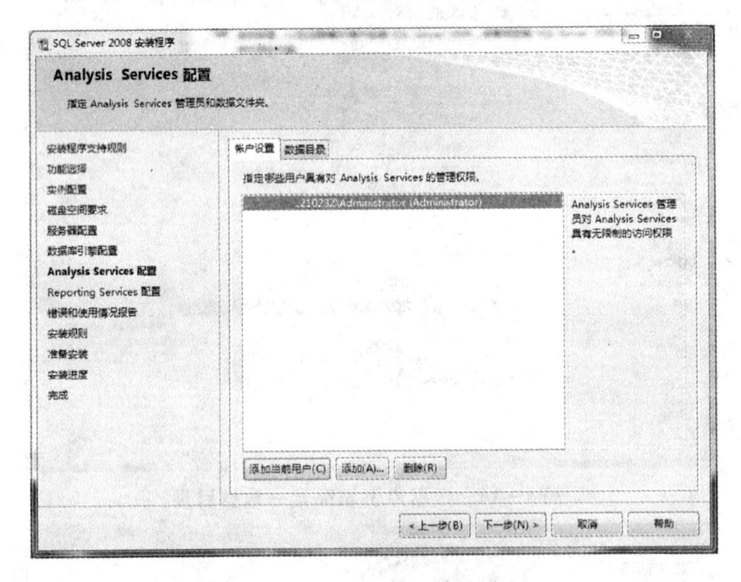

图 1-18 Analysis Services 配置

16) 在报表服务配置中选择默认模式,用户可根据需求选择,如图 1-19 所示。当选择“安装本机模式默认配置”,安装程序将尝试使用默认名称创建报表服务器数据库。如果使用该名称的数据库已经存在,安装程序将失败,必须撤销安装。若要避免此问题,可以选择“安装但不配置报表服务器”选项,然后在安装完成后使用 Reporting Services 配置工具来配置报表服务器。而选择“安装 SharePoint 集成模式默认配置”是指用报表服务器数据库、服务账户和 URL 保留的默认值安装报表服务器实例。报表服务器数据库是以支持 SharePoint 站点的内容存储和寻址的格式创建的。

初次安装报表服务器,一般建议选择“安装本机模式默认配置”选项进行安装。

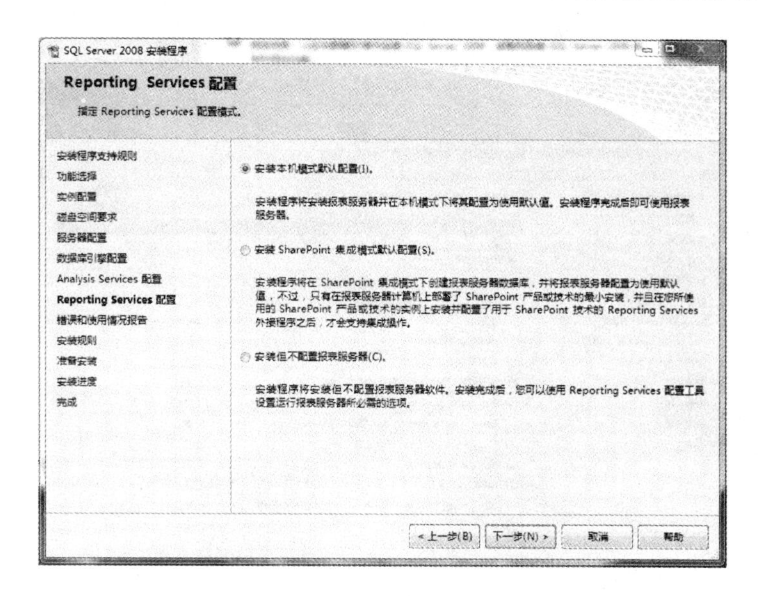

图 1－19　Reporting Services 配置

17）如图 1－20 所示，“错误和使用情况报告”界面中可选择是否将错误报告发送给微软公司。

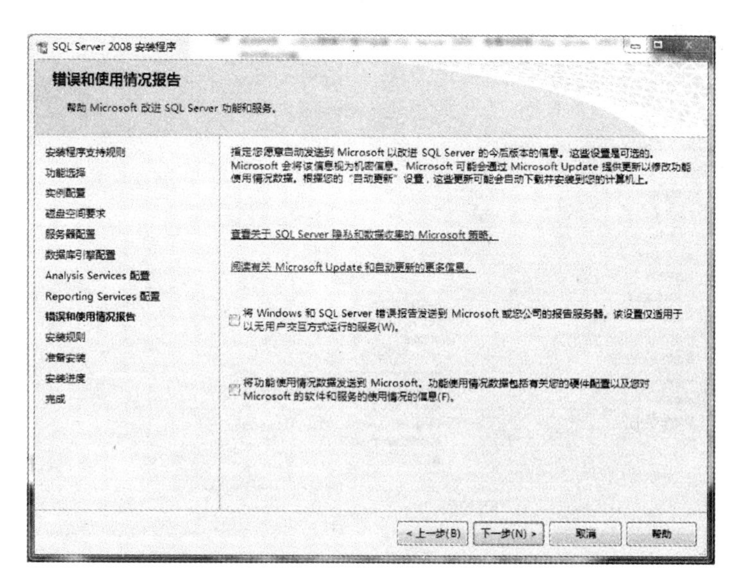

图 1－20　错误和使用情况报告

18）最后根据功能配置选择再次进行环境检测，如图 1-21 所示。

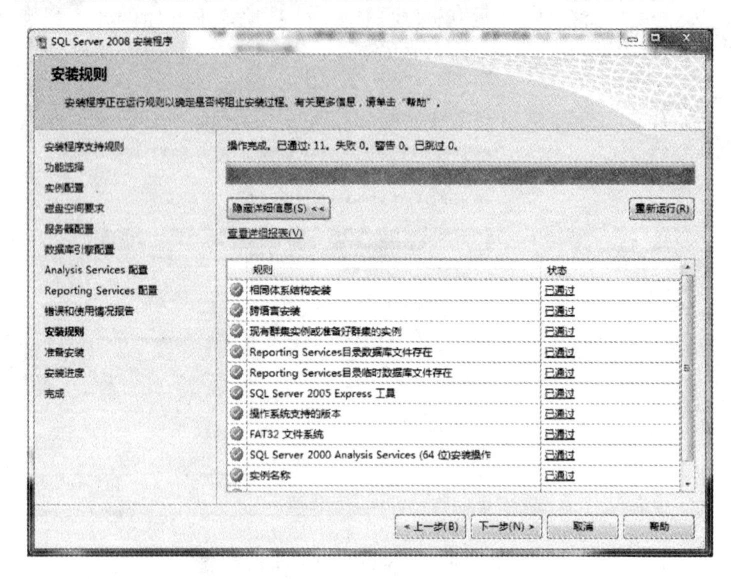

图 1-21 安装规则

19）当通过检测之后，软件将会列出所有的配置信息，最后一次确认安装，如图 1-22 所示。单击"安装"按钮开始 SQL Server 安装。

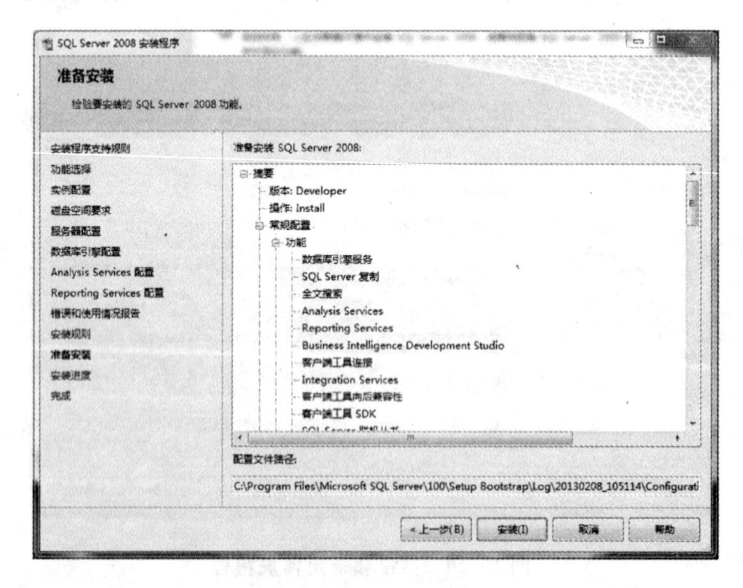

图 1-22 准备安装

20）根据硬件环境的差异，安装过程可能持续10～30分钟，如图1-23所示。

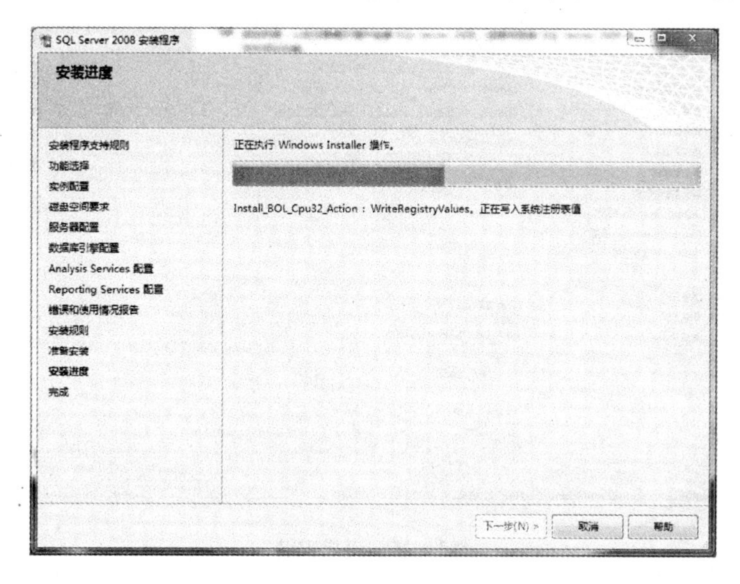

图1-23 安装进度

21）安装完成后，SQL Server将列出各功能安装状态，如图1-24所示。

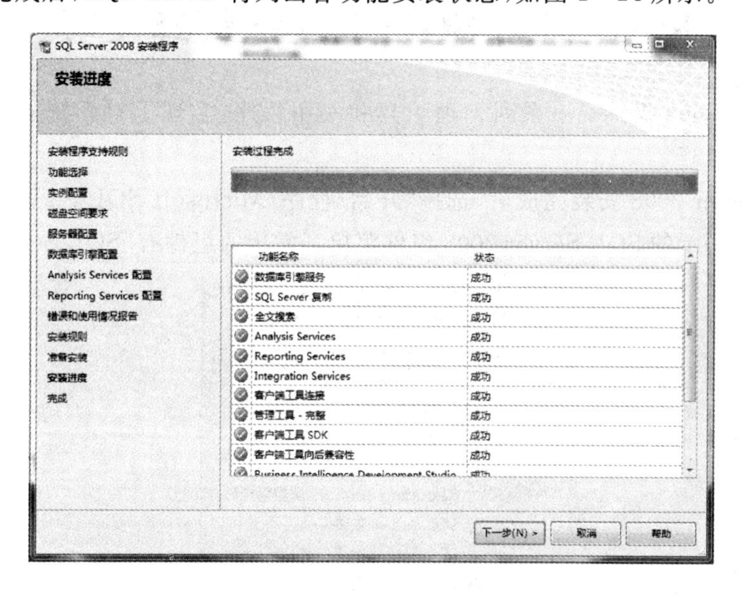

图1-24 安装进度完成

22）如图1-25所示，此时SQL Server 2008完成了安装，并将安装日志保存在了指定的路径下。

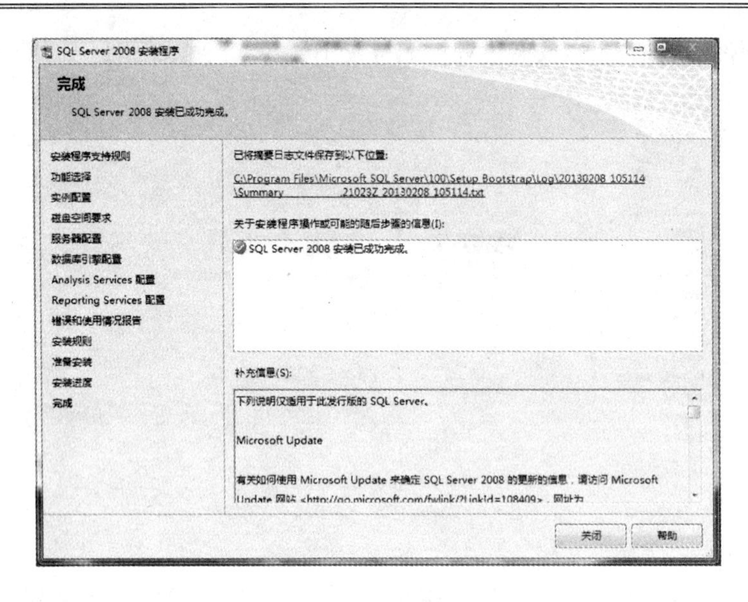

图 1-25 完成安装

23）安装完成后再安装 SP1 补丁。

1.3 使用 SQL Server 管理工具

SQL Server 2008 提供了一系列管理工具和实用程序，实现了对系统进行快速、高效的管理。

当 SQL Server 2008 安装完成后，选择“开始/程序/Microsoft SQL Server 2008”命令，将弹出如图 1-26 所示的 SQL Server 2008 组件菜单。常用的组件有“SQL Server 配置管理器”

图 1-26 SQL Server 2008 提供的组件

“SQL Server Management Studio”“SQL Server Profiler”“数据库引擎优化顾问”“Business Intelligence Development Studio”以及大量的命令行实用工具。其中,最重要的工具是 SQL Server Management Studio。

1.3.1　SQL Server 配置管理器

SQL Server 配置管理器为 SQL Server 服务、服务器协议、客户端协议和客户端别名提供基本配置管理,负责启动、停止、暂停、重新启动 SQL Server 的进程。在对 SQL Server 数据库进行任何操作以前,必须启动本地或远程 SQL Server 服务。

也可以通过 Windows 的“计算机管理”工具查看和控制 SQL Server 的服务。

【例 1-2】 启动 SQL Server 配置管理器。

操作步骤如下:

1) 选择“开始/程序/Microsoft SQL Server 2008/配置工具/SQL Server 配置管理器”命令,将打开“SQL Server 配置管理器”对话框,如图 1-27 所示。

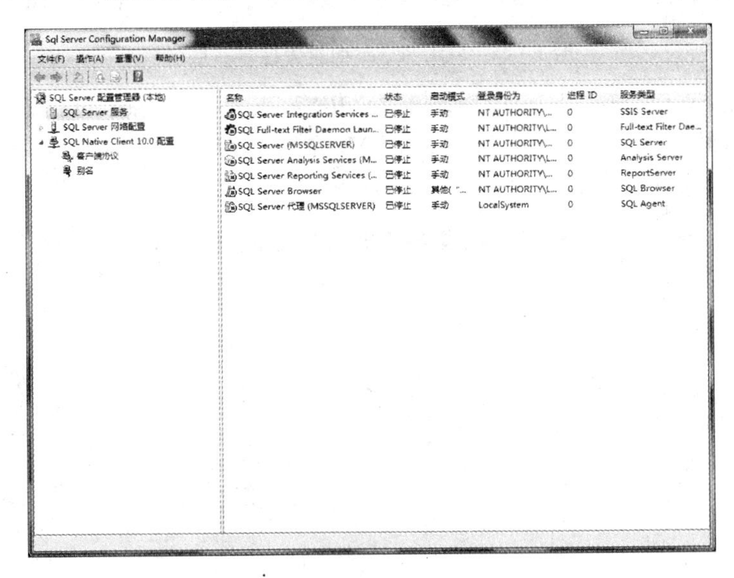

图 1-27　SQL Server 配置管理器

2) 在窗口右侧,右击要启动的项目,在弹出的右键菜单中单击“启动”项目。通过右击某个服务名称,可以查看该服务的属性,以及启动、停止、暂停、重新启动相应的服务,如图 1-28 所示。完整安装的 SQL Server 包括 9 个服务,其中 7 个服务可使用 SQL Server 配置管理器管理。

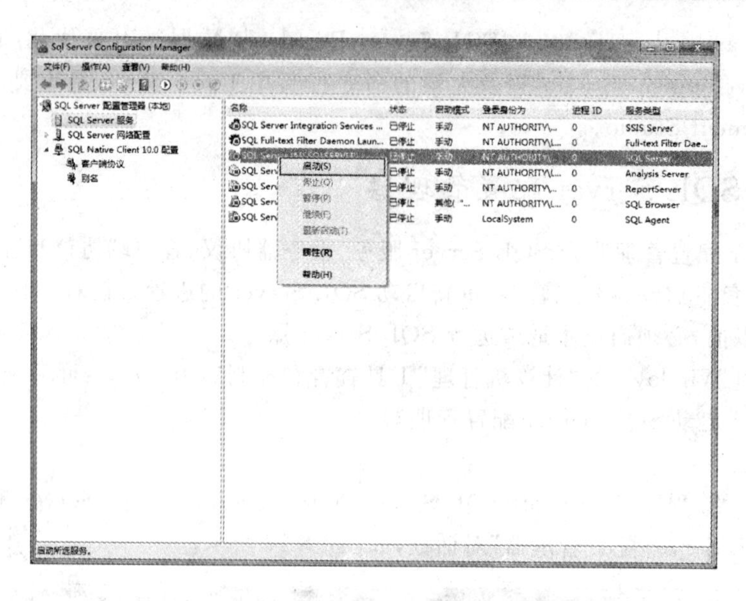

图 1-28 SQL Server 配置管理器—服务

在窗口左侧，还有“SQL Server 网络配置”功能，支持的网络库包括命名管道（Named Pipes）、TCP/IP（默认协议）、共享内存（Shared Memory）、VIA（硬件存储器供应商可能支持的特殊虚拟接口），一般不用于普通的客户机，如图 1-29 所示。

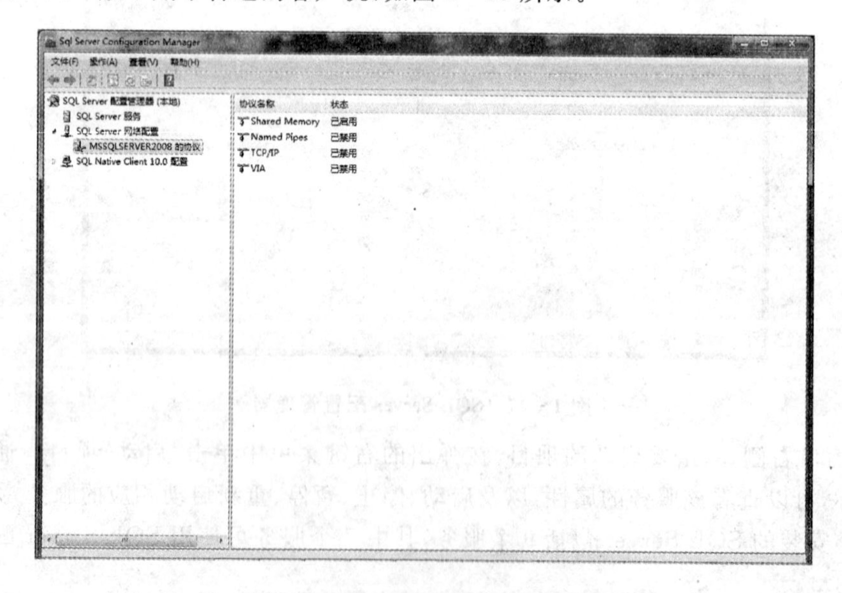

图 1-29 SQL Server 配置管理器—网络配置

出于安全考虑，在安装时只启用 Shared Memory。只在客户机与 SQL Server 安装位于同一物理服务器上时起作用(如Web服务器与数据库安装在同一服务器上)。客户机可直接访问服务器存储数据的同一内存映射文件,以大量减少系统开销,提高访问速度,大大提高系统性能。

通过Internet直接连接到SQL Server(远程访问),则TCP/IP是唯一的选项。在TCP/IP不可用或没有DNS服务器用于服务器命名时,使用命名管道。

1.3.2　SQL Server Management Studio

SQL Server Management Studio(SSMS)是Microsoft SQL Server 2008提供的一种集成环境。它将各种图形化工具和多功能的脚本编辑器组合在一起,完成访问、配置、控制、管理和开发SQL Server的所有工作,大大方便了技术人员和数据库管理员对SQL Server系统的各种访问。

【例1-3】 启动SQL Server Management Studio。

操作步骤如下:

1) 选择"开始/程序/Microsoft SQL Server 2008/SQL Server Management Studio"命令,将打开"连接到服务器"对话框,如图1-30所示。

图1-30　"连接到服务器"对话框

设置"服务器类型""服务器名称""身份验证",每一项有多个选项。"服务器类型"包括"数据库引擎""分析服务""报表服务或集成服务"。"服务器名称"如果选择了".",表示本机默认SQL Server实例。"身份验证"包括"Windows身份验证""SQL Server身份验证"。

例如,一般可以选择"数据库引擎"、计算机名\MSSQL2008(实例名)、"Windows身份验证"。如果选择"SQL Server身份验证",还需输入"登录名"和"密码"。

2）SQL Server Management Studio 启动后的主窗口如图 1－31 所示。

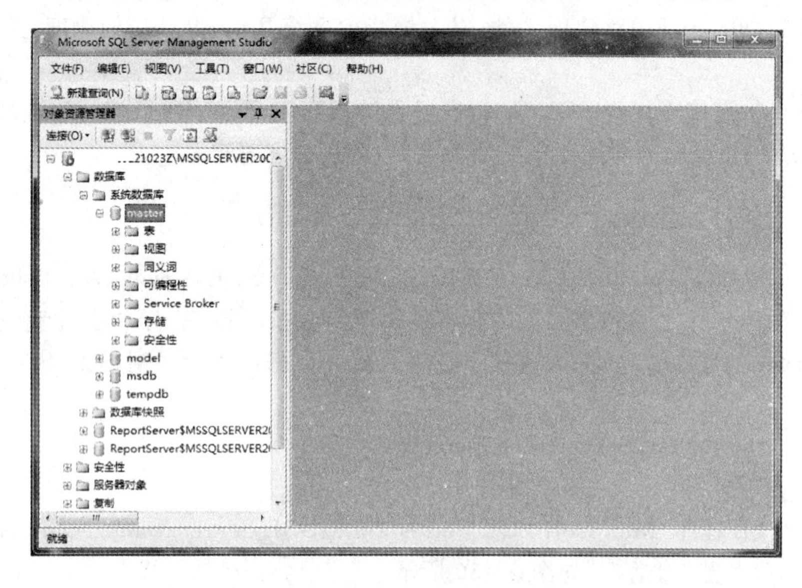

图 1－31　SQL Server Management Studio 主窗口

3）单击“新建查询”即可编辑命令。“查询”窗口是执行 T－SQL 本地语言的地方，本书用得很多，请读者熟悉使用方法。图 1－32 所示为查询编辑窗口。

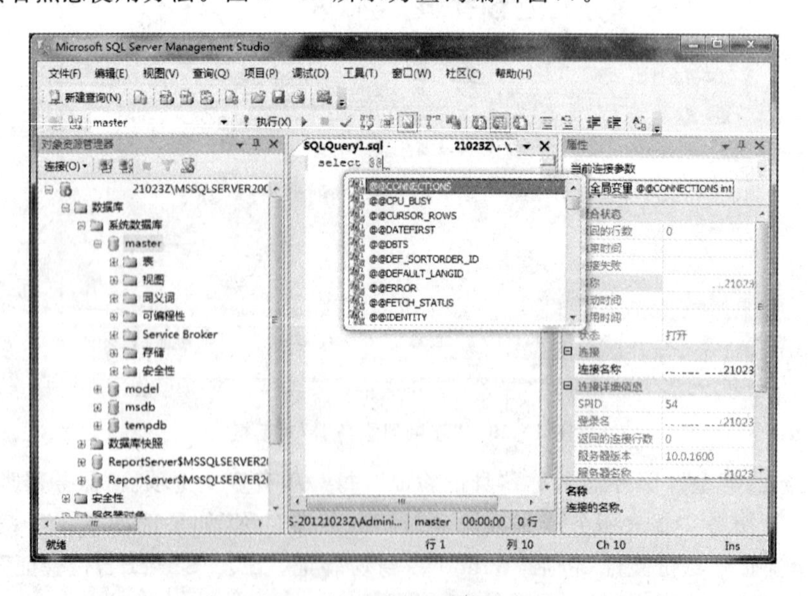

图 1－32　查询编辑窗口

1.3.3　SQL Server Profiler

SQL Server Profiler 提供了一个图形用户界面，用于监视数据库引擎实例或 Analysis Services 实例。SQL Server Profiler 使用摄像机可以记录一个场景的所有过程，并且以后可以反复观看。

SQL Server Profiler 实质上是实时跟踪细节的一个工具，可根据配置，给出服务器上执行的每一语句的详细语法。它有很强的过滤功能，可跟踪更具体的问题，如长期运行的查询，或存储过程中正在运行的查询语句的语法。

从 SQL Server Management Studio 窗口的“工具”菜单中即可运行 SQL Server Profiler。SQL Server Profiler 的运行窗口如图 1-33 所示。

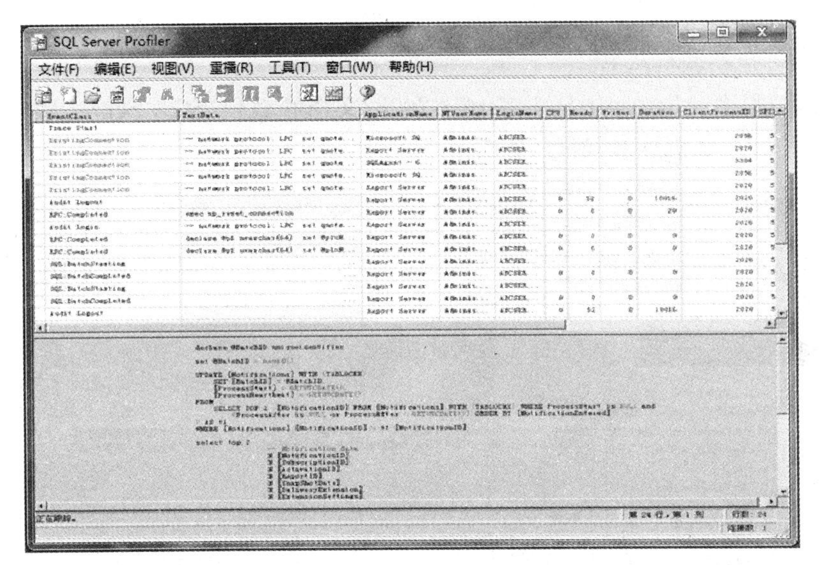

图 1-33　SQL Server Profiler 窗口

1.3.4　数据库引擎优化顾问

数据库引擎优化顾问可以协助创建索引、索引视图和分区的最佳组合。通过使用查询优化器分析工作负荷中的查询，推荐数据库的最佳索引组合，为工作负荷中引用的数据库推荐对齐分区和非对齐分区，推荐工作负荷中引用的数据库的索引视图。

1.3.5　Business Intelligence Development Studio

Business Intelligence Development Studio 是分析服务(Analysis Services)、报表服务(Reporting Services)和集成服务(Integration Services)解决方案的 IDE。

1.3.6 实用工具

在 Microsoft SQL Server 2008 系统中，不仅提供了大量的图形化工具，还提供了大量的命令行实用工具。这些命令行实用工具包括 bcp、dta、dtexec、dtutil、Microsoft. AnalysisServices. Deployment、nscontrol、osql、profiler90、rs、rsconfig、rskeymgmt、sac、sqlagent90、sqlcmd、SQLdiag、sqlmaint、sqlservr、sqlwb、tablediff 等。

1.3.7 SQL Server 联机帮助

联机丛书是 SQL Server 2008 最重要的工具之一。联机丛书包含了关于 SQL Server 2008 的使用说明，使用了.NET 联机帮助界面。利用联机丛书的导航功能可以快速地找到所需要的参考帮助信息。

【例 1-4】 启动联机丛书。

选择“开始/程序/Microsoft SQL Server 2008/文档和教程/SQL Server 联机丛书”命令，将打开“SQL Server 联机丛书”窗口，如图 1-34 所示。

图 1-34 联机丛书窗口

1.4 上机练习

通过上机练习，完成安装 SQL Server 2008 的命名实例的操作。

要求：

在已安装 SQL Server 2008 的计算机上，安装名为 SS2008New 的实例。

1.5 习 题

因为工作需要必须安装一套 SQL Server 2008，但是 SQL Server 2008 的各个版本之间有很大区别，对不同的操作系统也有不同要求，请仔细查看所用计算机的硬件和软件配置，选择合适的 SQL Server 2008 版本进行安装：开发者版、简易版、评估版。

第2章　数据库的基本概念和操作

本章要点

本章介绍数据库的基本概念、数据库的发展及体系结构，概念模型的相关概念、表示方法以及概念模型向关系模型的转换方法，数据库的设计步骤和方法，SQL Server 数据文件和文件组的概念、数据库的存储方式，数据库的逻辑文件名和物理文件名。本章重点介绍通过企业管理器、向导工具以及 T－SQL 语言建立和管理数据库，并详细介绍在创建语句中如何设置数据库的初始大小、增长方式、最大大小和如何通过企业管理器配置这些参数，以及配置参数时应注意的问题。

学习目标

☑ 理解数据库的基本概念
☑ 理解关系数据库的相关概念、特点
☑ 掌握 E－R 模型的表示方法和 E－R 模型到关系模型的转换方法
☑ 掌握数据库的设计方法
☑ 理解数据库的结构和相关概念
☑ 熟练掌握数据库创建
☑ 掌握使用企业管理器和 T－SQL 语句管理数据库

2.1　数据库基础

2.1.1　数据库的发展

数据管理是指如何对数据分类、组织、编码、存储、检索和维护，是数据处理的中心问题。数据管理经历了人工管理、文件系统和数据库系统三个阶段。

1. 人工管理阶段

在 20 世纪 50 年代中期以前，计算机主要用于科学计算。当时的硬件状况是，外存只有纸带、卡片、磁带，没有磁盘等直接存取的存储设备；软件状况是，没有操作系统，没有管理数据的软件。这一阶段的特点是：用户完全负责数据管理工作；数据完全面向特定的应用程序，每个用户使用自己的数据，数据不保存，用完就撤走；数据与程序没有独立性，程序中存取数据的子程序随着存储结构的改变而改变。如图 2－1 所示。

2. 文件系统阶段

20 世纪 50 年代后期到 60 年代中期，计算机的应用范围逐渐扩大，不仅用于科学计算，而且还大量用于管理。这时硬件上已有了磁盘、磁鼓等直接存取的存储设备;软件方面,操作系统中已经有了专门的数据管理软件,一般称为文件系统;处理方式上不仅有了文件批处理,而且能够联机实时处理。这一阶段的特点是:系统提供一定的数据管理功能;数据仍是面向应用的,一个数据文件对应一个或几个用户程序;数据与程序有一定的独立性,文件的逻辑结构与存储结构由系统进行转换,数据在存储上的改变不一定反映在程序上。如图 2-2 所示。

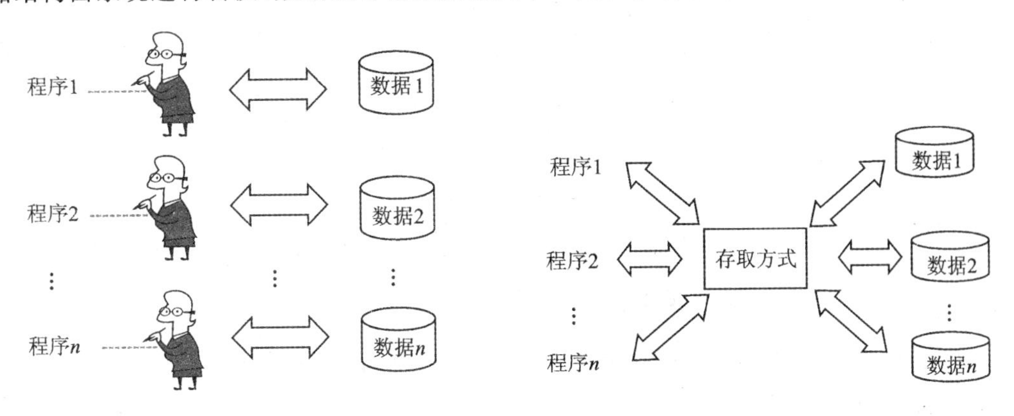

图 2-1　人工管理阶段　　图 2-2　文件系统阶段

3. 数据库系统阶段

20 世纪 60 年代后期以来,计算机管理应用更加广泛,数据量急剧增长,同时多种应用、多种语言共享数据集合的要求越来越强烈。这一时期,出现了大容量磁盘,硬件价格下降,软件价格上升,为编制和维护系统软件及应用程序所需的成本相对增加。在处理方式上,联机实时处理的要求增多,人们开始提出和考虑分布处理。在这种背景下,以文件系统作为数据管理手段已经不能满足应用的需求,为解决多用户、多应用共享数据的需求,使数据为尽可能多的应用服务,出现了数据库技术和统一管理数据的软件系统——数据库管理系统。其具有以下四个主要特点。

(1) 数据结构化

数据反映了客观事物间的本质联系,而不是着眼于面向某个应用,是有结构的数据。这是数据库系统的主要特征之一,也是与文件系统的根本差别。文件系统只是记录的内部有结构,一个文件的记录之间是个线性序列,记录之间无联系。

(2) 数据的冗余度小,易扩充

- 数据面向整个系统,而不是面向某一应用,数据集中管理,数据共享,因此冗余度小。
- 节省了存储空间,减少了存取时间,且可避免数据之间的不相容性和不一致性。
- 每个应用选用数据库的一个子集,只要重新选取不同子集或者加上一小部分数据,就可以满足新的应用要求,这就是易扩充性。

(3) 具有较高的数据和程序的独立性

- 数据库的定义和描述与应用程序相分离。
- 数据描述是分级的(全局逻辑、局部逻辑、存储)。
- 数据的存取由系统管理,用户不必考虑存取路径等细节,从而简化了应用程序。

(4) 统一的数据控制功能

- 数据的安全性(Security)控制:保护数据以防止不合法的使用所造成的数据泄露和破坏。
- 数据的完整性(Integrity)控制:检查数据的正确性、有效性、相容性。
- 并发(Concurrency)控制:对多用户的并发操作加以控制、协调,防止因其互相干扰而得到错误的结果并使数据库完整性遭到破坏。
- 数据库恢复(Recovery):避免各种原因造成的数据破坏

2.1.2 数据库的基本概念

数据、数据库、数据库系统和数据库管理系统是四个密切相关的基本概念。

1. 数据和信息

数据(Data)是数据库系统研究和处理的对象。数据有数字、文字、图形、图像、声音等多种形式。同一事物或概念可以用不同的数据形式表示,如 1,一,one,I,壹等。而信息是对现实世界事物存在方式或运动状态的反映,是一种有意义的数据。例如,一幅黑白图像(如图 2-3 所示),表现的数据为点阵构成的三个圆和一段圆弧,而反映的信息就是一张笑脸的脸谱。

2. 数据库

数据库(Database,DB),顾名思义,就是存放数据的仓库。只不过,这个仓库是放在计算机的存储设备上,并且仓库中的数据是按一定的格式存放的。

数据库指长期存储在计算机内有组织的、可共享的数据集合。数据库中的数据按一定的数据模型组织、描述和存储,具有较小的冗余度,较高的数据独立性和易扩展性,并可为多个用户共享。

图 2-3 数据和信息

3. 数据库管理系统

在收集和存储了大量的应用所需的数据后,如何科学组织和高效处理这些数据呢?数据库管理系统(Database Management System,DBMS)将完成这一任务。它主要实现以下功能。

(1) 数据定义功能

DBMS 提供数据定义语言(DDL),通过它用户可定义数据库中的对象。

(2) 数据操纵功能

DBMS 提供数据操纵语言(DML),通过它用户可实现数据的各种操作(查询、插入、修改、删除)。

(3) 数据库的运行管理功能

数据库在建立、运行和维护时由 DBMS 进行管理,以保证数据的安全性、完整性、并发控制和发生故障后对系统的恢复等。

(4) 数据库的建立和维护功能

DBMS 包括数据库的建立、数据转换、数据库的转储及恢复功能,还包括数据库的组织和分析功能等。

4. 数据库系统

数据库系统(Database System,DBS)指在计算机系统中引入数据库后构成的系统,一般由数据库、数据库管理系统(及其开发工具)、应用系统、数据库管理员和用户构成。数据库管理员(DBA)负责数据库管理系统的日常管理和维护工作。

2.1.3　数据库系统的体系结构

数据库系统主要由数据库、硬件、数据库管理系统、应用程序和人员组成。

1. 数据库是一个有结构的、集成的、可共享的、统一管理的数据集合

有结构:指的是数据是按一定的模型组织起来的。数据模型可用数据结构来描述。数据模型决定数据的组织方式、操作方法。现在的数据库多数是以关系模型来组织数据的。可以简单地把关系模型的数据结构——关系理解成为一张二维表。

集成:是指数据库中集中存放着企业各种各样的数据。集中存放的好处是:一个数据只需一个备份,重复存储少,即消除了数据的冗余。没有数据冗余,也就能保证数据的一致。

共享:指的是数据库中的数据可以被不同的用户使用。也就是说,每一个用户可以按自己的要求访问相同的数据库。

统一管理:指的是数据库由 DBMS 统一管理,任何数据访问都是通过 DBMS 来完成的。

2. 数据库管理系统是用来管理数据库的一种商品化软件

所有访问数据库的请求都由 DBMS 来完成。DBMS 提供了操作数据库的许多命令(语言),即 SQL 语言。用户发送 SQL 命令,DBMS 按命令操作数据库。

DBMS 的主要功能包括:数据定义的功能(可以方便地定义数据库中的各种对象);数据操纵的功能(实现数据库中数据的基本操作);安全控制和并发控制的功能;数据库备份与恢复的功能。

注意:DBMS 这一术语通常指的是某个特定厂商的特定产品,如 Microsoft SQL Server 2008。但有人用数据库这一术语来代替 DBMS,甚至代替 DBS,这种用法是不恰当的,但却非常普遍,要注意区分。

3. 数据库应用程序

这是计算机专业人员利用某种高级语言，为实现某些特定功能而编写的程序，如查询程序、报表程序等。它是用户与数据库之间的桥梁，用于与 DBMS 交互和访问 DB。

4. 用户是使用数据库的人员

用户可分为：应用程序员（应用程序）、最终用户（终端用户、一般用户）、数据库管理员。应用程序员开发应用程序，应用程序通过 DBMS 访问数据库；最终用户使用应用程序来访问数据库；数据库管理员负责数据库系统的安全控制与正常运行，利用 DBMS 提供的各种工具访问数据库。

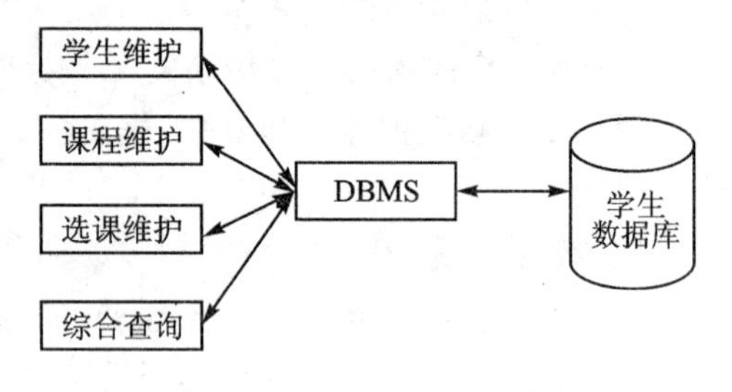

图 2-4 学生管理数据库系统

注意：用户的划分没有严格的界限。应用程序员、最终用户、DBA 都可以利用 DBMS 产品提供的客户端工具（应用程序）访问数据库。

图 2-4 所示就是一个学生管理数据库系统的基本组成。

2.2 关系数据库基本原理

2.2.1 数据模型

数据模型是现实世界中的数据和信息在数据库的模拟。在数据库中，数据模型用来抽象地描述现实世界中的数据和这些数据的联系。数据模型是数据库的基础，任何 DBMS 都是基于某种数据模型的。

多年来，人们已经使用了多种不同的数据模型。根据模型应用目的的不同，可以将这些模型划分为两类：一类模型为概念模型，它是按用户的观点对现实数据的抽象；另一类模型是结构数据模型，它是按计算机的角度对数据的抽象。

1. 概念模型

概念模型用于信息世界的建模，也是数据库设计人员与用户之间交流的语言。它是一种不依赖于具体的计算机系统和某一 DBMS 的模型。概念模型是现实世界到机器世界的一个中间层次，还要将概念模型转换为计算机上某一 DBMS 支持的数据模型。

在概念模型中，涉及以下几个概念。

(1) 实体(Entity)

实体实例(Entity Instance)是现实世界中客观存在的并可相互区别的事物。实体实例可以是具体的人、事、物。例如，一个叫“张三”的学生，一门叫“数据库基础”的课程，都是一些实体实例。实体实例简称实例。

实体就是具有相同特征的可区分的实例的集合，如学生/职工。

(2) 属性(Attribute)

属性用来描述实体的特征。实体通常具有若干特征，一个特征称为实体的一个属性。例如，学生实体具有学号、姓名、性别、年龄、系别等属性。

属性有名和值，例如属性学号，可有 100、200 等值，一个属性名可对应多个值。

实体的属性可以分为简单属性和组合属性。简单属性就是不可再分的属性，如学号、年龄等；组合属性就是由多个简单属性组成的属性，或者说是可以进一步划分的属性。例如，电话号码由区号、本地号码组成，因此电话号码是一个组合属性。

(3) 码(Key)

能唯一标识实体的属性或属性组称做超码。超码的任意超集也是超码。其任意真子集都不能成为超码的最小超码称为候选码。

从所有候选码中选定一个用来区别同一实体集中的不同实体，称做主码。

一个实体集中任意两个实体在主码上的取值不能相同。例如，学号是学生实体的主码。

(4) 域(Domain)

域是属性的取值范围。例如，性别的域为(男，女)。

(5) 联系(Relationship)

联系是指实体之间的相互关联，通常表示一个活动，如订购、选课等。一旦联系发生，可能产生一些联系属性。例如，一旦订购活动发生，就有订购数量、日期等属性；一旦进行选课，就有选修时间、选修成绩等属性。

一个联系中参与者的数量称为联系的元。也可定义为：一个联系中涉及的实体的个数称为联系的元。元为 2 的联系是最普遍的联系，通常被称为二元联系，可分为一对一联系(1∶1)、一对多联系(1∶n)、多对多联系(m∶n)。

1) 一对一联系(1∶1)。若对于实体 A 中的每一个实例，实体 B 中至多有一个实例与之联系；反之，对于实体 B 中的每一个实例，实体 A 中也至多有 1 个实例与之联系，则称实体 A 与实体 B 具有一对一联系，记为 1∶1(读作“1 对 1”)，如图 2-5 所示。在 1∶1 联系中，一种类型实体的一个实例至多与另一种类型实体的一个实例关联。

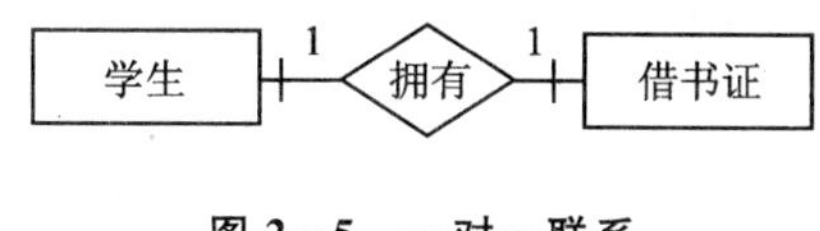

图 2-5　一对一联系

2) 一对多联系(1∶n)。若对于实体 A 中的每一个实例，实体 B 中有 n 个实例($n\geqslant 0$)与之联系；反之，对于实体 B 中的每一个实例，实体 A 中至多只有一个实例与之联系，则称实体 A 与实体 B 具有一对多联系，记为 1:n(读作“1 对 n”或“1 对多”)。如图 2-6 所示，把这个联系称为“分配”，表示一幢宿舍(实例)分配给 0 到多个学生(实例)居住，但一个学生最多被分配住在一幢宿舍，也必分配在某一幢宿舍居住。

图 2-6　一对多联系

3) 多对多联系($m:n$)。若对于实体 A 中的每一个实例，实体 B 中有 n 个实例($n\geqslant 0$)与之联系；反之，对于实体 B 中的每一个实例，实体 A 中也有 m 个实例($m\geqslant 0$)与之联系，则称实体 A 与实体 B 具有多对多联系，记为 $m:n$(读作"m 对 n"或"多对多")。图 2-7 显示了一个 $m:n$联系"选修"。选修联系表明一个学生最多可以选修 n 门课程，每门课程最多有 m 个学生选修，而最少的情况是：一个学生最少可以选修 0 门课程，每门课程最少可以被 0 个学生选修。

图 2-7　多对多联系

概念模型是对客观世界建模，因此概念模型应能方便、准确地描述客观实体。概念模型的表示方法较多，其中最常用的是实体-联系方法(Entity-Relationship Approach，E-R 表示法)。该方法用 E-R 图形式来描述实体的概念模型。E-R 图中各图形含义及图示见表 2-1。

表 2-1　E-R 图中图形含义及图示

对象类型	表示方法	图　示
实体	用矩形框表示，矩形框内标实体名称	实体名
属性	用椭圆表示，椭圆内标属性名称，并用无向边将其与实体相连	属性名
联系	用菱形表示，菱形内标联系名称，并用无向边分别与有关实体相连，并在无向边旁标注联系的类型($1,m,n$)。联系也可以有属性，如果一个联系有属性，则这些属性也用无向边与该联系连接	联系名

【例 2-1】 在人事管理系统中，部门经理实体和部门实体之间的任职是一对一联系。其 E-R 图如图 2-8 所示。

【例 2-2】 在人事管理系统中，员工实体和部门实体的隶属联系是一对多的关系。其 E-R 图如图 2-9 所示。

【例 2-3】 在学生选课系统中，学生实体和课程实体的选课联系是 $m:n$ 的联系(学生可以选修多门课程，一门课程可被多名学生选修)。其 E-R 图如图 2-10 所示。

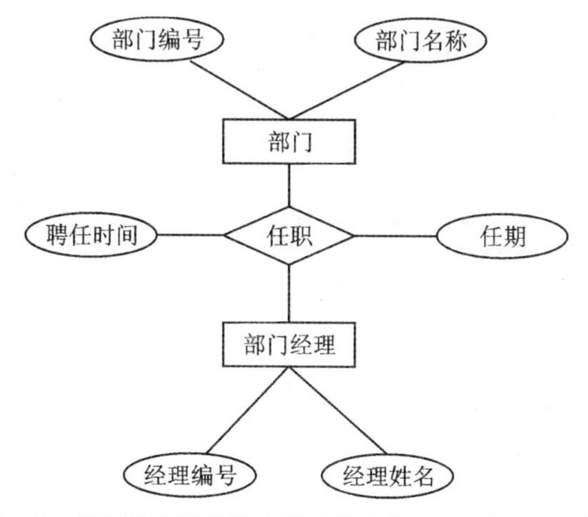

图 2-8　部门经理实体和部门实体之间 1∶1 的 E-R 模型

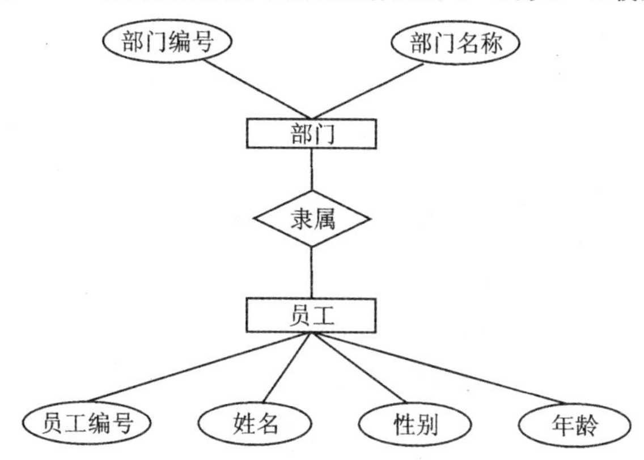

图 2-9　员工实体和部门实体之间 1∶*n* 的 E-R 模型

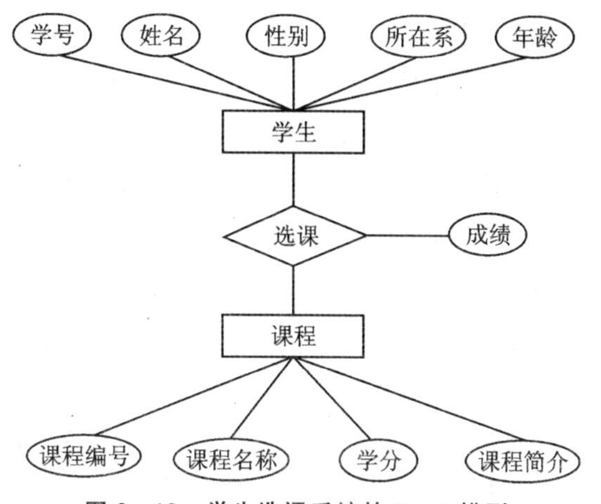

图 2-10　学生选课系统的 E-R 模型

2. 结构数据模型

结构数据模型是从计算机的角度对数据的抽象。目前，数据库系统最常用的数据模型有层次模型、网状模型和关系模型。其中层次模型和网状模型统称为非关系模型。

(1) 层次模型

层次模型是数据库系统中最早出现的数据模型，用树结构表示各类实体以及实体间的联系。层次模型数据库系统的典型代表是IBM公司的IMS(Information Management Systems)数据库管理系统。这曾经是一个广泛使用的数据库管理系统。

层次模型必须满足以下两个条件：

1）有且仅有一个无双亲结点，这个结点称为“根结点”。

2）其他结点有且仅有一个双亲。

若用图来表示，层次模型是一棵倒立的树。结点层次从根开始定义，根为第一层，根的孩子称为第二层，根称为其孩子的双亲，同一双亲的孩子称为兄弟。图2-11给出了一个抽象的简单层次模型。

(2) 网状模型

自然界中实体型间的联系更多的是非层次关系，用层次模型难以描述非树结构关系，网状模型则可以解决这一问题。

在数据库中，网状模型必须满足以下两个条件：

1）允许一个以上的结点无双亲。

2）一个结点可以有多于一个的双亲。

网状模型的典型代表是DBTG系统，也称CODASYL系统，它是20世纪70年代数据系统语言研究会下属的数据库任务组(Data Base Task Group，DBTG)提出的一个系统方案。图2-12给出了一个抽象的简单网状模型。

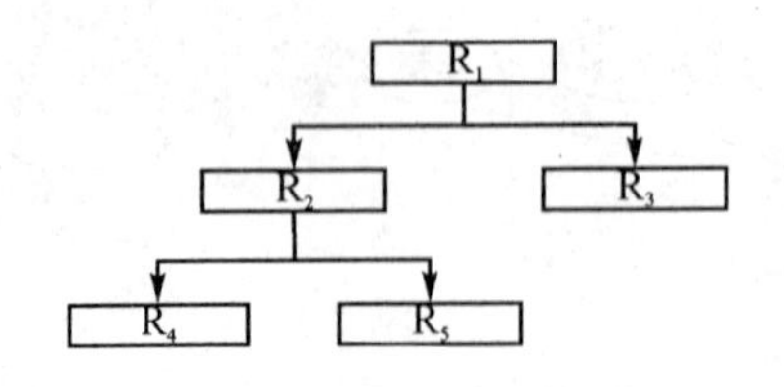

图2-11 简单的层次模型

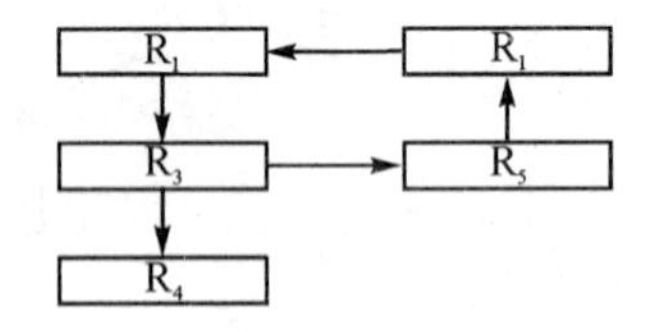

图2-12 简单的网状模型

(3) 关系模型

关系模型是目前最重要的一种模型。美国IBM公司的研究员E. F. Codd于1970年首次提出了数据库系统的关系模型。20世纪80年代以来，计算机厂商新推出的数据库管理系统几乎都支持关系模型，非关系系统的产品也大都加上了关系接口。数据库领域当前的研究工作都是以关系方法为基础的。本书介绍的SQL Server就是一种典型的基于关系模型的数据库管理系统。

2.2.2　关系数据库系统概述

关系数据库是目前最重要、最流行的数据库。在关系数据库中，数据按表的形式加以组织，所有数据库的操作都是针对表进行的。关系数据模型是以集合论中的关系概念为基础发展起来的。

关系数据模型是关系数据库的基础，由关系数据结构、关系的完整性规则和关系操作三部分组成。

1. 关系数据结构

一个关系模型的逻辑结构是一张二维表，它由行和列组成。表 2-2 中的学生档案表是一个关系数据表。

表 2-2　学生档案表

学　号	姓　名	出生日期	性　别	系编号
60631001	黄飞	1987－10－20	女	6
60632001	杨该	1988－1－4	男	6
30537002	王欢庆	1988－7－1	男	3
⋮				

(1) 关系的基本概念

关系：一张满足某些约束条件的二维表。

元组：表中的每一行称为一个元组，对应表中的一行，存放的是客观世界的一个实体。在关系数据库中也称为行或记录。

属性：关系中的一列，称为一个属性。对应表中的一列或字段，一个属性表示实体的一个特征表的每一列，每个属性的名字为属性名。学生表有学号、姓名、出生日期、性别和系编号五个属性。

域：关系中一个属性的取值范围。例如，年龄的域为大于 15 小于 35 的整数，性别的域为(男，女)。

主码(键)：表中某一列(或若干列的最小组合)的值能唯一标识一个行，称该列或列组为候选码(键)。对于一个表，可能有多个候选码(键)，候选码(键)取决于应用范围。如果一个表有多个候选码(键)，数据库设计者通常选择其中一个候选码(键)作为区分行的唯一性标识符，称为主码(键)(Primary Key,PK)。如果一个表只有一个候选码(键)，那么这个候选码(键)就作为主码(键)。因为主码(键)是候选码(键)之一，而根据候选码(键)的定义，候选码(键)列上的各个值都唯一，因此主码(键)列上的各个值也都唯一。在学生管理数据库中，通常选择学号作为学生信息表的主码(键)。

关系模式:是关系的形式化描述。其最简单的表示为:关系名(属性名 1,属性名 2,……,属性名 n)。

注意:主键要用下画线标明。但有时,关系模式中并没有标明主键。例如,学生关系可描述为:学生(学号,姓名,出生日期,性别,系编号)。

关系模式即是一个表的表头描述。表头也称为关系的结构、关系的型等。除表头一行以外的所有行的集合(即表内容)称为关系的值。一个关系(表),由表头和表内容两部分组成,表头是相对不变的,而表内容是经常改变的。如学生表中,当有新生入学时,就增加若干行;当有学生毕业时,就要删除若干行,所以表是动态的。

关系数据库是相互关联的表或者说关系的集合。因为一个表存放的是某一应用领域的一个实体或实体间的联系,如学生表存放的是学生这个实体(集),课程表存放的是课程这个实体(集),选修表存放的是学生实体与课程实体之间的联系,这里为选课联系。因此,关系数据库中存放的是某一应用领域中的所有实体和实体之间的联系。一个关系用一个关系模式表示,所有关系模式集合构成数据库的模式,它是数据库整体逻辑结构的描述。

(2) 关系数据库的性质

- 关系中每一属性都是最小的。对表而言,每一个行与列的交叉点上只能存放一个单值。
- 关系中同一属性的所有属性值具有相同的数据类型。对表而言,表中同一列中的所有列值都必须属于同一数据类型。例如,学生表的姓名列的所有值都是字符串类型。
- 关系中的属性名不能重复。对表而言,表中每一列都有唯一的列名,不允许有两个列有相同的列名。例如,学生表不允许有两个列,列名都叫姓名。
- 关系的属性位置从左到右出现的顺序无关紧要。对表而言,表中的列从左到右出现的顺序无关紧要,即列的次序可以任意交换。
- 关系中任意两个元组不能完全相同。对表而言,表中任意两个行不能完全相同,即每一行都是唯一的,没有重复的行。
- 关系中的元组从上到下出现的顺序无关紧要。对表而言,表中的行从上到下出现的顺序也无关紧要,即行的次序可以任意交换。

2. 关系操作

关系模型的理论基础是集合论。因此,关系操作都是以集合运算为根据的集合操作方式,操作的对象和结果都是集合。关系模型中常用的关系操作有选择(Select)、投影(Project)、连接(Join)等查询操作和插入(Insert)、修改(Update)、删除(Delete)操作两大部分。

选择:它是在关系中选择满足条件的元组。选择操作是从行的角度进行的运算。

投影:关系 R 上的投影是指从 R 中选择若干属性组成新的关系。选择操作是从列的角度进行的运算。

连接:是从两个关系的笛卡儿乘积中选取满足条件的元组。连接操作也是从行的角度进行的实体间的运算。

3. 关系的完整性

关系的完整性由关系的完整性规则来定义。完整性规则是对关系的某种约束条件。关系模型的完整性约束有实体完整性、参照完整性和用户定义完整性三种。

(1) 实体完整性

在关系数据库中,实体完整性通过主码来实现。主码的取值不能是空值。在数据库中,空值的含义为"未知",而不是0或空字符串。由于主码是实体的唯一标识,如果主码取空值,则关系中就存在某个不可标识的实体,这与实体的定义相矛盾。

实体完整性规则:若属性A是基本关系R的主码,则属性A不能取空值。

(2) 参照完整性

现实世界的实体往往存在某种关系,关系模型中的实体也是如此。在关系模型中,用关系来描述实体间的联系。

1) 外码与参照关系:设F是基本关系R的一个或一组属性,但不是关系R的主码,如果F与基本关系S的主码KS相对应,则称F是基本关系R的外码,并称基本关系R为参照关系,基本关系S为被参照关系。

例如,在学生管理系统中,"学生"实体和"系"实体可以用下面的关系来表示,用下画线标示主码。

学生(学号,姓名,出生日期,性别,系编号)

系(系编号,系名)

不难看出,这两个实体存在关系:学生属于某个系。"学生"实体的"系编号"的取值必然是在"系"实体确实存在的。也就是说,学生实体的"系编号"的取值需要参考系实体的"系编号"取值。其中,"学生"实体的属性"系编号"不是主码,该属性与"系"实体中的主码"系编号"相对应。因此,"系编号"是"学生"实体的外码,关系"学生"是参照关系,关系"系"为被参照关系。

2) 参照完整性规则:若属性(或属性组)F是基本关系R的外码,它与基本关系S的主码Ks相对应,则对于R中的每个元组在F上的值必须满足取空值或者等于S中的某个元组的主码值。

例如,在上例中,关系学生中的外码"系编号"只能是空值和非空值两类值。其中,空值表示尚未给学生分配系;非空值必须是被参照关系"系"中的某一个系的"系编号",表示学生不可能分配到一个不存在的系中。

(3) 用户定义完整性

关系数据库系统除了支持实体完整性和参照完整性之外,关系数据库系统根据具体的应用场合,往往还需要一些特殊的约束条件。用户定义完整性就是针对某些具体要求来定义的约束条件,它反映某一具体应用所涉及的数据必须满足的语义要求。例如,职工实体的身份证号属性必须取唯一值;职工实体的性别属性的取值只能是"男"或"女";职工实体的出生日期属性不能取空值等。关系模型必须提供定义和检验这类完整性机制，以便用统一的方法处理它们，而不需要由应用程序来承担这一任务。

2.2.3 关系模型的规范化

关系数据库的规范化可以简化数据库设计并优化数据库结构，降低或消除数据库中的冗余数据。在关系数据库中，使用范式来实现数据的规范化。

所谓范式，就是一个规则序列，这些规则可以简化数据库的设计。数据库的范式的级别越高，其数据库的设计越有效。这是因为，如果一个数据库符合第三范式，则它必须首先符合第一范式和第二范式的要求。

(1) 第一范式(1NF)

在关系模式R中的每一个具体关系R中，如果每个属性值都是不可再分的最小数据单位，则称R是第一范式的关系。

第一范式的设计目标是简化数据库结构以去除重复的组。

例如，学生(学号、姓名、性别、系名，入学时间，家庭成员)不满足第一范式，因为"家庭成员"属性可以再分解。所以解决方法是进行模式分解，将"学生"分解为学生(学号、姓名、性别、系名，入学时间)和家庭(学号、家庭成员、亲属关系)。

(2) 第二范式(2NF)

关系当中的每一个非主属性都必须完全依赖于主码。

第二范式的设计目标是简化实体的设计，以确保每个非主键字段对于主键是唯一确定的。关系的每一个属性都应该依赖于主码，所以在添加数据时，不会出现大量的数据冗余。

例如，商品订单(订单编号，商品编号，客户编号，数量，单价)不满足第二范式，因为"客户编号"不依赖于"商品编号"，"客户编号"与"商品编号"没有绝对必然的关系。解决方法是进行模式分解，将"商品订单"分解为订单(订单编号，客户编号)和订单明细(订单编号，商品编号，数量，单价)。

(3) 第三范式(3NF)

关系模式中若不存在这样的主码X、属性组Y及非属性组Z具有这样的关系：X→Y，Y→Z，则称此关系模式满足第三范式。

第三范式的设计目标是去掉除主码外有关联关系的属性，即所有非主码的属性之间不能有从属关系。

例如，学生(学号，姓名，所在系编号，系名称，系地址)不满足第三范式，因为学号→所在系编号，所在系编号→系名称，所在系编号→系地址

解决方法是将上述实体分解为两个实体：学生(学号，姓名，系编号)和系(系编号，系名称，系地址)。

利用关系范式，实现数据库的数据存储的规范化，减少了数据冗余，可节省存储空间，避免

数据不一致性，提高对关系的操作效率，同时满足应用需求。在实际应用中，并不一定要求全部模式都达到第三范式不可。有时故意保留部分冗余可能会更方便数据查询。尤其对于那些更新频度不高、查询频度极高的数据库系统更是如此。

2.2.4　E－R 模型到关系模型的转换

E－R 模型是数据库的一种概念模型，是抽象的数据模型。关系数据库采用的模型是关系模型，因此，必须将 E－R 模型转换为关系模型。根据 E－R 模型中实体之间的联系，将 E－R 模型转换为关系模型，转换的方法如下。

1. 一对一(1∶1)联系

转换方法：将联系与任意一端实体所对应的关系模式合并，在关系模式的属性中加入另一个实体的主码和联系实体本身的属性。

【例 2－4】　将例 2－1 中的 E－R 模型转换为关系模型。

转换方法：该 E－R 模型有“部门”和“部门经理”两个实体，且它们是 1∶1 的联系。因此，将联系合并到“部门”实体或“部门经理”实体中，并将联系本身的属性和另一个实体的主码作为属性放入合并的实体中，以下两种方法均可。

(1) 将联系合并到“部门”实体中

部门(部门编号，部门名称，经理编号，聘任时间，任期)

经理(经理编号，经理姓名)

(2) 将联系合并到“部门经理”实体中

部门(部门编号，部门名称)

经理(经理编号，经理姓名，部门编号，聘任时间，任期)

2. 一对多(1∶*n*)联系

转换方法：将该联系与 *n* 端实体所对应的关系模式合并。合并时需要在 *n* 端实体的关系模式的属性中加入 1 端实体的主码和联系本身的属性。

【例 2－5】　将例 2－2 中的 E－R 模型转换为关系模型。

转换方法：该 E－R 模型有“部门”和“员工”两个实体，且它们是 1∶*n* 的联系。因此，将联系合并到 *n* 端员工实体中，并将联系本身的属性和“部门”实体的主码“部门编号”作为属性放入员工实体中。

部门(部门编号，部门名称)

员工(员工编号，姓名，性别，年龄，部门编号)

3. 多对多(*m*∶*n*)联系

转换方法：将联系转换为一个关系模式。与该实体相连的各实体的主码和联系本身的属性转换为关系的属性，关系模式的主码为各实体主码的组合。

【例 2－6】　将例 2－3 中的 E－R 模型转换为关系模型。

转换方法：该 E－R 模型有“课程”和“学生”两个实体，且它们是 $m:n$ 的联系。因此，将联系转换为“学生选课”实体，“课程”实体的主码“课程编号”、“学生”实体的主码“学号”以及联系本身的属性“成绩”成为“学生选课”实体的属性，“课程”实体的主码“课程编号”和“学生”实体的主码“学号”联合作主码。

课程（课程编号，课程名称，学分，课程简介）

学生（学号，姓名，性别，所在系，年龄）

学生选课（学号，课程编号，成绩）

通过上面介绍的 E－R 模型转换为关系模型的三种方法，可将通用的概念模型转换为关系数据库中的物理模型，但得到的关系模型不一定是最优的。在实际应用中，还需要根据应用需要，对得到的关系模型进行调整和优化。

2.3 关系数据库的设计

数据库设计是建立数据库及其应用系统的技术，是企业信息系统开发的核心技术。数据库设计是指对于一个给定的应用环境，构造最优的数据库模式，建立数据库及其应用系统，有效存储数据，满足用户信息要求和处理要求。

1. 数据库的设计原则

数据库设计的目标是在 DBMS 的支持下，按照应用系统的要求，设计一个结构合理、使用方便、效率较高的数据库系统。

数据库的设计应与应用系统设计相结合。数据库设计涉及数据库的结构设计和数据库的行为设计两方面。数据库的设计应将结构设计和行为设计相结合。

(1) 数据库的结构设计原则

数据库的结构设计是从应用的数据结构角度对数据库的设计。由于数据的结构是静态的，因此数据库的结构设计又称为数据库的静态结构设计。其设计过程为：先将现实世界中的事物、事物之间的联系用 E－R 图表示，然后将各 E－R 图汇总，得出数据库的概念结构模型，再将概念结构模型转换为关系数据库的关系结构模型。

(2) 数据库的行为设计原则

数据库的行为设计是指根据应用系统用户的行为对数据库的设计。数据库的行为是指数据查询统计、事物处理等。数据库的设计应满足用户的行为要求。由于用户的行为是动态的的，因此数据库的行为设计又称为数据库的动态设计。其设计过程为：首先将现实世界中的数据及应用情况用数据流图和数据字典表示，并描述用户的数据操作要求，从而得出系统的功能结构和数据库结构。

2. 数据库的设计步骤

数据库的设计分为六个阶段，如图 2－13 所示。

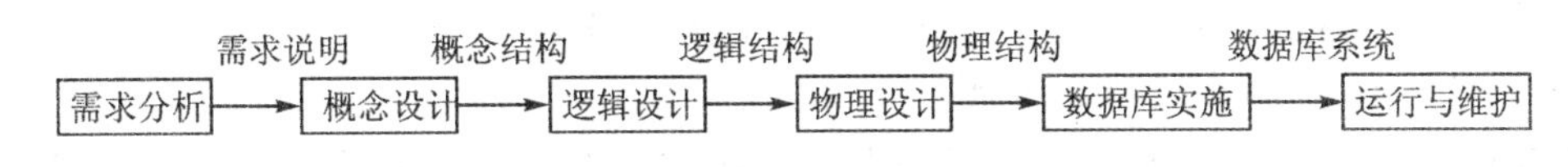

图 2-13　数据库的设计步骤

(1) 需求分析

进行数据库软件开发,必须首先了解与分析用户需求,需求分析是整个设计过程的基础。需求分析是否做得准确与充分,决定了数据库系统的开发速度与质量。它是数据库设计中十分重要的环节

(2) 概念设计

概念设计是整个数据库系统设计的关键,它通过对用户需求进行综合、归纳与抽象,形成一个独立于具体 DBMS 的概念模型,一般用 E-R 图表示。

(3) 逻辑设计

逻辑设计是将概念模型转换为选定的 DBMS 所支持的数据模型,并对该模型进行优化。

(4) 物理设计

数据库的物理设计是为逻辑设计模型选取一个最适合应用环境的物理结构(包括存储结构和存取方法等)。

(5) 数据库实施

在数据库实施阶段,设计人员运用 DBMS 所提供的语言和工具,根据逻辑设计和物理设计的结果建立数据库,编写与调试应用程序,组织数据入库,并进行试运行。

(6) 运行与维护

数据库应用系统在经过试运行后即可投入正式使用,在正式运行过程中必须对其进行不断地评价、调整与修改。

开发一个完善的数据库应用系统不可能一蹴而就,它往往是上述六个阶段的不断反复。需要指出的是,这六个阶段不仅包括数据库的静态设计,还包括数据库系统的动态设计,在设计过程中,应把两者紧密结合起来,以完善系统设计。

2.4　SQL Server 的数据库概念

2.4.1　SQL Server 的数据库文件和文件组

从物理结构看,SQL Server 的数据库由两个或多个操作系统文件组成,分别存放数据库中的数据和操作日志。根据功能的不同将这些文件分为以下三类。

主数据库文件:存放数据信息。每个数据库都必须有且仅有一个主数据文件,在操作系统中以.MDF文件名存放。

次数据文件:存放数据信息。一个数据库可以没有次数据文件,也可以有多个次数据文件,在操作系统中以.NDF 文件名存放。

事务日志文件:存放事务日志,每个数据库必须有一个或多个日志文件,在操作系统中以.LDF文件名存放。

因此,数据库至少由两个文件组成,即主数据库文件和日志文件。默认状态下,数据库文件存放在 SQL Server 安装目录的 data 子目录下,主数据文件名为"数据库名_Data.MDF";日志文件名为"数据库名_Log.LDF"。数据库的创建者可以在创建时指定其他的路径和文件名。

为了便于管理和提高系统性能,将多个文件组织成一个逻辑集合,称为文件组。文件组可控制数据库中数据对象的存放位置,文件组中的文件通常放在不同的驱动器上。这样可减轻单个驱动器的存储负载,提高数据库的存储效率。

SQL Server 的数据库文件和文件组必须遵循以下规则:

- 一个文件和文件组只能被一个数据库使用。
- 一个文件只能属于一个文件组。
- 数据文件和日志文件不能共存于同一文件或文件组上。
- 日志文件不能属于文件组。

2.4.2 SQL Server 的系统数据库与示例数据库

SQL Server 的数据库分为系统数据库、示例数据库和用户数据库三类。在安装了 SQL Server 后,自动创建六个数据库。其中,Master、Tempdb、Model 和 Msdb 为系统数据库;Northwind 和 Pubs 为示例数据库。在安装 SQL Server 后,打开企业管理器,可以看到这六个数据库。

1. SQL Server 系统数据库

SQL Server 2008 的系统数据库有以下四个。

(1) Master 数据库

Master 数据库是 SQL Server 的主数据库。它记录了 SQL Server 系统级的信息,包括系统中所有的登录账号、系统配置信息,还保存了其他数据库的相关信息等。因此,Master 数据库是最重要的系统数据库,应定期备份。

(2) Tempdb 数据库

Tempdb 数据库是临时数据库,用于存放所有连接到系统的用户临时表和临时存储过程以及 SQL Server 产生的其他临时性的对象。Tempdb 数据库是 SQL Server 中负担最重的数据库,因为几乎所有的查询都可能需要使用它。

在 SQL Server 关闭时,Tempdb 数据库中的所有对象都被删除;每次启动 SQL Server 时,Tempdb 数据库里面总是空的。

(3) Model 数据库

Model 数据库是模板数据库,每当创建一个新数据库时,SQL Server 复制 Model 的内容到新建的数据库中。因此,新创建的数据库和 Model 数据库完全一样。

如果用户希望在创建的数据库中都包含某些对象,可以在 Model 数据库中创建这些对象,以后每一个新创建的数据库中都会自动包含它们。Model 数据库中有 18 个系统表和一些视图、系统存储过程等对象,用于保存数据库的相关信息。

(4) Msdb 数据库

Msdb 数据库和自动化管理相关。SQL Server 代理(SQL Server Agent)使用 Msdb 数据库来安排报警、作业,并记录操作员。

系统数据库的数据文件和日志文件如表 2-3 所示。

表 2-3　SQL Server 系统数据库的数据文件和日志文件

系统数据库	数据文件	日志文件
Master	Master. mdf	Mastlog. ldf
Model	Model. mdf	Modellog. ldf
Msdb	Msdbdata. mdf	Msdblog. ldf
Tempdb	Tempdb. mdf	Templog. ldf

2. SQL Server 的示例数据库

SQL Server 在安装时创建了 Pubs 和 Northwind 两个示例数据库,示例数据库是让读者作为学习工具使用的。

(1) Pubs 数据库

它是一个虚构的图书出版公司的数据库,被广泛地应用在 SQL Server 的帮助文档中。该数据库结构简单,为初学者提供了很好的学习例子。

(2) Northwind 数据库

它是一个虚构的经营世界各地的食品进出口贸易公司的数据库。该数据库也被广泛地应用在 SQL Server 的帮助文档中。

示例数据库的数据文件和日志文件如表 2-4 所示。

表 2-4　SQL Server 示例数据库的数据文件和日志文件

系统数据库	数据文件	日志文件
Pubs	Pubs. mdf	Pus_log. ldf
Northwind	Northwnd. mdf	Northwnd. ldf

2.5 数据库的创建

创建数据库的过程就是确定数据库名称、大小、存放位置和文件名、文件组的过程。数据库的名称必须符合 SQL Server 的命名规则。建议为数据库起一个有意义的逻辑名。在同一台 SQL Server 服务器上数据库的名称要唯一,不能重名。在创建数据库后,系统将 Model 数据库的内容复制到新创建的数据库中,并将创建数据库的信息存储在 Master 数据库的 Sysdatabases 系统表中。

在创建数据库之前,要考虑数据库的名称、数据库的初始大小和增长量、数据库文件名和存放路径等内容。

SQL Server 2008 提供了三种创建数据库的方式:

- 使用数据库创建向导创建数据库。
- 使用企业管理器创建数据库。
- 使用 T-SQL 语句在查询分析器中创建数据库。

2.5.1 使用向导创建数据库

下面用一个示例来演示如何使用 SQL Server 向导创建一个最简单的数据库。

【例 2-7】 用向导创建数据库 testDB。

操作步骤如下:

1) 在企业管理器中,选中"控制台根目录"下的要创建数据库的服务器,然后单击"工具"菜单,单击"向导"命令,弹出如图 2-14 所示的对话框。

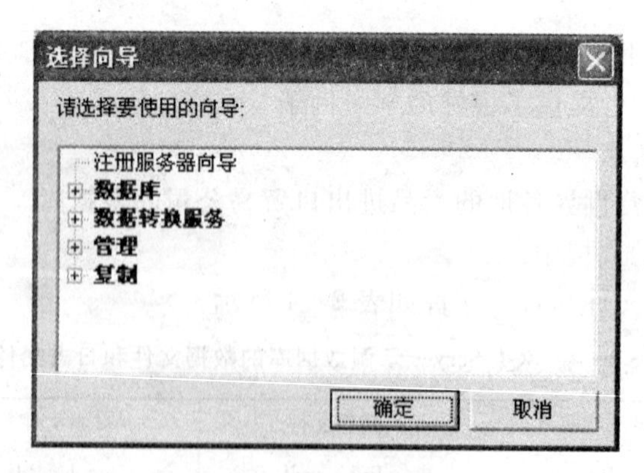

图 2-14 运行向导

2) 在该对话框中展开"数据库"项,选中"创建数据库向导"后,单击"确定"按钮,打开创建数据库向导对话框,单击"下一步"按钮。

3）设置数据库名称为 testDB，设置数据库文件、日志文件的存放位置，然后，单击“下一步”按纽，如图 2-15 所示。

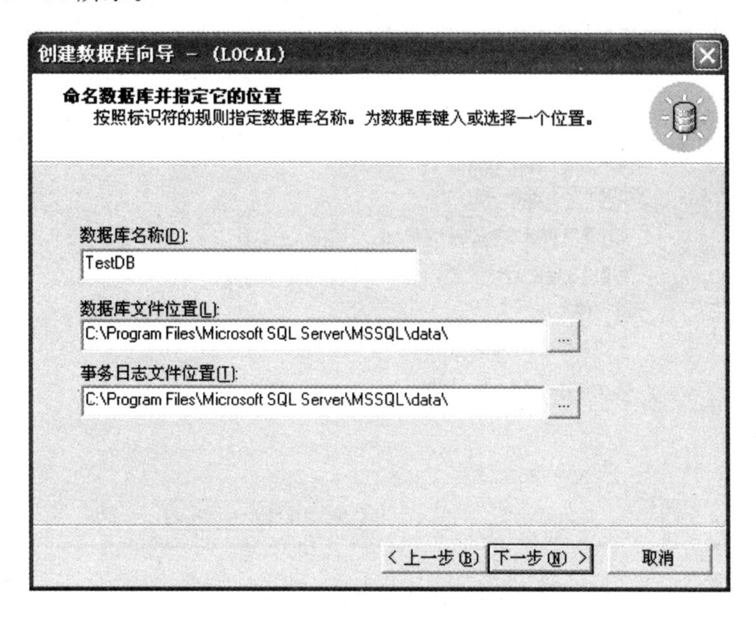

图 2-15　命名数据库并指定位置

4）指定数据库的逻辑文件名、初始大小和次数据文件，如图 2-16 所示。

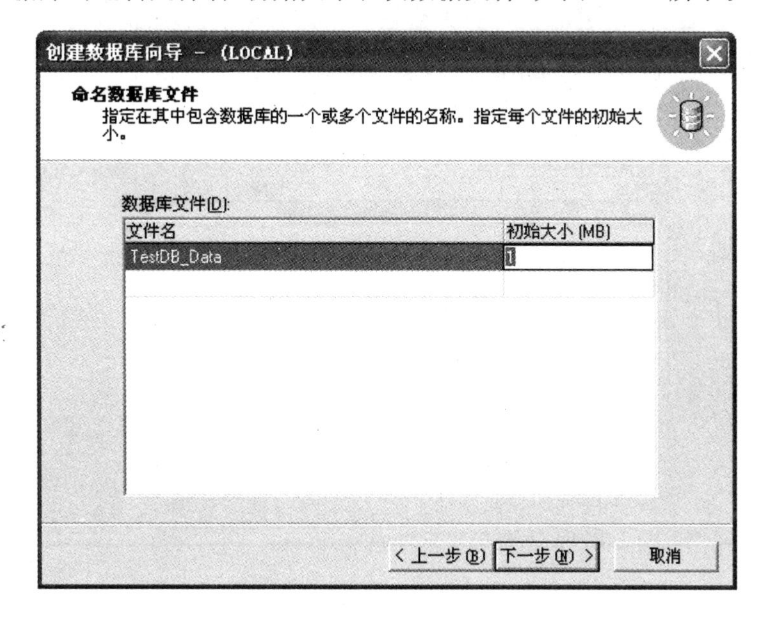

图 2-16　命名数据库文件

5）定义数据库文件的增长，如图 2-17 所示。单击“下一步”按钮。

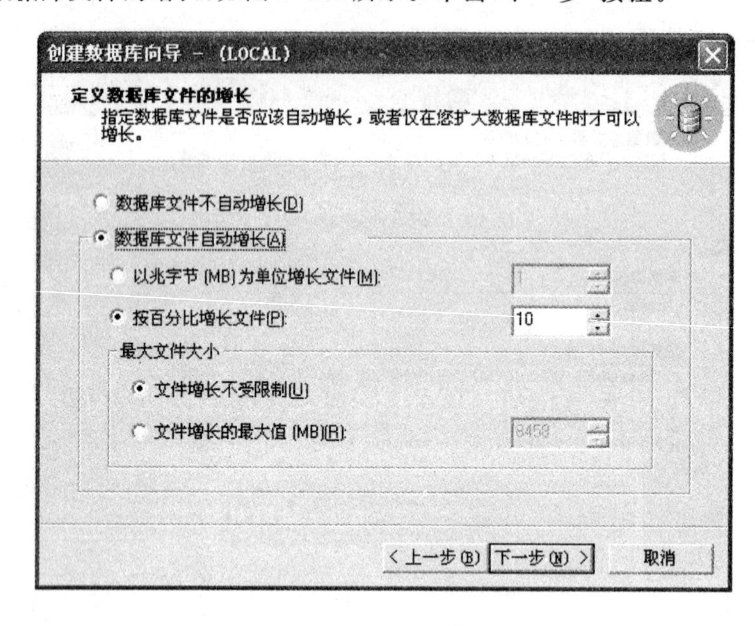

图 2-17 定义数据库文件的增长

6）设置事务日志文件的初始大小，如图 2-18 所示。

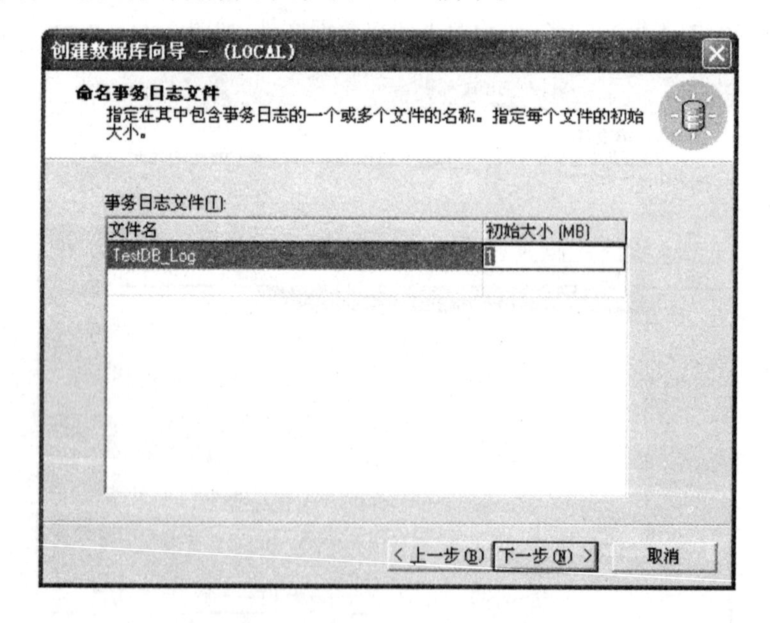

图 2-18 设置事务日志文件的初始大小

7）定义事务日志文件的增长，如图 2－19 所示。

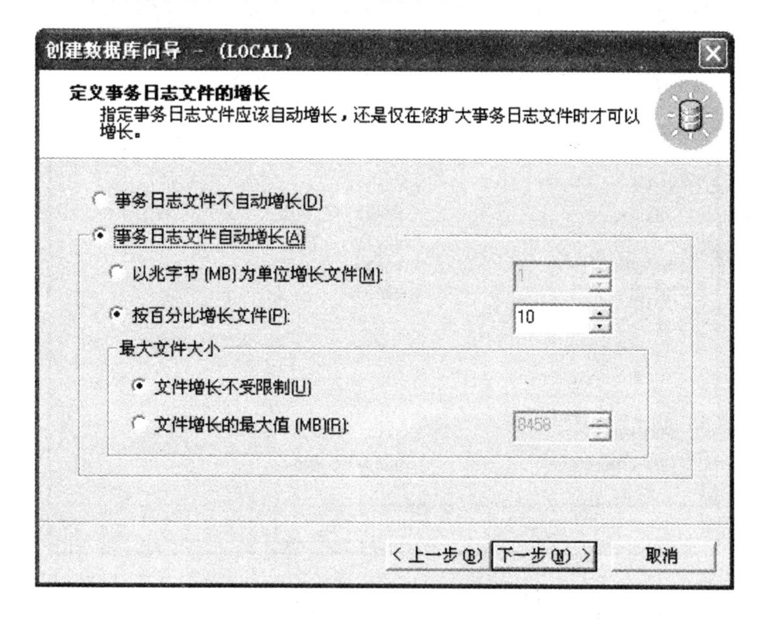

图 2－19　定义事务日志文件的增长

8）单击"完成"按纽，完成数据库的创建。

2.5.2　使用企业管理器创建数据库

在实际操作中，绝大多数的管理性工作都会利用 SQL Server 企业管理器来完成。

【例 2－8】　用企业管理器创建数据库 testDB。

操作步骤如下：

1）选中创建数据库的服务器，右击"数据库"节点，在弹出的快捷菜单中选择"新建数据库"命令，打开如图 2－20 所示的"数据库属性"对话框。

2）在"常规"选项卡的"名称"文本框中输入数据库的名称，如图 2－20 所示。

注意

数据库的名称必须符合 SQL Server 命名规则，且不能与其他现存数据库的名称相同。

3）切换到"数据文件"选项卡，如图 2－21 所示。在此可以增减数据文件，并对每一个文件设置以下内容。

文件名：也叫逻辑文件名，以后就以这个名字来代表这个数据文件。SQL Server 会默认以数据库的名称加上_Data 作为主数据文件的逻辑文件名。如果不愿意采用默认的文件名，请将光标移到"文件名"文本框中进行修改。

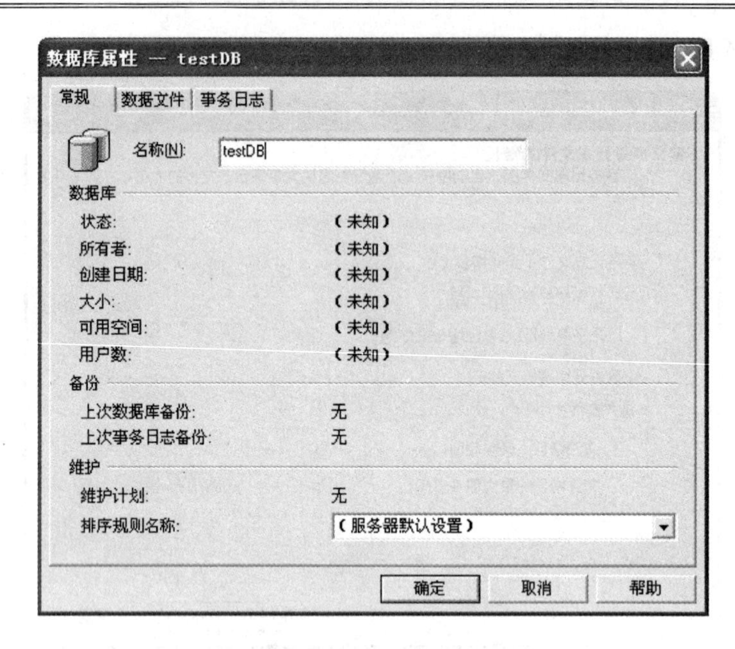

图 2-20 “数据库属性”对话框

图 2-21 “数据库属性”对话框的“数据文件”选项卡

位置:文件存放的路径,也叫物理文件名。通过指定主数据文件的物理文件名,可以决定将主数据库文件存储在服务器计算机的哪一个磁盘目录中,以及它在磁盘上的实际文件名。SQL Server 会默认以数据库的名称加上_Data 作为物理文件名,并且存储在 SQL Server 系统目录的 data 子目录中。

提示

如果不愿意采用默认的文件名或是想更改存储位置,可将光标移到“位置”文本框中加以修改,或单击“...”按钮,打开如图 2-22 所示的“查找数据库文件”对话框,以便在其中选择存储目录并设置文件名。

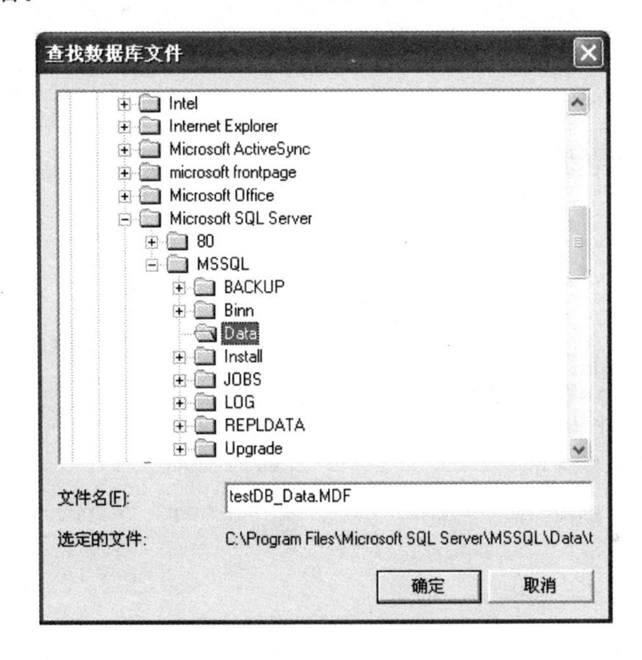

图 2-22　设置数据库存放路径

初始大小:指定文件的初始大小,即指定主数据文件开始创建后的大小。系统默认的初始大小是 1 MB,用户可根据自己的需要设定初始值的大小。若想设置初始值的大小,请将光标移到“初始大小”文本框中并键入一个数值(单位是 MB)。

文件增长:主数据文件的大小可以是固定的,也可以是能够自动增长的。如果用户希望主数据文件在空间不足时会自动增长,如图 2-21 所示,选中“文件自动增长”复选框。确定要让主数据文件自动增长后,还必须设置增长的方式。在数据库空间不足时,如果希望增加特定单位的数目,请选中“按兆字节”单选按钮,并在其右侧的数值中键入数值;如果希望增加特定比例的大小,请选中“按百分比”单选按钮,并在其右侧的数值微调框中键入百分比的数值。

最大文件大小:是指设置主数据文件的大小是否要有上限。如果要让主数据文件的大小无限制地自动增长，请选中“文件增长不受限制”单选按钮；如果要设置主数据文件的大小的上限，请选中“将文件增长限制为”单选按钮，并在其右侧的数值微调框中键入上限值(单位是 MB)。

文件组：由于主数据文件必须存在于主文件组中，因此不需要也不可以另行指定主数据文件所属的文件组。这也就是为什么“文件组”下拉列表中会显示 PRIMARY 的原因，如图 2－23 所示。

4) 切换到“事务日志”选项卡，指定存放日志文件的位置、初始大小和增长方式。对每一个日志文件，用户也可以做和数据文件一样的五种设置，如图 2－23 所示。

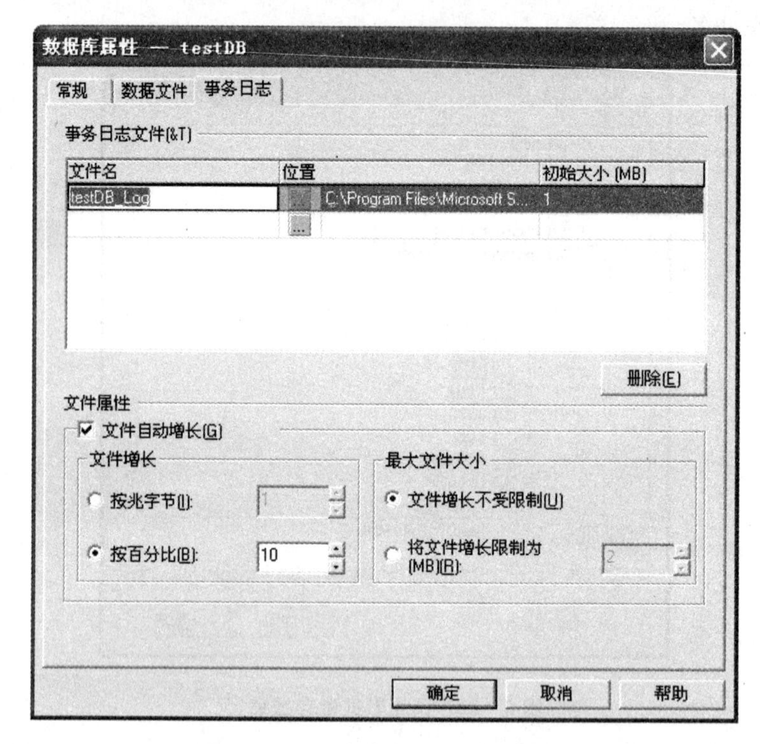

图 2－23 设置数据库的事务日志属性

提示

如果需要让数据库拥有多个日志文件，请先单击“事务日志文件”列表中第一个日志文件所在行的下一行，此时会添加一空白行，用户可以按照顺序键入日志文件的逻辑文件名、物理文件名、初始大小，并设置日志文件能否自动增长和增长上限。反复依此方式进行，直到设置完所有的日志文件为止。

注意

日志文件会记录所有发生在数据库中的变动和更新，以便当遇到各种意外时能有效地恢复数据，从而确保数据的一致性与完整性。

5）指定次数据文件。切换到“数据文件”选项卡，然后单击“数据库文件”列表中主数据文件所在行的下一行，此时添加一空白行。用户可以按照顺序键入次数据文件的逻辑文件名、物理文件名、初始大小和所属的文件组，并设置次数据文件能否自动增长和增长上限。

提示

次数据文件会默认隶属于主文件组。若想要将次数据文件指派给其他的文件组，请将光标移到次数据文件所在行的“文件组”列表框中，此列表框会列出数据库所有的文件组供用户选取。但是，如果事先未创建任何文件组，则列表框只会拥有一个 PRIMARY 选项。若想创建一个新的文件组，请直接在此列表框中键入文件组的名称。按照这种方法所创建的文件组是一个用户定义文件组，而且本次所创建的文件组可在指定其他次数据文件的文件组时直接选取。

注意

在键入物理文件名时，会发现默认的扩展名是.NDF，用户应该将它存储在其他的物理磁盘中。反复依此方式进行，直到已指定完所有的次数据文件为止。

6）确认已完成所有的设置后，单击“确定”按钮，SQL Server 完成数据库的创建。

2.5.3 使用 T－SQL 语句创建数据库

在 Transact－SQL 中，使用 CREATE DATABASE 语句创建数据库。

(1) 基本语法

```
CREATE DATABASE database_name
[ ON [PRIMARY]
[< filespec > [,…n ] ]
[ LOG ON { < filespec > [ ,…n ] } ]
```

其中，<fileSpec>语法格式如下：

```
([NAME = logical_file_name , ]
FILENAME = 'os_file_name'
[,SIZE = size ]
[,MAXSIZE = { max_size | UNLIMITED } ]
[,FILEGROWTH = growth_increment ] ) [ ,...n ]
```

命令解释如下：

database_name：创建的数据库的名称，database_name 最多可以包含 128 个字符。

ON：指定存储数据库的数据文件的磁盘文件。

PRIMARY：定义数据库的主数据文件。

LOG ON：指定存储数据库日志的磁盘文件。

NAME：指定存储数据和日志的逻辑名称。

FILENAME：指定数据和日志的操作系统文件名（包括所在路径）。

SIZE:指定数据和日志文件的初始大小。

MAXSIZE:指定数据和日志文件可以增长到的最大值。

FILEGROWTH:定义数据和日志系统文件空间不足时每次增长的大小。值为0表示不增长。该值可按MB、KB或%的形式指定,必须是整数,不要包含小数,默认为MB。如果指定了%,那么文件增量为文件发生增长时文件大小的指定百分比。

(2) 用T-SQL语句创建数据库示例

【例2-9】 创建完整的数据库。

创建一个名为mostComplexDB的数据库,包含一个主文件,三个次数据文件和两个事务日志文件。

主文件的逻辑名为"mostComplexDB1",物理文件名为"C:\mostComplexDB_data1.mdf",初始容量为1MB,最大容量为2MB,每次的增长量为10%。

三个次数据文件分别为:

逻辑名为"mostComplexDB2",物理文件名为"C:\mostComplexDB_data2.ndf";

逻辑名为"mostComplexDB3",物理文件名为"C:\mostComplexDB_data3.ndf";

逻辑名为"mostComplexDB4",物理文件名为"C:\mostComplexDB_data4.ndf"。

两个事务文件分别为:

逻辑名为"mostComplexDBLog1",物理文件名为"D:\mostComplexDB_log1.ldf",初始容量为1MB,最大容量为5MB,每次的增长量为1MB;

逻辑名为"mostComplexDBLog2",物理文件名为"D:\mostComplexDB_log2.ldf"。

启动查询分析器,在编辑窗口中输入以下语句:

```
/*创建一个数据库mostComplexDB,指定数据文件文件组和日志文件*/
CREATE DATABASE mostComplexDB
ON PRIMARY
(
    NAME = mostComplexDB1,
    FILENAME = 'c:\mostComplexDB_data1.mdf',
    SIZE = 1MB,
    MAXSIZE = 2MB,
    FILEGROWTH = 10 %
),
(
    NAME = mostComplexDB2,
    FILENAME = 'c:\mostComplexDB_data2.ndf'
),
(
    NAME = mostComplexDB3,
```

```
    FILENAME = 'c:\mostComplexDB_data3.ndf'
),
(
    NAME = mostComplexDB4,
    FILENAME = 'c:\mostComplexDB_data4.ndf'
)

LOG ON
(
    NAME = mostComplexDBLog1,
    FILENAME = 'd:\mostComplexDB_log1.ldf',
    SIZE = 1MB,
    MAXSIZE = 2MB,
    FILEGROWTH = 1MB
),
(
    NAME = mostComplexDBLog2,
    FILENAME = 'd:\mostComplexDB_log2.ldf'
)
```

运行结果如图 2 - 24,创建数据库成功,查询分析器消息窗口中显示已经分配的存储空间。

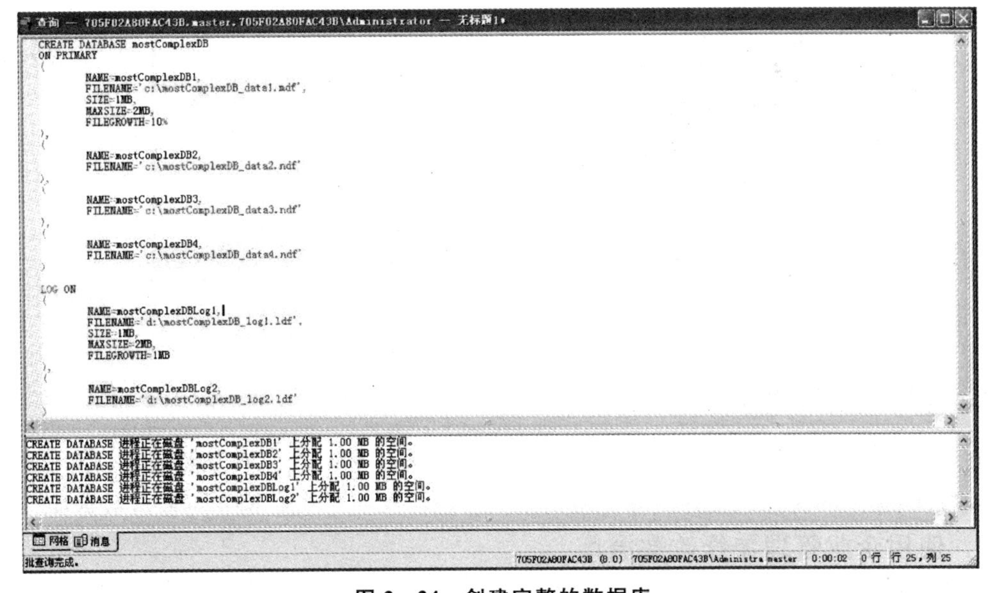

图 2 - 24　创建完整的数据库

2.6 数据库的维护

2.6.1 查看数据库信息

查看数据库有关信息可以使用企业管理器和系统存储过程。本书只介绍使用企业管理器查看数据库信息的方法。

右击要查看的数据库，选择“属性”，系统将弹出该数据库的“属性”对话框，如图 2－25 所示。对话框的“常规”“数据文件”“事务日志”等选项卡将显示该数据库的有关信息。

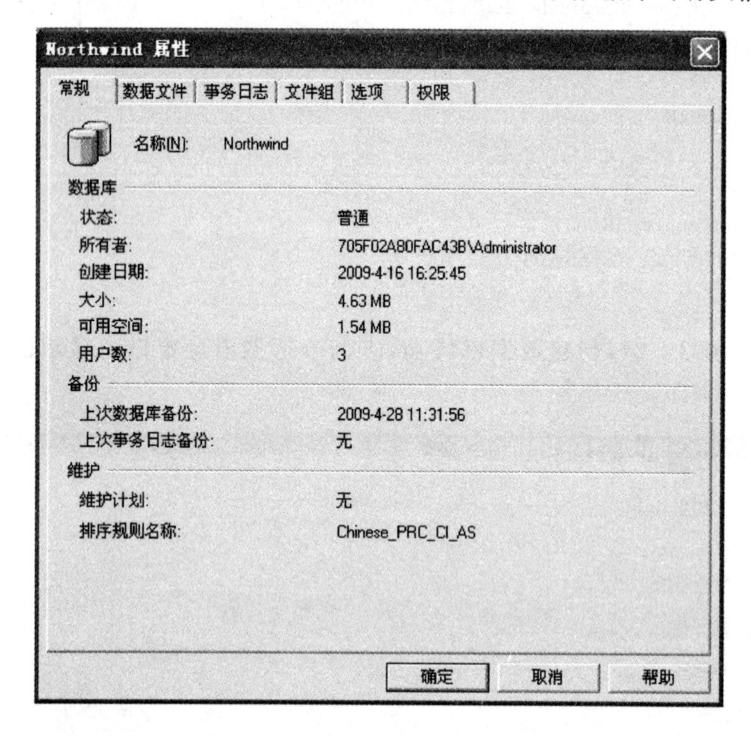

图 2－25 数据库的“属性”对话框

2.6.2 修改数据库

在创建数据库之后，可能由于某种原因需要对数据库进行修改，例如修改文件和文件组的属性，增加数据库的文件和文件组等。使用企业管理器和 T－SQL 语句可修改数据库。

1. 使用企业管理器修改数据库

使用企业管理器修改数据库的步骤如下：

1）在企业管理器中，展开指定的服务器节点。

2）展开“数据库”节点。

3）右击选中的数据库，在弹出的快捷菜单中选择“属性”命令，则系统弹出如图 2－25 所示的对话框。

4）在对话框的“常规”选项卡中，可以修改数据库的主文件组和用户定义文件组中各数据文件信息，包括逻辑名、物理文件名、初始大小、所属文件组及自动增长的限制等。

5）在对话框的“事务日志”选项卡中，可修改数据库的事务文件信息，包括逻辑名、物理文件名、初始大小、所属文件组及自动增长的限制等。

6）在“文件组”“选项”“权限”选项卡中，可以修改数据库的文件组、数据库选项、数据库访问权限等内容。

2. 使用 ALTER DATABASE 语句修改数据库

使用 T－SQL 的 ALTER DATABASE 语句也同样可以完成修改数据库的工作。

(1) 基本语法

```
ALTER DATABASE database
{ADD FILE <filespec> [,…n] [TO FILEGROUP filegroup_name]
|ADD LOG FILE <filespec> [,…n]
|REMOVE FILE logical_file_name
|ADD FILEGROUP filegroup_name
|REMOVE FILEGROUP filegroup_name
|MODIFY FILE <filespec>
}
```

其中<filegroup>的语法格式如下：

```
(NAME = logical_file_name
[,NEWNAME = new_logical_name ]
[,FILENAME = 'os_file_name' ]
[,SIZE = size ]
[,MAXSIZE = {max_size|UNLIMITED }]
[,FILEGROWTH = growth_increment ])
```

在该语法中，大部分成分与创建数据库的语法成分相同，所以不再解释。

ADD FILE <filespec> [,…n] [TO FILEGROUP filegroup_name]：表示向指定的文件组中增加新的数据文件。

ADD LOG FILE <filespec>[,…n]：指定要将日志文件添加到指定的数据库。

REMOVE FILE logical_file_name：从数据库系统表中删除文件描述并删除物理文件。注意：只有在文件为空时才能删除。

ADD FILEGROUP filegroup_name:添加一个文件组。

REMOVE FILEGROUP filegroup_name: 从数据库中删除文件组并删除该文件组中的所有文件。注意:只有在文件组为空时才能删除。

MODIFY FILE <filespec> :修改操作系统文件的属性。

(2) 使用 ALTER DATABASE 语句修改数据库示例

【例 2-10】 创建数据库 Personnel,添加一个 5 MB 大小的数据文件。

```
USE Master
GO
CREATE DATABASE Personnel ON
(NAME = Personneldata1,
FILENAME = 'C:\Program Files\Microsoft SQL Server\MSSQL\Data\Personnel _data1.mdf',
SIZE = 5MB,
MAXSIZE = 100MB,
FILEGROWTH = 5MB
)
GO
ALTER DATABASE personnel
ADD FILE(
NAME = personneldata2,
FILENAME = 'C:\Program Files\Microsoft SQL Server\MSSQL\Data\personnel_data2.ndf',
SIZE = 5MB,
MAXSIZE = 100 MB,
FILEGROWTH = 5 MB)
GO
```

【例 2-11】 向数据库 Personnel 添加一个 5 MB 大小的日志文件。

```
USE Master
GO
ALTER DATABASE Personnel
ADD LOG FILE(
NAME = personnellog2,
FILENAME = 'C:\Program Files\Microsoft SQL Server\MSSQL\Data\Personnel _log.ldf',
SIZE = 5MB,
MAXSIZE = 100MB,
FILEGROWTH = 5MB)
GO
```

【例 2-12】 修改数据库 Personnel 日志文件 Personnellog2 的大小。

```
USE Master
GO
ALTER DATABASE personnel
MODIFY FILE(
NAME = personnellog2,
SIZE = 20MB)
GO
```

【例 2-13】 删除数据库 Personnel 中的一个数据文件删除。

```
USE Master
GO
ALTER DATABASE personnel(
REMOVE FILE personneldata2)
```

2.6.3　数据库的选项设置

1. 查看数据库选项

有两种方法可以查看数据库的配置设置。

(1) 使用 SQL Server 企业管理器查看数据库选项

步骤如下：

打开想查看其配置的数据库的“属性”对话框，切换到如图 2-26 所示的“选项”选项卡界面，可查看数据库的选项。

(2) 使用系统存储过程 sp_dboption 查看数据库选项

基本语法：

```
sp_dboption [[@dbname = ] 'database']
```

参数解释：

@dbname：用来指定想更改其配置设置的数据库名称。

执行语句的结果是返回指定数据库的所有选项设置情况。

下面介绍几个常用选项。

dbo use only：配置选项 dbo use only 的默认值是 FALSE，表示任何有权限访问此数据库的用户都能够使用此数据库。如果将 dbo use only 设置成 TRUE，则只有固定的数据库角色 db_owner 成员能够使用数据库。

single user：配置选项 single user 的默认值是 FALSE，表示在同一时间可以有任意多个用户连接到数据库来访问它。如果将 single user 设置成 TRUE，表示将数据库设置成单用户模式，这意味着同一时间只能有一位用户连接到数据库来访问它。

read only：配置选项 read only 的默认值是 FALSE，表示数据库可读写。如果将 read only

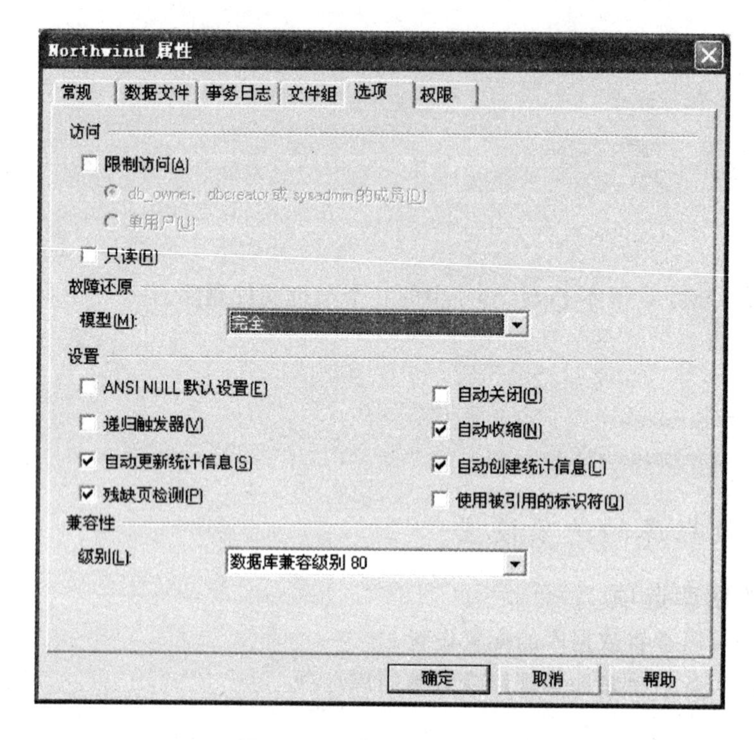

图 2-26　查看数据库选项

设置成 TRUE,则数据库将变成是只读的。数据库一旦被设置成是只读的,用户只能从数据库中提取数据,但是不能修改数据。当然,也不允许创建或修改任何数据库对象。

truncate. log on chkpt. :如果将 truncate. log on chkpt. 设置成 TRUE,则当数据库处于日志截断模式时,一个检查点会截断日志中非活动部分。此配置选项仅适用于系统数据库 Master。

autoclose:如果将 autoclose 设置成 TRUE,则当数据库的最后一位用户离开且数据库中的所有处理均已执行完毕时,数据库会自动关闭并释放出所有资源,而后如果又有用户要使用该数据库,数据库会再次打开;如果将 autoclose 设置成 FALSE,数据库会一直保持在打开状态,即使目前没有任何用户使用数据库。

autoshrink:如果将 autoshrink 设置成 TRUE,数据库将成为定期收缩其大小的对象。autoshrink 的默认值是 FALSE。

2. 设置数据库选项

有两种方法可以更改数据库的配置设置。

(1) 使用 SQL Server 企业管理器

打开想更改其配置的数据库“属性”对话框后,使用鼠标左键单击切换到如图 2-25 所示的“选项”选项卡界面,接着选中或取消其中的各个复选框,然后单击“确定”按钮。

(2) 使用系统存储过程 sp_dboption

基本语法如下：

```
sp_dboption [[@dbname = ] 'database'
[,[@optname = ]'option_name]
[,[@optvalue = ]'value']
```

参数解释：

@dbname:用来指定想更改其配置设置的数据库名称。

@optname:用来指定想更改其设置值的配置设置选项名称。

@optvalue:用来指定配置设置选项的设置值(TRUE 或 FALSE)

(3) 数据库选项设置示例

【例 2-14】 将数据库 MyDb 设置成只读状态。

```
USE MyDb
GO
EXEC sp_dboption 'MyDb', 'read only', 'TRUE'
```

2.6.4　数据库的改名

使用系统存储过程 sp_renamedb 可以修改数据库名称。

(1) 语法

```
sp_renamedb @old_name,@new_name
```

注意:在数据库改名之前,必须将数据库设置为“单用户”状态,在改名后,再改回到多用户状态。

(2) 数据库改名示例

【例 2-15】 将数据库 Personnel 改名为 Person。

```
EXEC sp_dboption 'Personnel', 'single user', 'TRUE'
GO
USE Master
GO
sp_renamedb 'Personnel', 'Person'
GO
EXEC sp_dboption ' Person ', 'single user', 'false'
```

2.6.5　数据库的删除

当一个数据库不再使用时,可以将其删除。删除一个数据库会删除其中的所有数据和该数据库所使用的磁盘文件，数据库在操作系统上占用的空间将被释放。

注意：当数据库处于以下三种情况之一时，不能被删除。

- 当有用户使用此数据库时。
- 当数据库正在处于恢复状态，且没有恢复结束。
- 当数据库正在参与复制时。

1. 使用企业管理器删除数据库

在企业管理器中删除数据库只需要展开“服务器”目录，单击要删除的数据库，在弹出的快捷菜单中选择“删除”命令即可。SQL Server 删除数据库将删除数据库所使用的数据库文件和磁盘文件。

2. 使用 DROP DATABASE 语句删除数据库

(1) 基本语法

```
DROP DATABASE database_name [ ,...n ]
```

参数解释：

database_name：指定要删除的数据库名称。从 Master 数据库中执行 sp_helpdb 可以查看数据库列表。

在删除数据库时需要注意以下几点：

- 若要使用 DROP DATABASE，当前连接的数据库必须在 Master 数据库中。
- 任何时候删除数据库时，都应备份 Master 数据库。
- 无法删除系统数据库(Msdb、Model、Master 和 Tempdb)。

(2) 数据库删除示例

【例 2-16】 从 SQL Server 中删除数据库 MyDb。

```
USE Master
GO
DROP DATABASE MyDb
```

2.7 上机练习

1. 用户需求分析

根据用户需求，设计用户产品管理的 Northwind 数据库，完成如下要求：

1) 建立基本的产品档案库，包括产品编号、产品供应商编号、产品分类编号、产品单位、产品单价等。产品按类别归档。

2) 建立订单档案库，包括订单编号、客户编号、雇员编号，规定日期、出货日期、运货天数、运费等。

3）实现产品的订单，若产品出现以下情况不能产生订单：

- 没有库存。
- 订货数量超过库存数量。
- 库存中的货物已经被订购。

4）实现货物的运送。若货物没有及时运出，或者是没有预期到达，都会影响客户的满意度，这时应该考虑赔偿。

5）丰富的查询功能。

① 产品查询：

- 根据关键字查询产品信息。
- 根据产品分类、产品名称、客户等信息组合查询产品信息。

② 订购查询：查询客户的当前订购信息、没有发送货物的信息、货物数量信息。

2. 系统需求分析

数据库设计人员通过对用户需求的调查，从以下方面进行分析。

(1) 产品信息分析

1）产品的基本信息包括产品编号、产品供应商编号、产品分类编号、产品单位、产品单价等。

2）为了判断产品是否能够被订购，应提产品库存信息包括产品的库存、产品的订购数量。

3）每种产品应有相应的类别信息。

(2) 客户信息分析

1）客户的基本信息包括客户编号、姓名、客户单位、联系方式、地址、城市、区域、电话、传真等。

2）客户的类别信息包括客户类别、各类客户类别统计。

(3) 订购产品过程分析

1）在产品订购时，应提供的基本信息包括客户编号、雇员编号、产品名称、订购数量、到货日期。

2）为了节省查询时间，还应提供应订购日期、到货日期、订购单位、订购数量。

3）客户订购的过程：

① 输入客户编号和产品编号。

② 判断该产品是否有库存。

③ 保存客户订购信息（order detail 表）。

④ 在库存中减少该产品的库存量。

3. 概念模型设计

根据系统分析可知，该系统涉及“产品”“产品分类”“订单”“客户”“雇员”“订购”六个实体。其 E－R 模型如图 2－27 所示。

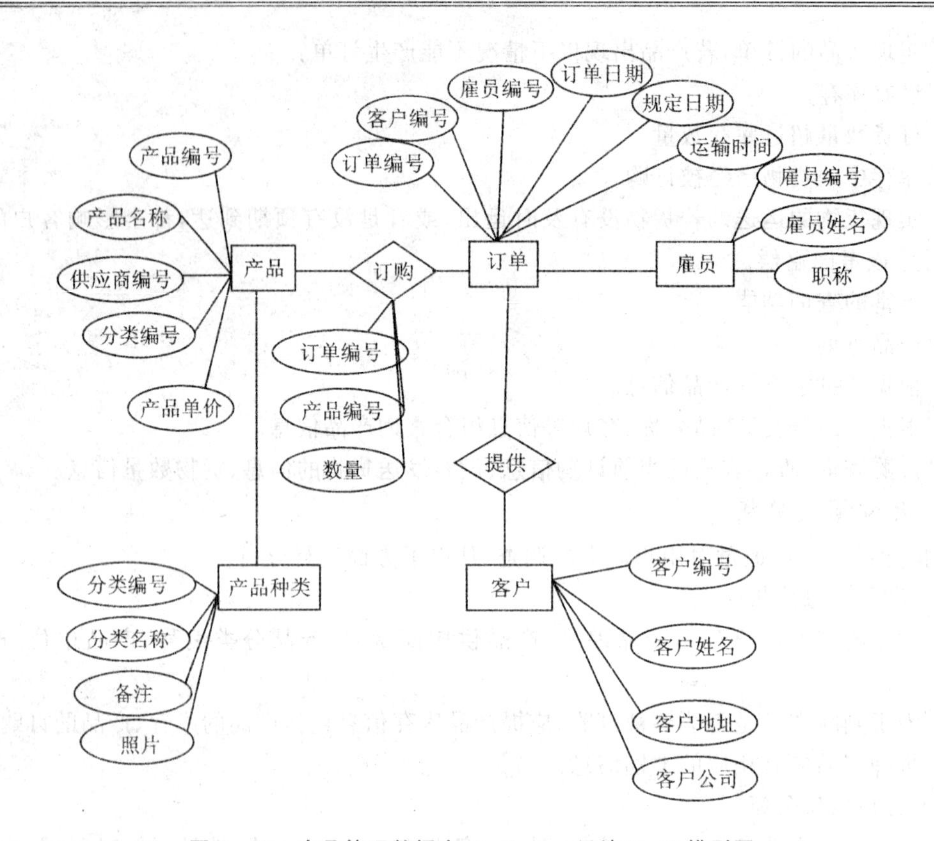

图 2-27 产品管理数据库 Northwind 系统 E-R 模型图

4. 关系模型设计

(1) 将 E-R 模型转换为关系模型

1) 由于雇员和订单实体之间存在有 1 : m 的关系，以雇员表的 EmployeeID 为雇员表和订单表的外键。

雇员表(雇员编号、雇员名称、职称、地址、城市、所属区、邮编、国家、电话、传真)

订单表(订单编号、客户编号、雇员编号,规定日期、出货日期、运货天数、运费)

2) "客户"实体和"订单"实体之间存在 1 : m 的"订购"联系，根据转换规则，"客户"实体的主码"客户编号"成为"订单"实体中的一个属性。

客户(客户编号、客户尊称、姓名、客户单位、联系方式、地址、城市、区域、电话、传真)

订单表(订单编号、客户编号、雇员编号、规定日期、出货日期、运货天数、运费)

3) 订单实体和客户实体存在 m : n 的"提供"联系，根据转换规则，联系成为一个实体，该关系的主码包括订单实体和客户实体的主码。考虑到在本系统中客户可多次订购同一个产品，因此订购对应关系的主码中还应包括"订单编号"。

订单(订单编号、客户编号、雇员编号,规定日期、出货日期、运货天数、运费)

(2) 对转换后的关系模型进行调整与优化

考虑到本系统的性能要求,订单信息与订购信息分开,以订单编号为关键字进行关联,把订购数量和订购价钱等关键内容做了概括。

订单信息(订单编号、客户编号、雇员编号、规定日期、出货日期、运货天数、运费)

订购信息(订单编号、产品编号、价钱、订购数量)

(3) 最终关系模型

产品类别(类别编号、种类名称、、备注、图片)

产品(产品供应商编号、分类编号、单位、单价、单位、库存最大量、存货单位、订购单位、是否中断)

订购(订单编号、产品编号、单价、数量、折扣)

订单(订单编号、客户编号、雇员编号、订购日期、到货日期、运行天数、水运、空运、班次名字、货运地址、货运城市、货运区域)

雇员信息(雇员编号、雇员姓名、雇员职位、出生日期、地址、城市、区域、邮编、城市、家庭电话、照片、注释)

客户信息(客户编号、公司名称、尊称、名片、地址、城市、区域、邮政编码、国家、电话、传真)

5. 约束关系

(1) 实体完整性

实体“产品类别”的主码“类别编号”不能为空;实体“产品”的主码“产品编号”不能为空;实体“订单描述”的主码“订单编号”不能为空;实体“订单”的主码“订单编号”不能为空;实体“雇员信息”的主码“雇员编号”不能为空;实体“客户信息”的主码“客户编号”不能为空;

(2) 参照完整性

参照关系“订单描述”的属性“订单编号”是被参照关系“订单”的外码;参照关系“订单信息”的属性“产品编号”是被参照关系“产品”的外码;参照关系“产品”的属性“产品编号”是被参照关系“产品类型”的外码;参照关系“订单描述”的属性“订单编号”和“产品编号”分别是被参照关系“订单”和“产品”的外码。

(3) 用户定义完整性

产品分类:“类名称”不能取空值。“类名称”的值唯一。

产品:“产品名”“产品编号”“是否中断”不能取空值。“是否中断”只能取1(代表中断)、0代表未中断。

订单详细:“订单编号”“产品编号”“单价”“数量”“折扣”不能取空值。“数量”的取值都大于0。“订单编号”“产品编号”的值唯一。

订单:“订单编号”不能取空值。“订单日期”为当前系统日期。

雇员表:“雇员编号”“雇员姓氏”“雇员名”不能取空值。

客户信息："客户编号""公司名称"不能取空值。

(4) 关系结构描述

NorthWind 数据库的关系结构描述如表 2－5 所示。

表 2－5 Northwind 数据库的关系结构描述

关系名称	属性名称	数据类型	数据长度
产品分类	分类编号	int	4
	名称	nvarchar	50
	备注	text	16
	照片	image	
产品	产品编号	int	4
	产品名字	nvarchar	40
	供应商编号	int	4
	分类编号	int	4
	单位数量	Nvarchar	20
	单价	Money	8
	进货数量	Smallint	2
	订购数量	Smallint	2
	订货成本	Smallint	2
	是否中断	Bit	1
订单详细	订单编号	Int	4
	产品编号	int	50
	数量	int	4
	单价	money	4
订单	订单编号	Int	4
	产品编号	Int	4
	雇员编号	Int	4
	订单日期	Datetime	8
	到货日期	Datetime	8
	运行天数	Int	4
	发货日期	Datetime	8
	运费	Money	8
	船名称	nvarchar	40
	运送地址	nvarchar	60

续表 2－5

关系名称	属性名称	数据类型	数据长度
订单	运送城市	nvarchar	15
	运送区域	nvarchar	15
	邮编	nvarchar	10
	国家	nvarchar	15
雇员	雇员编号	int	4
	雇员姓	nvarchar	4
	雇员名	nvarchar	8
	职位	nvarchar	8
	尊称	nvarchar	25
	出生日期	datetime	8
	任职日期	datetime	8
	地址	nvarchar	60
	城市	nvarchar	15
	地区	nvarchar	15
	住址电话	nvarchar	24
	照片	image	4
	备注	ntext	16
	成绩	int	4
	照片路径	nvarchar	255
客户	客户编号	int	4
	公司名称	nvarchar	30
	称呼	nvarchar	30
	职位	nvarchar	30
	地址	nvarchar	60
	城市	nvarchar	15
	区域	nvarchar	15
	邮编	nvarchar	10
	国家	nvarchar	15
	电话	nvarchar	24
	传真	nvarchar	24

6. 创建数据库

按照表 2-6 的要求，用 T-SQL 语句创建产品管理数据库 NorthWind。

表 2-6 数据库要求

参　数	值
数据库名称	Northwind
数据库逻辑文件名	Northwind_data
操作系统数据文件名	C:\Program Files\Microsoft SQL Server\MSSQL\Data\Northwind.mdf
数据库文件初始大小/MB	30
数据文件最大大小/MB	100
数据文件增长增量/MB	1
日志逻辑文件名	Northwind_log
操作系统日志文件名	C:\Program Files\Microsoft SQL Server\MSSQL\Data\Northwind.ldf
日志文件初始大小/MB	10
日志文件最大大小/MB	30
日志文件增长增量/MB	1

操作步骤：

1）打开查询分析器，以 sa 用户名登录到 SQL Server。

2）执行以下命令：

```
USE Master
GO
CREATE DATABASE Northwind
ON
( NAME = Northwind_data,
FILENAME = 'C:\program files\microsoft sql server\mssql\data\Northwind_dat.mdf',
SIZE = 30MB,
MAXSIZE = 100MB,
FILEGROWTH = 1MB)
LOG ON
(NAME = Northwind_log,
FILENAME = 'C:\program files\microsoft sql server\mssql\data\Northwind_log.ldf',
SIZE = 10MB,
MAXSIZE = 30MB,
FILEGROWTH = 1MB )
GO
```

7. 修改数据库

增加 Northwind 数据库日志文件的大小，把 Northwind_log 文件的最大大小增加到 50MB。

操作步骤：

1）打开查询分析器，以 sa 用户名登录到 SQL Server。

2）执行以下命令：

```
USE Master
GO
Alter database Northwind
Modify file (name = Northwind _log maxsize = 50MB)
GO
```

8. 设置数据库选项

设置 Northwind 数据库的的选项，使它自动收缩。

操作步骤：

1）打开查询分析器，以 sa 用户名登录到 SQL Server。

2）执行以下命令：

```
EXEC sp_dboption 'Northwind', 'Autoshrink', 'TRUE'
GO
```

2.8 习　题

1. 启动 SQL Server 2008 查询分析器，用 T-SQL 语句创建一个名为 stu 的数据库，包含一个主文件和一个事务日志文件。主文件的逻辑名为“stuDATA”，物理文件名为“stuDATA.mdf”，初始容量为 1MB，最大容量为 5MB，每次的增长量为 10%。事务文件的逻辑名为“stuLOG”，物理文件名为“stuLOG.ldf”，初始容量为 1MB，最大容量为 5MB，每次的增长量为 1MB。

2. 启动 SQL Server 2008 企业管理器，创建一个名为 ABC 的数据库，包含一个主文件和一个事务日志文件。主文件的逻辑名为“ABCdata”，物理文件名为“ABCdata.mdf”，初始容量为 2MB，最大容量为 10MB，每次的增长量为 20%。事务文件的逻辑名为“ABClog”，物理文件名为“ABClog.ldf”，初始容量为 1MB，最大容量为 2MB，每次的增长量为 1MB。

3. 用向导创建一个名为 mine 的数据库，包含一个主文件和一个事务日志文件。主文件的逻辑名为“mineDATA”，物理文件名为“mineDATA.mdf”，初始容量为 1MB，最大容量为 10MB，每次的增长量为 1MB。事务文件的逻辑名为“mineLOG”，物理文件名为“mineLOG.ldf”，初始容量为 1MB，最大容量为 5MB，每次的增长量为 10%。

第3章 数据库的表

本章要点

本章介绍 SQL Server 的数据类型，数据表的建立方法；数据表的查看、修改和删除方法。

学习目标

☑ 能根据系统需求，为字段选择合适的数据类型

☑ 掌握应用企业管理器和 T-SQL 语句创建数据表

☑ 掌握应用企业管理器和 T-SQL 语句查看、修改、删除数据表

3.1 基本数据类型

表中每个字段的数据都应属于某种数据类型，数据类型规定了此字段数据的取值范围和存储格式。在创建表的过程中，应当根据实际需要对每个字段指定适当的数据类型。比如，姓名字段应使用字符型数据，登记日期字段应使用日期时间型数据等。

SQL Server 的数据类型包括系统数据类型和用户自定义数据类型。

3.1.1 系统数据类型

系统数据类型是 SQL Server 所提供的基本数据类型。SQL Server 提供了多种数据类型供用户选择。

(1) 整数数据型

整数数据型数据用于存储精确的整型数据，包括负整数、零和正整数。整数数据类型有以下四种。

tinyint：能存放 0～255 的无符号整数，长度为 1 字节。

smallint：能存放 $-2^{15}\sim2^{15}-1$ 的有符号整数，长度为 2 字节。

int：能存放 $-2^{31}\sim2^{31}-1$ 的有符号整数，长度为 4 字节。

bigint：能存放 $-2^{63}\sim2^{63}-1$ 的有符号整数，长度为 8 字节。

(2) 位数据型

用关键字 bit 声明，此类型数据相当于其他语言中的逻辑型数据，它只存储 0、1，长度为 1 字节。

(3) 货币数据型

货币数据型数据用于存储货币型数据，当字段要存放工资、价格等数据时，可以采用货币

数据型。由于货币数据型数据的小数位数固定为 4，因此若所使用的货币数据值的小数位超过 4 位，请改用 numeric 或 decimal 数据型。货币数据型包括 money 和 smallmoney 两类。

money：能存放 $-2^{63}\sim2^{63}-1$ 的货币数据，长度为 8 字节。

smallmoney：能存放 $-2^{31}\sim2^{31}-1$ 的货币数据，长度为 4 字节。

(4) 精确数值型

精确数值型数据由整数部分和小数部分构成，其所有的数字都是有效位。精确数值型数据包括 decimal(p,s) 和 numeric(p,s) 两类。其中，p 表示精度，即数据的位数（小数位和整数位的和）；s 表示小数点后的位数，并要求 $0\leqslant s\leqslant p\leqslant38$。(p,s) 可以省略，此时默认为(18,0)；不能单独省略 p，但可以省略 s 及其前面的逗号。

decimal 和 numeric：数据的范围为 $-10^{38}-1\sim10^{38}-1$ 的固定精度和小数位的数字数据。

精确数值精度和字节的关系见表 3-1。

表 3-1　精确数值精度和字节的关系

精度	字节数	精度	字节数
1～9 位	5	20～28 位	13
10～19 位	9	29～38 位	17

(5) 近似浮点数值型

这类数据能存储很大的数据，但所存数据与实际数据可能有误差。因此，在要求数据精确的系统中，不能采用此种数据类型，而应采用 money、smallmoney、decimal 或 numeric 数据类型。近似浮点数值型包括 float 和 real 两类。

float：能存放 $-1.79\times10^{308}\sim1.79\times10^{308}$ 的浮点数，长度为 8 字节。

real：能存放 $-3.40\times10^{38}\sim3.40\times10^{38}$ 的浮点数，长度为 8 字节。

(6) 日期时间型

日期时间型包括 datetime 和 smalldatetime 两类。

datetime：能够存放 1753 年 1 月 1 日～9999 年 12 月 31 日的日期和时间数据，精确到百分之三秒（或 3.33 毫秒），长度为 8 字节。

smalldatetime：能够存放 1900 年 1 月 1 日～2079 年 6 月 6 日的日期和时间数据，精确到分钟，长度为 4 字节。

(7) 字符型

字符型数据是由英文引号括起来的由英文字母、符号和数字等组成的字符串。SQL Server 的字符类型有以下三种：

char(n)：定长字符型，用来存放固定长度的字符数据，可用 n 来指定字符串的长度。n 的取值范围为 1～8000。对于一个 char 类型字段，不论用户输入的字符串有多长（不大于 n），长度均为 n 字节。当输入字符串的长度大于 n 时,SQL Server 给出错误信息拒绝接收数据。对于像身份证号码、邮政编码等为固定长度的数据,使用 char 类型比较合适。一个中文文字占用 2 字节,因此要想存放 3 个汉字,则长度应取 6 字节。

varchar(n):变长字符型,用来存放可变长度的 n 个字符,这里的 n 表示字符串可达到的最大长度。n 的取值范围为 1～8000 个字符。此种数据类型的长度为输入的字符串的实际长度,而不一定是 n。当一个字段中包含的字符个数是变化的,且不超过 8000 个字符时,可以使用 varchar 类型。例如,“图书名称”字段比较适合使用 varchar 类型,因为书名长短不一,所以可以将最长的书名长度作为 n 的值。与 char 类型相比,它可节省很多空间,但在处理速度上往往不及 char 类型。

text:文本型,当一个字段中存储字符超过 8000 个时,可以选择 text 类型。比如,备注、个人简历等有较长的内容,适合于用此类型。此类型的最大长度为 2147483647 个字符。其数据的长度为实际字符个数。

(8) 统一码数据型

一个统一码数据型数据的字符占 2 字节,所以它是普通字符长度的 2 倍。统一码数据类型数据可以存储 Unicode 标准字符集定义的所有字符。使用统一码数据的优点是可以使计算机的代码统一。例如,中文、日文等任何字符都可以出现在一行中。SQL Server 提供了以下三种统一码数据的类型:

nchar:Unicode 定长字符型,用于存储固定长度的 Unicode 数据,所存放的字符数 n 的取值范围为 1～4000,长度为 2n。对一个 nchar 字段指定 n 数值后,不论用户输入多少个字符(不大于 n),该字段都将占用 2n 字节长度。

nvarchar:Unicode 变长字符型,用于存储可变长度的 Unicode 数据,所存放字符数 n 的取值范围为 1～4000,长度为实际存储字符数的 2 倍。

ntext:Unicode 文本型,当一个字段中的存储字符超过 4000 个时,且为可变长度的 Unicode 文本数据,则应该选择 ntext 类型。其最多可以存放 1073741823 个字符,长度为字段中实际存放字符数的 2 倍。

注意

使用 Unicode 数据类型时,由于用 2 字节来存放一个字符,因此不管是一个英文字符还是一个汉字都将占用 2 字节。当采用 nchar(4)或 nvarchar(4)时,可存放“abcd”“中国北京”等,它们的长度均为 8 字节(字符数的 2 倍)。

(9) 二进制数据型

当存储如图片、声音等二进制数据时,可选用二进制数据类型。可以使用 binary、varbinary 和 image 三种类型来存储二进制数据。

binary(n):定长二进制型,用于存储固定长度的 n 字节的二进制数据,n 的取值范围为 1～8000。

varbinary(n)：变长二进制型，用于存储可变长度的二进制数据，n 的取值范围为 1～8000。数据的存储长度为实际输入数据长度加上 4 字节。

image(n)：大二进制型，如果字段要存储超过 8000 字节且为可变长度的二进制数据，应采用 image 数据类型。适合存放在 image 类型字段的数据为图片文件、OLE 对象等，其最大长度为 2147483647 字节。

注意

在使用二进制常量时，一般采用十六进制方式，但必须在前面加数字 0 和字母 x。例如，某字段的数据类型指定为 binary(1)，则可以存储 0x00～0xFF 范围内的数据。

3.1.2　用户定义数据类型

SQL Server 可允许用户建立用户自定义类型。用户自定义类型并不是真正的一种数据类型，而是某些基本数据类型的别名，以便管理同类数据。可以使用 T-SQL 语句或企业管理器来完成用户自定义数据类型的创建。

1. 建立用户自定义数据类型

(1) 使用 T-SQL 语句

在 T-SQL 中，用系统存储过程 sp_addtype 来创建用户自定义数据类型。

语法格式：

```
sp_addtype [@typename = ]type
[,@systemtype = ]system_data_type
[,[@nulltype = ]['NULL'|'NOT NULL'|'NONULL']]
```

其中：

@typename：用户定义数据类型名，这个名称在数据库中必须是唯一的。

@system_data_type：用户定义的数据类型所基于的系统数据类型。

@nulltype：指定用户定义的数据类型是否允许空值，默认值为 null。

【例 3-1】　定义一个用户自定义数据类型“产品名称”，用于定义产品名称。

```
USE Northwind
GO
EXEC sp_addtype 产品名称,varchar(10),'NOT NULL'
```

(2) 使用资源管理器创建用户自定义类型

操作步骤如下：

1) 在企业管理器中展开要创建用户自定义数据类型的数据库，右击“用户定义的数据类型”目录，在弹出的快捷菜单中选择“新建用户定义数据类型”命令，如图 3-1 所示。

2) 打开的“用户定义的数据类型属性”对话框如图 3-2 所示。在对话框的“名称”文本框

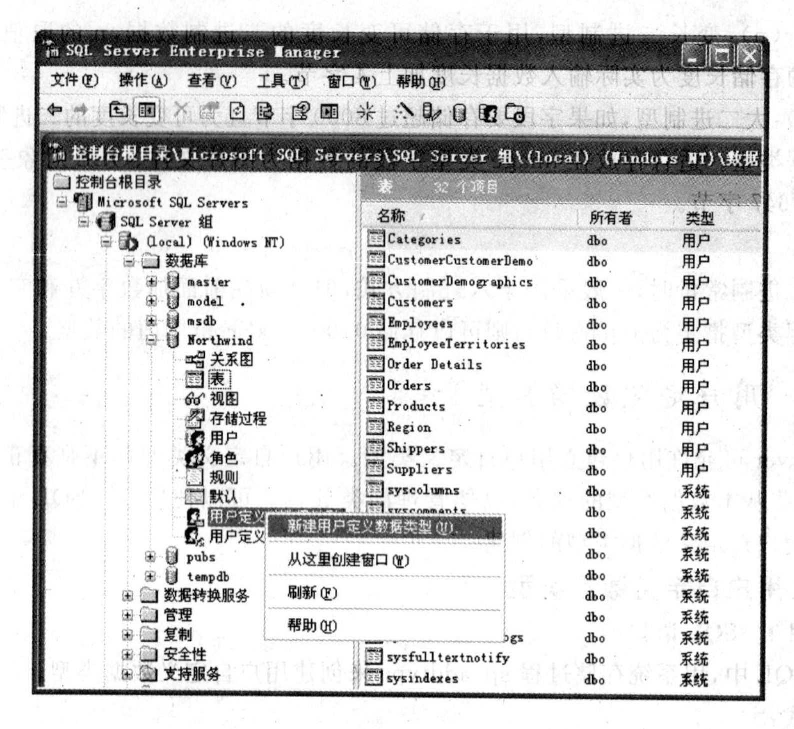

图 3-1 创建用户自定义类型

中输入用户自定义数据类型的名称。

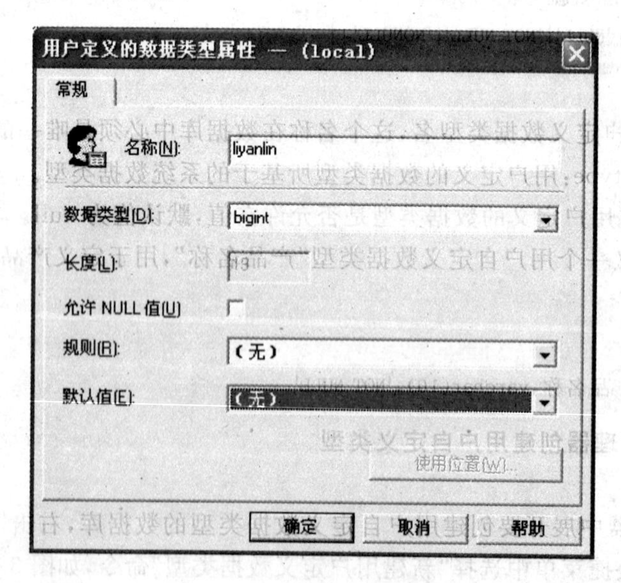

图 3-2 用户定义数据类型

3）在对话框的“数据类型”下拉列表中，选择该用户自定义类型所对应的系统数据类型。

4）设定数据类型长度。

5）如果允许空值，则选中“允许 NULL 值”复选框，否则不选中。

6）如果希望该数据类型与规则或默认值捆绑，则分别在“规则”和“默认值”下拉列表中选择要绑定的规则和默认值。

7）单击“确定”按钮，关闭对话框。

2. 删除用户自定义类型

(1) 用系统存储过程 sp_droptype 删除用户自定义数据类型

语法格式：

```
sp_droptype type
```

【例 3-2】 删除上面定义的用户自定义类型“产品名称”。

```
USE Northwind
GO
EXEC sp_droptype 产品名称
```

(2) 使用企业管理器删除用户自定义类型

如果该用户自定义数据类型不被任何表的列使用，则可删除该自定义数据类型，否则删除失败。

操作步骤如下：

1）在企业管理器中展开用户自定义数据类型所在的数据库，选中“用户自定义数据类型”，右边的窗口中将显示数据库中所有用户自定义数据类型。右击要删除的用户自定义数据类型，在弹出的快捷菜单中选择“删除”命令。

2）打开如图 3-3 所示的“除去对象”对话框。单击“全部除去”按钮，该数据类型被删除。

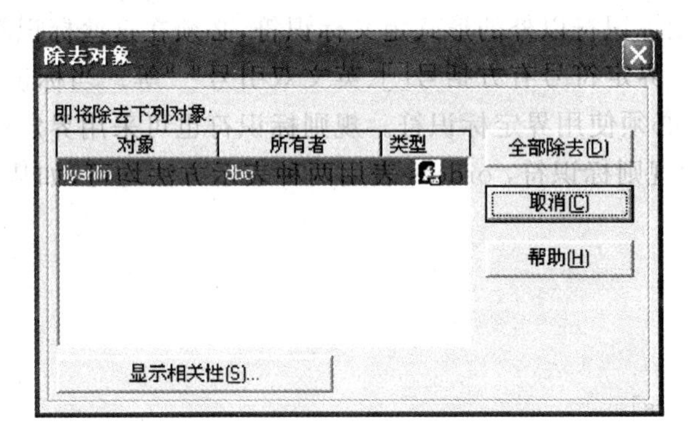

图 3-3　“除去对象”对话框

3.2 数据库对象的命名规则

SQL Server 的数据库有许多对象，用户通过对象名访问对象，一个数据库的对象不能重名。下面介绍 SQL Server 的标识符及对象命名规则。

3.2.1 SQL Server 标识符

标识符是指 SQL Server 中服务器、数据库、数据库对象（表、视图、存储过程、用户自定义类型等）、列、变量等的名称。SQL Server 的标识符有规则标识符号和界定标识符两类。

(1) 规则标识符

在 SQL Server 中，规则标识符可直接使用，而不必使用界定符号。规则标识符必须满足以下规则。

1）标识符的第一个字母必须符合以下两种情况：

- 统一码(Unicode)2.0 中规定的字符，包括 26 个英文字母和其他一些语言字符，如汉字。
- _（下画线）、@或＃。

2）标识符第一个字符后的字符可以是 Unicode 标准所定义的字符(26 个英文字母和其他一些语言字符，如汉字)、_、@或＃、阿拉伯数字。

3）标识符中不允许出现空格或其他特殊字符。

4）不与 Server 的保留字同名。

例如，employee、雇员、employee_table 为规则标识符；empl oyee（出现空格）、order（与保留字同名）不是规则标识符。

(2) 界定标识符

如果希望使用规则标识符以外的形式定义标识符，必须在这些标识符外加界定符号，这类标识符为界定标识符。界定符号有方括号[]、英文双引号" "等。当标识符与保留字同名或包含空格和特殊字符时，必须使用界定标识符。规则标识符也可采用界定标识符的形式。

例如，表 orders 为规则标识符，orders 表用两种表示方法均可，如从 orders 表中查询数据的 SQL 语句为：

```
SELECT * FROM orders
```

或

```
SELECT * FROM [orders]
```

但表 order details 不是规则标识符，因此，表 order details 只能用界定标识符表示。要从 order details 表中查询数据的 SQL 语句为：

```
SELECT * FROM [order details]
```

3.2.2 对象命名规则

在 SQL Server 2000 中,数据库对象的全名由服务器名、数据库名、拥有者名和对象名四部分组成,格式如下:

服务器名.数据库名.拥有者名.对象名

其中,拥有者名即该数据库的主人,默认情况下,数据库对象的创建者就是拥有者。

在实际引用对象时,不必引用全部四部分名称。除了对象名外,其他三部分在不同情况下,可以部分或全部省略。

下面是一些正确的对象引用形式:

服务器名.数据库名.拥有者名.对象名
服务器名.数据库名..对象名
服务器名..拥有者名.对象名
服务器名...对象名
数据库名.拥有者名.对象名
对象名

在 SQL Server 2000 中,不允许存在四部分完全相同的数据库对象。若同一个服务器中同一个数据库有两个同名数据库对象,则这两个对象的拥有者一定不同。

3.3 创建数据表

3.3.1 创建表

建立表的方法有两种,使用企业管理器或 T-SQL 语句创建。

1. 用企业管理器创建表

【例 3-3】 通过企业管理器创建如表 3-2 所示的"Products"表。

表 3-2 Products 表定义

字段名称	数据类型	允许空值	IDENTITY 属性	其 他
ProductID	int	否	否	主键
ProductName	varchar(40)	否	否	
SupplierID	int	是	否	

续表 3-2

字段名称	数据类型	允许空值	IDENTITY 属性	其　他
CategoryID	int	是	否	
QuantityPerUnit	varchar(20)	是	否	
UnitPrice	money	否	否	
UnitsInStock	smallint	否	否	
UnitsOnOrder	smallint	是	否	
ReorderLevel	smallint	是	否	
Discontinued	bit	否	否	

操作步骤如下：

1）在企业管理器中展开数据库 Northwind，右击表节点，在出现的快捷菜单中选择“新建表”，系统将弹出创建表窗口，如图 3-4 所示。

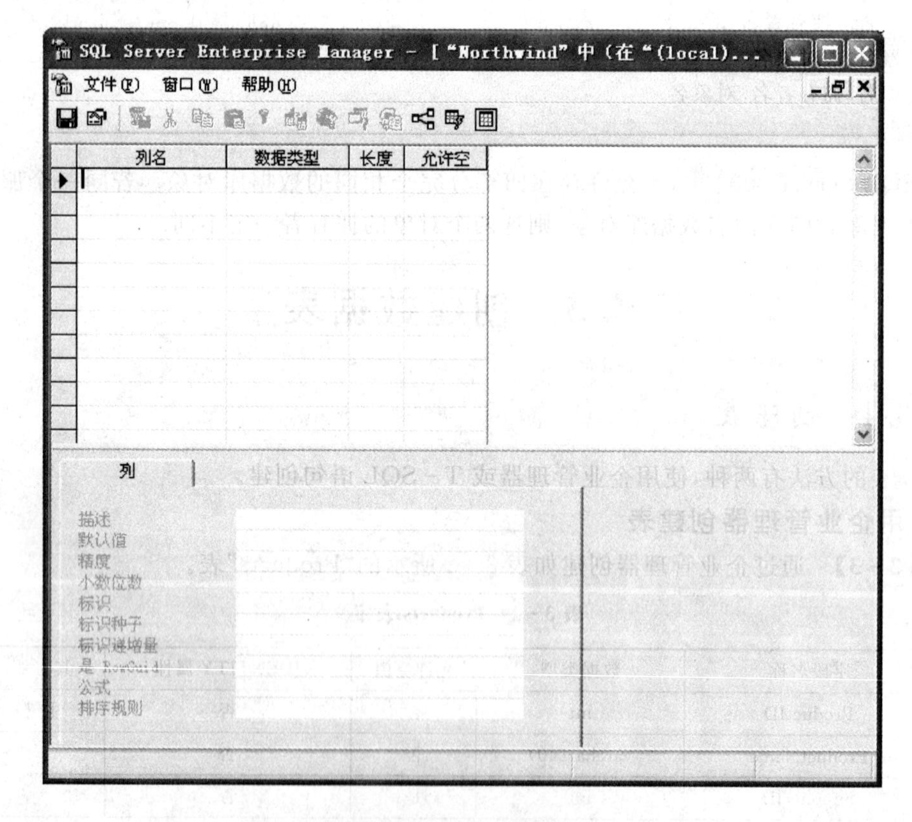

图 3-4　创建表窗口

2) 在图 3-4 所示的创建表窗口的上半部分有一个表格,每一行对应一字段,对每一字段设置相关属性,其中前三项是必须输入的。

① 在"列名"栏中输入字段名称。字段的命名要遵守标识符的规定,在同一表中字段名必须是唯一的。

② 在"数据类型"栏中选择一种数据类型,数据类型在下拉列表中可以看到。

③ 如果选择的数据类型需要用户指定长度或精度,则在"长度"或表格下半部分的"精度"或"小数位数"栏中指定。对于字符型数据(包括 Unicode 字符型数据),在"长度"栏中输入一个数字,用以指定该字段的长度。对于 decimal 或 numeric 数据类型的字段,则在"精度"和"小数位数"栏中各输入一个数字,用以指定该字段的精度和小数位数,此精度值决定了该类型数据存储时所占用的长度。

④ 在"允许空"栏指定是否可以为空(NULL),打勾说明允许为空,空白说明不允许为空,默认状态下是允许为空。NULL 值不等于数值 0,也不等于字符空白或长度为 0 的字符串。所谓字段能否允许 NULL 值,是指该字段中的数据是否可以是未知的。如果字段允许 NULL,则代表该字段中的数据可以是未知的;反之则反。

3) 表设计器窗口的下半部分是特定字段的详细属性,包括是否使用默认值,是否是标识列,设置精度及小数位数等。

① 设置字段的默认值。如果字段设置了默认值,在插入记录时,若未指定该字段的值,则该字段的内容取默认值。例如,对于"Products"表的"UnitPrice"字段,默认值为 0,则在下面的属性框的"默认值"栏中输入 0。

② 设置字段的标识列。对于整型(tinyint、smallint 和 int)、decimal(p,0)和 numeric(p,0)类型的字段,可以设置标识列,使其具有自动编号功能。设置的方法是:先设置该字段不允许为 NULL,然后在"标识"栏下拉列表中选择"是",接着在"标识种子"和"标识递增量"栏中分别输入数字,用以指定初值和增量。本例中,"Products"表的"ProductID"为自动编号,下面的"标识"栏设置为"是","标识种子"栏输入 1,"标识递增量"栏输入 1。在输入记录时,此列不允许手工输入,而自动在第 1 条记录填入 1,第 2 条记录填入 2,以此类推。

4) 设置主键约束。选中要作为主键的列,并单击工具栏上的"设置主键"按钮(显示一个钥匙图标),主键列的前方将显示钥匙标记。设置主键,是为了保证每条记录的唯一性。本例中,设置"ProductID"字段为主键。

5) 在表的各字段属性均编辑完后,单击工具栏上的"保存"按钮,出现"选择名称"对话框。输入表名 Products,单击"确定"按钮,表就创建好了。创建好的"Readers"表结构如图 3-5 所示。

2. 使用 T-SQL 创建数据表

命令格式:

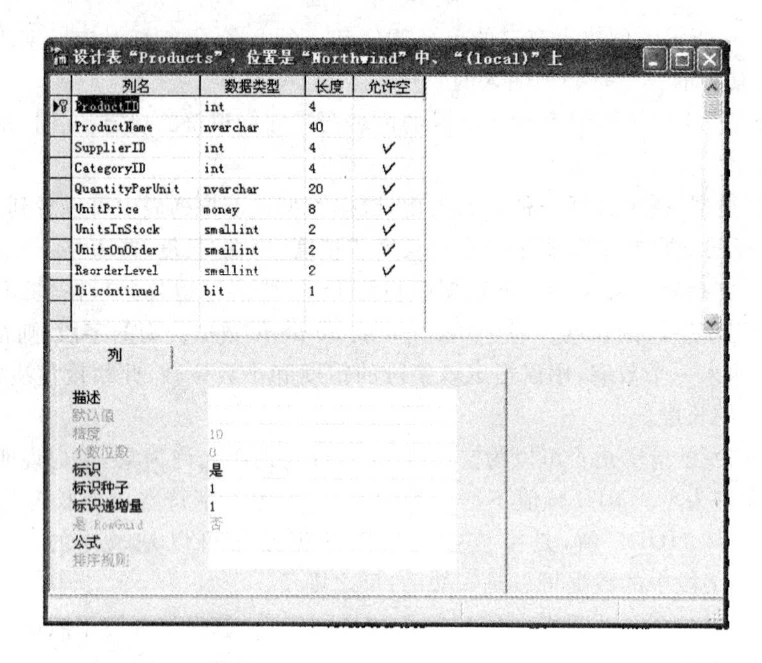

图 3-5 Readers 表属性窗口

```
CREATE TABLE
[database_name.[owner].]table_name
({column_name data_type [NULL|NOT NULL]
|[DEFAULT constant_expression]|[IDENTITY [(seed,increment)]
}[,…n])
[ON filegroup]
[TEXTIMAGE_ON filegroup]
```

命令说明：

[database_name.[owner].]table_name：定义表名。可以加入数据库名 database_name 和拥有者名 owner。

column_name data_type：定义列。column_name 为列名

NULL|NOT NULL：是否允许空值。默认为允许空值。

DEFAULT constant_expression：指定列的默认值。

IDENTITY[(seed,increment)]：定义列为标识列。其中，seed 为标识种子；increment 为标识递增量。默认时，seed 为 1，increment 为 1。

[1,…n]：表示可以设计 n 列的定义。每列的定义用逗号隔开。

ON filegroup：若使用该项时，表将存储在 filegroup 指定的文件组中；若省略该项，则表存储在默认文件组中。

TEXTIMAGE_ON filegroup：使用该项时，若表中存在 TEXT、IMAGE 类型的列，则将这些类型的数据存储在 filegroup 指定的文件组中；若省略该项，则表存储在默认文件组中。

【例 3-4】 在数据库 Northwind 中建立数据表[Order Details]，并将该表放入默认文件组中，表的结构见表 3-3。

表 3-3　Books 表的结构

字段名称	数据类型	允许空值	IDENTITY 属性
OrderID	int	否	种子值为 1，增量为 1
ProductID	int	否	
UnitPrice	money	否	
Quantity	smallint	否	
Discount	real	否	

命令如下：

```
USE Northwind
GO
CREATE TABLE [Order Details](
OrderID int IDENTITY (1, 1) NOT NULL,
ProductID int NOT NULL,
UnitPrice money NOT NULL,
Quantity smallint NOT NULL,
Discount real
)
GO
```

【例 3-5】 在数据库 Northwind 中建立表"Order Details"。表 3-4 为 Orders 表的结构。

表 3-4　Orders 表的结构

字段名称	数据类型	允许空值	IDENTITY 属性
OrderID	int	否	否
CustomerID	int	否	否
EmployeeID	int	否	否
RequiredDate	Datetime(8)	是	是
ShippedDate	Datetime(8)	是	是

续表 3-3

字段名称	数据类型	允许空值	IDENTITY 属性
ShipVia	int	是	是
Freight	money	是	是
ShipName	Nvarchar(40)	是	是
ShipAddress	Nvarchar(60)	是	是
ShipCity	Nvarchar(15)	是	是
ShipRegion	Nvarchar(15)	是	是
ShipPostalCode	Nvarchar(10)	是	是
ShipCountry	Nvarchar(15)	是	是

命令如下：

```
USE Northwind
GO

CREATE TABLE [dbo].[Orders] (
    OrderID int IDENTITY (1, 1) NOT NULL,
    CustomerID nchar (5) NULL,
    EmployeeID int NULL,
    OrderDate datetime NULL,
    RequiredDate datetime NULL,
    ShippedDate datetime NULL,
    ShipVia int NULL,
    Freight money NULL,
    ShipName nvarchar (40) NULL,
    ShipAddress nvarchar (60) COLLATE NULL,
    ShipCity nvarchar (15) COLLATE NULL,
    ShipRegion nvarchar (15) COLLATE NULL,
    ShipPostalCode nvarchar (10) COLLATE NULL,
    ShipCountry nvarchar (15) COLLATE NULL
) ON [PRIMARY]
GO
```

【例 3-6】 在数据库 Northwind 中，建立数据表“Suppliers”。表 3-5 为 Suppliers 表的结构。

表 3 - 5　Suppliers 表的结构

字段名称	数据类型	允许空值	IDENTITY 属性
SupplierID	int	否	否
CompanyName	nvarchar	否	否
ContactName	nvarchar	是	是
ContactTitle	nvarchar	是	是
Address	nvarchar	是	是
City	nvarchar	是	是
Region	nvarchar	是	是
PostalCode	nvarchar	是	是
Country	nvarchar	是	是
Phone	nvarchar	是	是
Fax	nvarchar	是	是
HomePage	ntext	是	是

命令如下：

```
    USE Northwind
    GO
CREATE TABLE Suppliers (
    SupplierID int IDENTITY (1, 1) NOT NULL,
    CompanyName nvarchar (40) NOT NULL,
    ContactName nvarchar (30) NULL,
    ContactTitle nvarchar (30) NULL,
    Address nvarchar (60) NULL,
    City nvarchar (15) NULL,
    Region nvarchar (15) NULL,
    PostalCode nvarchar (10) NULL,
    Country nvarchar (15) NULL,
    Phone nvarchar (24) NULL,
    Fax nvarchar (24) NULL,
    HomePage ntext NULL
) ON [PRIMARY]
GO
```

【例 3 - 7】　在数据库 Northwind 中，建立数据表“Categories”。表 3 - 6 为 Categories 表的结构。

表 3-6 Categories 表的结构

字段名称	数据类型	允许空值	IDENTITY 属性
CategoryID	int	否	否
CategoryName	nvarchar	否	否
Description	ntext	是	是
Picture	image	是	是

命令如下：

```
    USE Northwind
    GO
CREATE TABLE Categories (
    CategoryID int IDENTITY (1, 1) NOT NULL,
    CategoryName nvarchar (15) NOT NULL,
    Description ntext NULL,
    Picture image NULL
) ON PRIMARY
GO
```

3.3.2 修改表

表创建以后，用户可对表的定义加以修改。用户可进行的修改操作包括更改表名、增加字段、删除字段、修改已有字段的属性(字段名、字段数据类型、字段长度、精度、小数位数、是否为空等)。表的修改与表的创建一样，可以通过企业管理器或用 T-SQL 语句实现。

1. 用企业管理器修改表的定义

操作步骤如下：

1）从树结构中，展开要修改的表所在的数据库。

2）选中该数据库节点下的表节点，则在企业管理器显示该数据库下的全部表格。

3）选择要修改定义的表

4）单击右键，从快捷菜单中选择“设计表”命令。SQL Server 弹出建立表格时使用的“设计表”窗口，如图 3-5 所示。

2. 使用 T-SQL 命令修改表的定义

命令格式：

```
ALTER Table table_name
{[ALTER COLUMN column_name
{new_data_type [NULL|NOT NULL]}
```

```
]
|ADD column_name data_type [NULL|DEFAULT]
|DROP COLUMN column_name [,…n]
}
```

命令说明：

table_name：要修改的表定义名称。

ALTER COLUMN column_name：表示将修改表中已经存在的列属性。其中，column_name 为要修改的列名。

ADD column_name data_type [NULL|DEFAULT]：表示要对表增加列。其中，column_name 为要增加的列名，data_type 为该列的数据类型，只允许增加可包含空值 NULL 或指定为 DEFAULT 的非空列。

DROP COLUMN column_name：表示要删除表中已存在的一列或多列。其中，column_name 为要删除的列名。注意：如果该列存在相关约束，则必须删除约束；否则，无法删除该列。删除约束的方法见第 7 章。

除 DROP 命令外，ALTER TABLE 命令一次只允许修改表的一列。

【例 3-8】 修改数据库 Northwind 中的表 Products，增加一列“Country”，要求数据类型为 varchar(50)，允许空。

```
USE Northwind
GO
ALTER TABLE Products
ADD Country varchar(50) NULL
```

【例 3-9】 修改数据库 Northwind 中的表，将“出版社”列的定义由 nvarchar(40)改为 nvarchar(100)。

```
USE Northwind
GO
ALTER TABLE Products
ALTER COLUMN ProductName varchar(100)
```

【例 3-10】 修改数据库 Northwind 中的表 Products，删除在前例中新增的列“Country”。

```
USE Northwind
GO
ALTER TABLE Products
DROP COLUMN Country
```

3.3.3 删除表

在数据库中,使用 T-SQL 和企业管理器可删除不再需要的表。

(1) 使用企业管理器删除表 Test

操作步骤如下:

1) 从树结构中,展开要修改的表所在的数据库。

2) 选中该数据库节点下的表节点,则在企业管理器显示该数据库下的全部表格。

3) 选择要修改定义的表。

4) 单击右键,从快捷菜单中选择“删除”命令,系统将弹出图 3-6 所示的“除去对象”对话框。该对话框列出了全部可供删除的表(本例中只有一个表),选择要删除的表,单击“全部除去”将删除被选中的表。

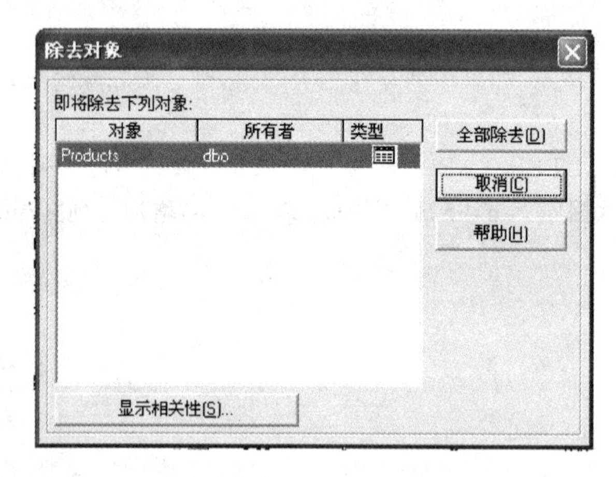

图 3-6 删除表

2. 用 T-SQL 删除表

命令格式:

```
DROP TABLE table_name
```

命令说明:

table_name:表示要删除的表名。

不能使用该命令删除数据库中的系统表。

【例 3-11】 利用 T-SQL 删除表 Test1。

```
USE Northwind
GO
DROP TABLE Test1
```

3.3.4　重命名表

表建立后,用户也可对其更名。表的重命名可以采用系统存储过程和在企业管理器中完成。

(1) 使用企业管理器修改表的名称

操作步骤如下:

1) 从树结构中,展开要修改的表所在的数据库。

2) 选中该数据库节点下的表节点,则在企业管理器显示该数据库下的全部表格。

3) 选择要修改定义的表

4) 单击右键,从快捷菜单中选择“重命名”命令,然后直接输入表的名称。

(2) 用系统存储过程修改表的名称

使用系统存储过程可以修改许多数据库对象名称,如表、视图、存储过程、触发器等。其语法如下:

```
sp_rename [@object_name = ]'object_name',[@newname = ]'new_name'
```

命令说明:

object_name:表示数据库对象的原名称,如要修改表名,表示数据表的旧名称。

new_name:表示数据库对象的新名称,如要修改表名,表示数据表的新名称。

【例 3-12】 将例 3-6 中建立的数据表“Test”改名为“Test1”。

```
USE Northwind
GO
sp_rename 'Test','Test1'
```

3.4　数据表的基本操作

3.4.1　向表中添加数据

向表中添加数据可以使用 INSERT 语句。INSERT 语句的基本语法格式为:

```
INSERT [INTO] table_name [(column_list)]
VALUES({DEFAULT|NULL|expression}[,…n])
```

参数含义:

table_name:要添加数据的表名。

column_list:包含了新插入记录的各列的名称。必须用圆括号将 column_list 括起来,并用逗号分隔其中的内容。

VALUES:为 column_list 列表中的各列指定值。值的顺序应该与 column_list 中列名的顺序对应,若省略 column_list,则 VALUES 子句应给出每一列(标识列和 timestamp 类型的列除外)的值。

1. 简单的 INSERT 语句

【例 3-13】 在 Categories 表中添加如下一条记录:

9 others othercategories

代码如下:

```
USE Northwind
GO
INSERT INTO Categories
VALUES('9', others, othercategories)
GO
```

注意

字符型和日期型数据的值要用单引号括起来,并且不能对标识列进行赋值。比如,ReadCateGOry 表的"种类编号"列为标识列,在 INSERT 语句中不能对它赋值,该列值由系统自动生成。

2. 使用默认值添加数据

当表中某列存在默认值时,可以用"DEFAULT"关键字代替该列的值。

【例 3-14】 在 Products 表中添加一条记录。表中"ProductID"列为自动递增。

```
USE Northwind
GO
INSERT INTO Products (productname, supplierid, categoryID, QuantityPerUnit, UnitPrice, UnitsIn-
stock,Unitsonorder,ReorderLevel,Discontinued)
VALUES('棒棒糖',15,15,'18 - 500 g pkgs.',25.0000,'120','0','25','0')
GO
GO
```

本例中没有为全部列提供数据。这种情况下,需要给出列名清单,同时 VALUES 子句中值的顺序要与列名的顺序一致。被省略的列可以是标识列、允许为空的列或有默认值的列,它们的值由系统自动生成。

3. 使用 INSERT…SELECT 语句添加多行数据

使用 INSERT…SELECT 语句可以把其他表中的数据添加到现有的表中,可以一次添加多条记录,其语法格式为:

```
INSERT [INTO] table_name[(column_name[,…n])]
SELECT (column_name[,…n])
```

```
FROM table_name
WHERE search_condition
```

参数含义:

search_condition:查询条件。

INSERT 语句的列名表和 SELECT 语句的列名表的列数、列序、数据类型必须一致。

【例 3-15】 在 Northwind 数据库中创建一个与 Suppliers 表结构一样的表 Suppliersinfo,使该表中仅有 Suppliersinfo 表中所有 City 为 London 的供应商信息。

```
USE Northwind
GO
create table Suppliersinfo
(
       SupplierID int IDENTITY (1, 1) NOT NULL,
    CompanyName nvarchar (40) NOT NULL,
    ContactName nvarchar (30) NULL,
    ContactTitle nvarchar (30) NULL,
    Address nvarchar (60) NULL,
    City nvarchar (15) NULL,
    Region nvarchar (15) NULL,
    PostalCode nvarchar (10) NULL,
    Country nvarchar (15) NULL,
    Phone nvarchar (24) NULL,
    Fax nvarchar (24) NULL,
    HomePage ntext NULL
)
GO
INSERT INTO suppliersinfo
SELECT * FROM suppliers
WHERE city = 'London'
GO
```

可以使用以下语句查看 MaleReaders 表中的记录:

```
SELECT * FROM MaleReaders
```

在执行 INSERT 语句且 IDENTITY_INSERT 为 ON 时,才能在表 suppliersinfo 中为标识列指定显式值。

3.4.2 修改表中的数据

随着数据库系统的实际运行,某些数据可能会发生变化,这时就需要对表中的数据进行修改。修改数据可以使用 T-SQL 的 UPDATE 语句实现。

UPDATE 语句的基本语法格式为：

```
UPDATE table_name
SET column_name = {expression|DEFAULT|NULL}[,…n]
[WHERE search_condition]
```

参数含义：

table_name:需要更新数据的表的名称。

column_name:需要更新数据的列的名称。

{expression|DEFAULT|NULL}:用来更新的列值表达式。

【例 3-16】 将 suppliers 表中 city 为“Lodon”的城市名称改为“China”。

```
USE Northwind
GO
UPDATE suppliers
SET city = 'China'
WHERE city = 'Lodon'
GO
```

注意

如果没有 WHERE 子句指定修改条件，则表中所有记录的指定列都被修改。

【例 3-17】 将 Products 表中 Chang 的 UnitsOnOrder 改为 50，ReorderLevel 增加 5。

```
USE Northwind
GO
UPDATE Products
SET UnitsOnOrder = 15, ReorderLevel = ReorderLevel + 5
WHERE ProductName = 'Chang'
GO
```

在使用 UPDATE 语句修改数据时，如果要修改后的新数据与约束或规则的要求产生冲突或值的数据类型与列的数据类型不匹配，那么 UPDATE 语句执行失败。

3.4.3 删除表中的数据

随着数据库系统的运行，表中可能会产生一些无用的数据，这些数据不仅占用空间，而且还影响查询的速度，所以应及时地删除它们。删除数据可以使用 DELETE 语句和 TRUNCATE TABLE 语句。

(1) 使用 DELETE 语句删除数据

使用 DELETE 语句可以从表中删除一行或多行数据。DELETE 语句的基本语法格式为：

```
DELETE [FROM] table_name
[WHERE search_condition]
```

【例 3-18】 删除 Orders 表中 OrderID 为 10248 的记录。

```
USE Northwind
GO
DELETE Orders
WHERE OrderID = 10248
```

如果省略 WHERE 子句，则删除表中的所有记录。

(2) 使用 TRUNCATE TABLE 语句清空表

使用 TRUNCATE TABLE 语句可以删除指定表中的所有数据。其语法格式为：

```
TRUNCATE TABLE table_name
```

TRUNCATE TABLE 语句与 DELETE 语句的比较：

- 使用 TRUNCATE TABLE 语句会删除表中所有行，但表的结构及其列、约束、索引等保持不变，而新行标识所用的计数值重置为该列的初始值。如果想保留标识计数值，则要使用 DELETE 语句。如果想删除表结构和表中所有记录，并释放该表所占的存储空间，可以使用 DROP TABLE 语句。
- TRUNCATE TABLE 语句在功能上与不带 WHERE 子句的 DELETE 语句相同，但 TRUNCATE TABLE 语句比 DELETE 快，且使用的系统和事务日志资源少。DELETE 语句在物理上一次删除一行，并在事务日志中记录每个删除的行；而 TRUNCATE TABLE 通过释放存储表数据所用的数据页来删除数据，并且只在事务日志记录页的释放。

【例 3-19】 使用 TRUNCATE TABLE 清空例 3—3 创建的 Products 表中的所有记录。

```
USE Northwind
GO
TRUNCATE TABLE Products
GO
```

注意

对定义了参照完整性的两个表，如果要删除主表中的某一记录，应先删除从表中与该记录匹配的相关记录；否则，删除操作失败。

3.4.4 用企业管理器管理表数据

和使用 T-SQL 语句相比，在企业管理器中操作表数据比较直观、简便。本节以对

Northwind 数据库中 Orders 表进行记录的插入、修改和删除操作为例，说明通过企业管理器操作表数据的步骤和方法。

1. 通过企业管理器操作表数据的步骤

操作步骤如下：

1）在企业管理器中展开数据库 Northwind，选择 Orders 表，右击，弹出快捷菜单，如图 3－7 所示。

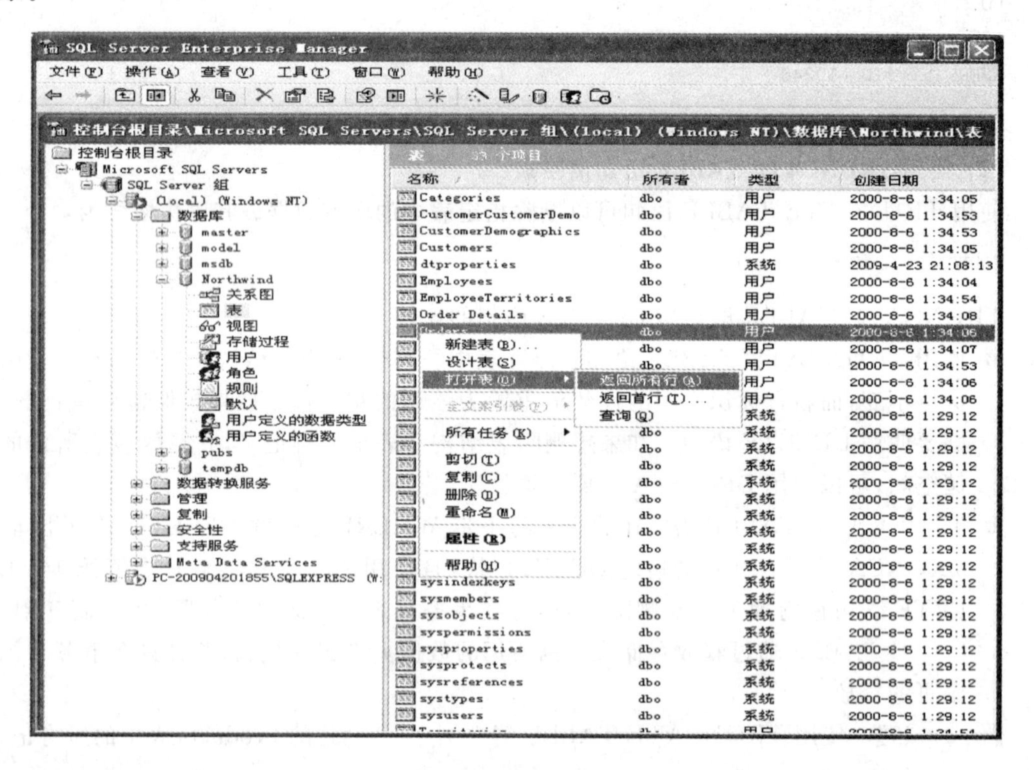

图 3－7 打开表

2）在图 3－7 所示快捷菜单中选择“打开表”→“返回所有行”，打开表 Orders 的数据窗口，如图 3－8 所示。在此窗口中，可进行记录的插入、修改和删除操作。

2. 通过企业管理器操作表数据的方法

(1) 插入记录

在图 3－8 中，将光标定位到当前表尾的下一行，然后逐列输入值，每输完一列的值，按回车键，光标会自动跳到下一列，若输完最后一列数据，按回车键，则光标跳至下一行的第一列，此时便可增加下一行。

注意

表中标识列的值由系统自动生成，不允许用户输入；如果某列不允许为空值，则必须为该列输入值；如果某列允许为空值而不输入值，将在相应的位置显示“<NULL>”字样。

(2) 修改记录

在图 3-8 操作表数据窗口中，先将光标定位在被修改的记录字段位置，然后对该字段值进行修改。

注意

不允许修改表中标识列的值。

(3) 删除记录

当表中的某些记录不再需要时，要将其删除。在企业管理器中删除记录的方法是：

1) 在图 3-8 所示的操作表数据窗口中，单击要删除记录最左边对应的选定按钮，此时该记录呈反相显示，右击该记录，在弹出的快捷菜单中选择“删除”选项，如图 3-9 所示。

2) 选择“删除”选项后，将出现确认对话框，单击“是”按钮，将删除所选择的记录。

但是在本例中，选择“删除”选项后，并不能删除所选记录，而是出现如图 3-10 所示的错误信息提示框。

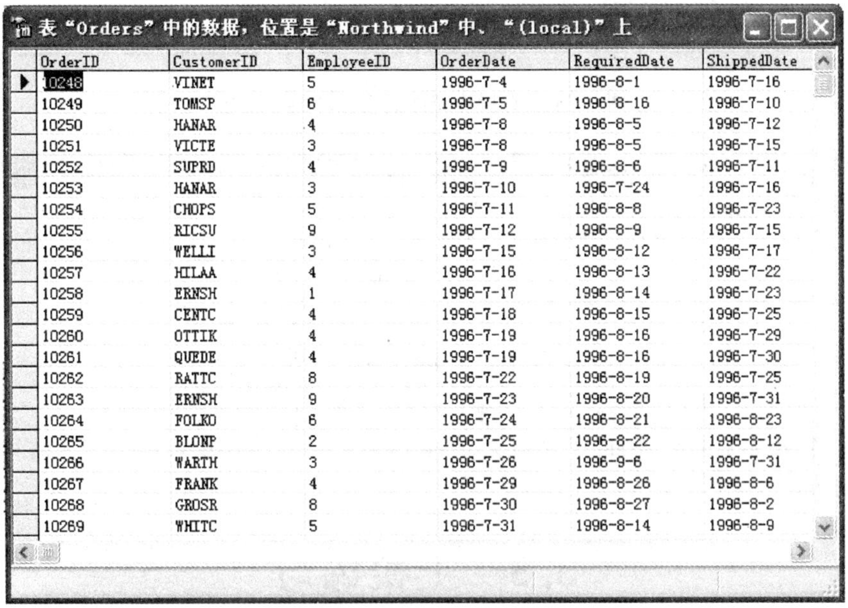

表“Orders”中的数据，位置是“Northwind”中、“(local)”上

OrderID	CustomerID	EmployeeID	OrderDate	RequiredDate	ShippedDate
10248	VINET	5	1996-7-4	1996-8-1	1996-7-16
10249	TOMSP	6	1996-7-5	1996-8-16	1996-7-10
10250	HANAR	4	1996-7-8	1996-8-5	1996-7-12
10251	VICTE	3	1996-7-8	1996-8-5	1996-7-15
10252	SUPRD	4	1996-7-9	1996-8-6	1996-7-11
10253	HANAR	3	1996-7-10	1996-7-24	1996-7-16
10254	CHOPS	5	1996-7-11	1996-8-8	1996-7-23
10255	RICSU	9	1996-7-12	1996-8-9	1996-7-15
10256	WELLI	3	1996-7-15	1996-8-12	1996-7-17
10257	HILAA	4	1996-7-16	1996-8-13	1996-7-22
10258	ERNSH	1	1996-7-17	1996-8-14	1996-7-23
10259	CENTC	4	1996-7-18	1996-8-15	1996-7-25
10260	OTTIK	4	1996-7-19	1996-8-16	1996-7-29
10261	QUEDE	4	1996-7-19	1996-8-16	1996-7-30
10262	RATTC	8	1996-7-22	1996-8-19	1996-7-25
10263	ERNSH	9	1996-7-23	1996-8-20	1996-7-31
10264	FOLKO	6	1996-7-24	1996-8-21	1996-8-23
10265	BLONP	2	1996-7-25	1996-8-22	1996-8-12
10266	WARTH	3	1996-7-26	1996-9-6	1996-7-31
10267	FRANK	4	1996-7-29	1996-8-26	1996-8-6
10268	GROSR	8	1996-7-30	1996-8-27	1996-8-2
10269	WHITC	5	1996-7-31	1996-8-14	1996-8-9

图 3-8　操作表数据窗口

错误原因是在表 Order Details 和表 Orders 之间定义了参照关系，即从表 Readers 中的“OrderID”列值引用了主表 Orders 中的“种类编号”列值，如果要删除主表 Orders 中的某一记

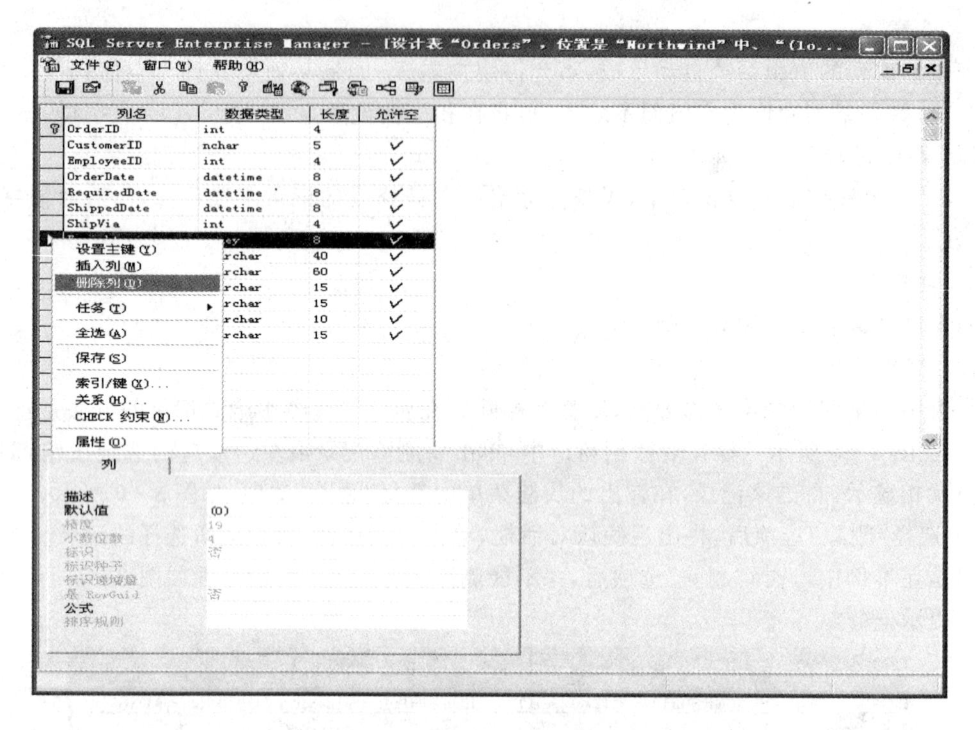

图 3-9 在操作表数据窗口中删除记录

图 3-10 错误信息提示框

录，应先删除从表 Readers 中与该记录匹配的相关记录，否则删除操作失败。

同样，在使用企业管理器插入、修改记录时，也要注意不能违反表中所定义的约束或规则，否则操作失败。

3.5 上机练习

通过上机练习，要求掌握使用 T-SQL 语句和企业管理器进行 Northwind 数据库中数据表的创建、维护等操作。

1. 数据表的建立

1) 用 T - SQL 语句建立 Northwind 数据库的表 orders(订单表),表的结构如表 3 - 7 所示。

表 3 - 7 orders 表的结构

列 名	数据类型	允许空值	IDENTITY 属性
OrderID	int	否	否
CustomerID	nchar	是	是
EmployeeID	int	是	是
OrderDate	datetime	是	是
RequiredDate	datetime	是	是
ShippedDate	datetime	是	是
ShipVia	int	是	是
Freight	money	是	是
ShipName	nvarchar	是	是
ShipAddress	nvarchar	是	是
ShipCity	nvarchar	是	是
ShipRegion	nvarchar	是	是
ShipPostalCode	nvarchar	是	是

```
USE Northwind
GO
CREATE TABLE orders (
    OrderID int IDENTITY (1, 1) NOT NULL,
    CustomerID nchar (5) NULL,
    EmployeeID int NULL,
    OrderDate datetime NULL,
    RequiredDate datetime NULL,
    ShippedDate datetime NULL,
    ShipVia int NULL,
    Freight money NULL,
    ShipName nvarchar(40) NULL,
    ShipAddress nvarchar (60) NULL,
    ShipCity nvarchar (15) NULL,
    ShipRegion nvarchar (15) NULL,
    ShipPostalCode nvarchar (10) NULL,
    ShipCountry nvarchar (15) NULL
```

```
) ON [PRIMARY]
GO
```

2）用企业管理器建立 Northwind 数据库的表 orders Details(订单详情)，表的结构如表 3－8 所示。

表 3－8 orders Details 表的结构

列　名	数据类型	允许空值	IDENTITY 属性
OrderID	int	否	否
ProductID	int	否	否
UnitPrice	money	是	否
Quantity	smallint	是	否
Discount	real	是	否

3）用企业管理器建立 Northwind 数据库的表 Products，表的结构如表 3－9 所示。

表 3－9 Products 表的结构

列名	数据类型	允许空值	IDENTITY 属性
ProductID	int	否	是
ProductName	nchar	否	否
SupplierID	int	是	否
CategoryID	datetime	是	否
QuantityPerUnit	nvarchar	是	否
UnitPrice	money	是	否
UnitsInStock	smallint	是	否
UnitsOnOrder	smallint	是	否
ReorderLevel	smallint	是	否
Discontinued	bit	是	否

```
CREATE TABLE Products (
    ProductID int IDENTITY (1, 1) NOT NULL,
    ProductName nvarchar (40) NOT NULL,
    SupplierID int NULL,
    CategoryID int NULL,
    QuantityPerUnit nvarchar (20) NULL,
    UnitPrice money NULL,
    UnitsInStock smallint NULL,
```

```
    UnitsOnOrder smallint NULL,
    ReorderLevel smallint NULL,
    Discontinued bit NOT NULL
)
GO
```

4）用企业管理器建立 Northwind 数据库的表 Employees，表的结构如表 3-10 所示。

表 3-10 Employees 表的结构

列 名	数据类型	允许空值	IDENTITY 属性
EmployeeID	int	否	是
LastName	nvarchar	否	否
FirstName	nvarchar	否	否
Title	nvarchar	是	否
TitleOfCourtesy	nvarchar	是	否
BirthDate	datetime	是	否
HireDate	datetime	是	否
Address	nvarchar	是	否
City	nvarchar	是	否
Region	nvarchar	是	否
PostalCode	nvarchar	是	否
Country	nvarchar	是	否
HomePhone	nvarchar	是	否

```
CREATE TABLE Employees (
    EmployeeID int IDENTITY (1, 1) NOT NULL,
    LastName nvarchar (20) NOT NULL,
    FirstName nvarchar (10) NOT NULL,
    Title nvarchar (30) NULL,
    TitleOfCourtesy nvarchar (25) NULL,
    BirthDate datetime NULL,
    HireDate datetime NULL,
    Address nvarchar (60) NULL,
    City nvarchar (15) NULL,
    Region nvarchar (15) NULL,
    PostalCode nvarchar (10) NULL,
    Country nvarchar (15) NULL,
    HomePhone nvarchar (24) NULL,
```

```
    Extension nvarchar (4) NULL,
    Photo image NULL,
    Notes ntext NULL,
    ReportsTo int NULL,
    PhotoPath nvarchar (255) NULL,
    Sex char (10) NULL
)
GO
```

2. 修改表的定义

1）用 T－SQL 语句删除 orders Details 表的“Discount”列。

```
USE Northwind
GO
ALTER TABLE [orders Details]
DROP column Discount
```

2）用 T－SQL 语句增加 orders Details 表的“备注”列。

```
USE Northwind
GO
ALTER TABLE [orders Details]
ADD  Discount real NULL
```

3. 数据表的改名

1）将新建立的 orders Details 表改名为 ordersinfo。

```
USE Northwind
GO
sp_rename 'orders Details','ordersinfo'
```

2）将 ordersinfo 再改名为 orders Details。

```
USE Northwind
GO
sp_rename 'ordersinfo','orders Details'
```

4. 表数据的添加、修改和删除数据

(1) 在企业管理器中向 Northwind 数据库各表添加、修改和删除数据

1）在企业管理器中向 orders Details 表中加入如表 3－11 所示的记录。

表 3-11 orders Details 表记录

OrderID	ProductID	UnitPrice	Quantity	Discount
10248	11	14	12	0
10248	42	9.8	10	0
10248	72	34.8	5	0
10249	14	18.6	9	0
10249	51	42.4	40	0

在企业管理器中展开数据库 Northwind，选择 orders Details 表，右击，选择“打开表/返回所有行”命令，打开表 orders Details 的数据窗口。在此窗口中，可进行记录的插入、修改和删除操作。

2）在企业管理器中向 orders 表中加入如表 3-12 所示的记录。

表 3-12 orders 表记录

OrderID	CustomerID	EmployeeID	OrderDate	RequiredDate	ShippedDate
10248	VINET	5	1996	1996—8—1	1996—7—16
10249	TOMSP	6	1996	1996—8—16	1996—7—10
10250	HANAR	4	1996	1996—8—5	1996—7—12
10251	VICTE	3	1996	1996—8—5	1996—7—15
10252	SUPRD	4	1996	1996—8—6	1996—7—11

3）在企业管理器中向 suppliers 表中加入如表 3-13 所示的记录。

表 3-13 suppliers 表记录

SupplierID	CompanyName	ContactName	ContactTitle	Address	City
1	Exotic Liquids	Charlotte Cooper	Purchasing Manager	49 Gilbert St.	London
2	New Orleans Cajun Delights	Shelley urke	Order Administrator	P. O. Box 78934	New Orleans
3	Grandma Kelly's Homestead	Regina Murphy	Sales Representative	707 Oxford Rd.	Ann Arbor
4	Cooperativa de Quesos 'Las Cabras'	Antonio del Valle Saavedra	Export Administrator	Calle del Rosal 4	Oviedo

4）在企业管理器中向 Employees 表中加入如表 3-14 所示的记录。

表 3-14 Employees 表记录

EmployeeID	LastName	FirstName	Title	TitleOfCourtesy	Birthdate
1	Davolio12	Nancy	Sales Representative	Ms.	1948—12—8
2	Fuller222	Andrew	VicePresident, Sales	Mrs.	1952—2—19
3	Leverling	Janet	Sales Representative	Mr.	1963—8—30
4	Peacock	Margaret	Sales Representative	Mr.	1937—9—19
5	Buchanan	Steven	Sales Manager	Mr.	1955—3—4

5）在企业管理器中向 Products 表中加入如表 3-15 所示的记录。

表 3-15 Products 表记录

ProductID	ProductName	SupplierID	CategoryID	QuangtityPerUnit	UnitPrice	UnitsInStock
1	Chai	1	1	10 boxes x 20 bags	18	39
2	Chang	1	1	24—12 oz bottles	19	17
3	Aniseed Syrup	1	2	12 —550 ml bottles	10	13
4	Chef Anton's Cajun Seasoning	2	2	48—6 oz jars	22	53
5	Chef Anton's Gumbo Mix	2	2	36 boxes	21.35	0

（2）使用 T-SQL 语句向 Northwind 数据库各表添加、修改和删除数据

1）插入数据。向 Employees 表中插入一行数据，具体数据如下：

10 强 李 Sales Representative Ms. 1986-12-1 2007-6-12 成都航空职业术学院 成都 610021 中国 028-85238449 <Binary> 今天完成项目 5

2）修改数据。将 Employees 表中 EmployeeID 编号为 10 的雇佣者 firstname 由“李”改为“张”。

3）删除数据。将 Employees 表中读者编号为 10 的记录删除。

5. 添加用户定义数据类型

创建一个数据库 classnorthwind，在数据库中编写和执行创建表 3-16 所描述的用户定义数据类型的语句。

表 3-16 用户定义数据类型定义

字段名称	数据描述
City	varchar(40)，可以为空
Region	varchar(40)，可以为空
PostalCode	varchar(40)，可以为空）

```
CREATE DATABASE classnorthwind
GO
EXEC  sp_addtype  city, 'nvarchar(40)', NULL
EXEC  sp_addtype  region, 'nvarchar(40)', NULL
EXEC  sp_addtype  country, 'nvarchar(40)', NULL
GO
```

创建完成后的结果如图 3－11 所示。

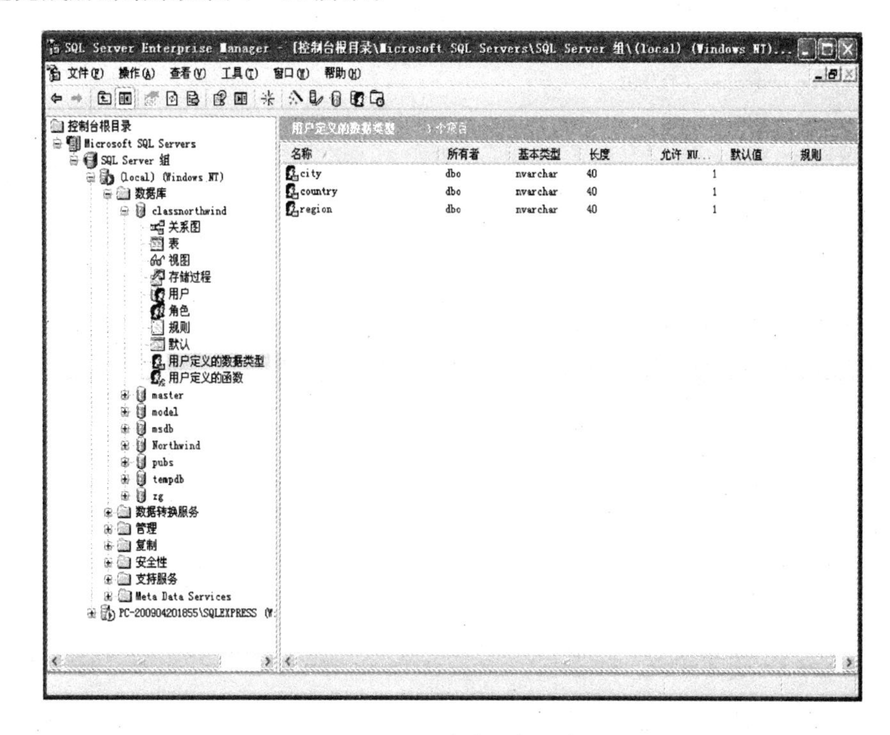

图 3－11　用户定义数据类型

6. 查看表结构

在 classnorthwind 数据库中，执行以下创建表 Emp 的脚本。完成后，请使用企业管理器查看该表的结构。

```
USE classnorthwind
GO
CREATE TABLE Emp (
    EmployeeID int IDENTITY (1, 1) NOT NULL,
    LastName nvarchar (20) NOT NULL,
    FirstName nvarchar (10) NOT NULL,
```

```
    Title nvarchar (30) NULL,
    TitleOfCourtesy nvarchar (25) NULL,
    BirthDate datetime NULL,
    HireDate datetime NULL,
    Address nvarchar (60) NULL,
    City city,
    Region region,
    Country country,
    HomePhone nvarchar (24) NULL,
    Extension nvarchar (4) NULL,
    Photo image NULL,
    Notes ntext NULL,
    ReportsTo int NULL,
    PhotoPath nvarchar (255) NULL
) ON [PRIMARY]
```

完成后使用企业管理器查看结果，如图 3 - 12 所示。

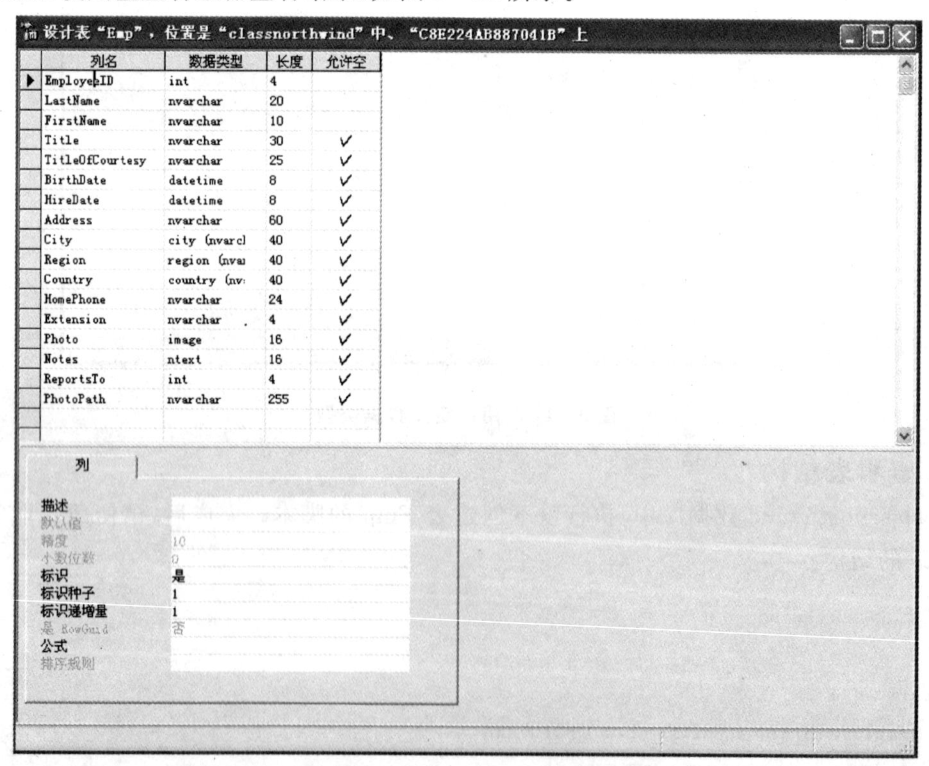

图 3 - 12 Emp 表定义

7. 创建 Suppliers 表

在查询分析器中，按照表 3-17 的要求编写并执行创建 Suppliers 表的语句，定义表中的字段名及其相应的数据类型。其中，要确保 SupplierID 和 CompanyName 字段不能为空，所有其他字段允许为空。

表 3-17　Suppliers 表定义

字段名称	数据类型	允许空值	IDENTITY 属性	其他
SupplierID	int	否	种子值为 1，增量为 1	主键
CompanyName	nvarchar(40)	否	否	
ContactName	nvarchar(30)	是	否	
ContactTitle	nvarchar(30)	是	否	
Address	nvarchar(60)	是	否	
City	city	是	否	用户定义数据类型
Region	region	是	否	用户定义数据类型
Country	country	是	否	用户定义数据类型
Phone	nvarchar(24)	是	否	

```
USE classnorthwind
GO
CREATE TABLE dbo.Suppliers (
    SupplierID int IDENTITY (1, 1) NOT NULL,
    CompanyName nvarchar (40) NOT NULL,
    ContactName nvarchar (30) NULL,
    ContactTitle nvarchar (30) NULL,
    Address nvarchar (60) NULL,
    City city,
    Region region,
    Country country,
    Phone nvarchar (24) NULL,
) ON [PRIMARY]
```

8. 创建 Customers 表

在企业管理器中，按照表 3-18 的要求创建 Customers 表，定义表中的字段名及其相应的数据类型。其中，要确保 CustomerID 和 CompanyName 字段不能为空，所有其他字段允许为空。

表 3-18 Customers 表定义

字段名称	数据类型	允许空值	字段名称	数据类型	允许空值
CustomerID	nvarchar(5)	否	City	city	是
CompanyName	nvarchar(40)	否	Region	region	是
ContactName	nvarchar(40)	是	Country	country	是
ContactTitle	nvarchar(30)	是	Phone	nvarchar(24)	是
Address	nvarchar(60)	是	Fax	nvarchar(24)	是

操作步骤如下：

1）在企业管理器中展开数据库 classnorthwind，右击表节点，在弹出的快捷菜单中选择“新建表”，系统将弹出创建表窗口，如图 3-13 所示。

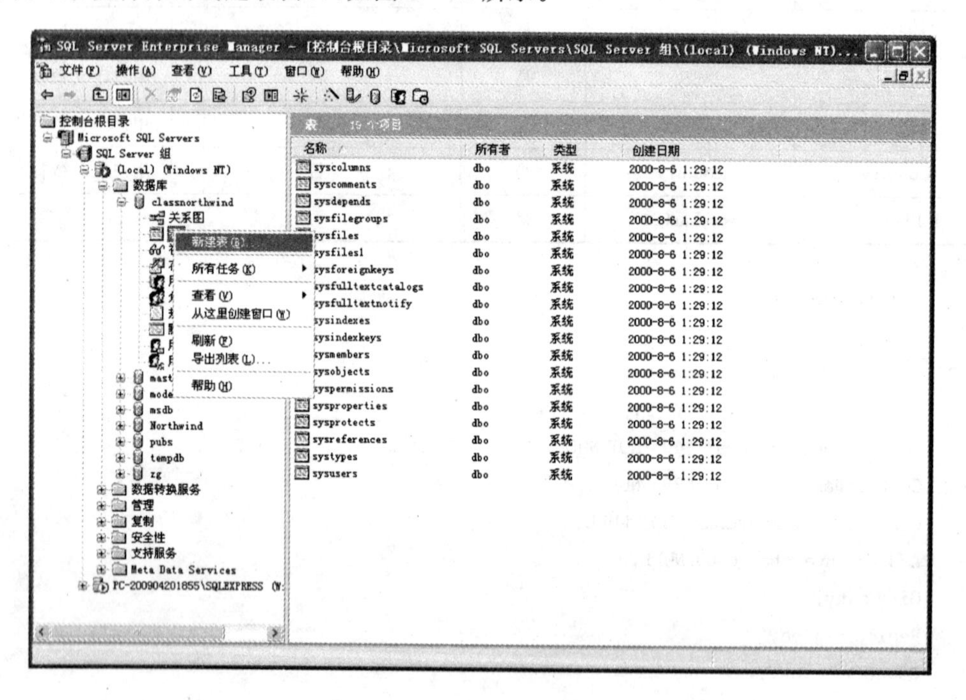

图 3-13 新建表

2）在表设计窗口中按照表 3-15 的要求对每一字段设置相关属性，其中前三项是必须输入的。

3）在表的各字段属性均编辑完后，单击工具栏上的“保存”按钮，出现“选择名称”对话框。输入表名 Customers，单击“确定”按钮，表就创建好了。创建好的“Customers”表结构如图 3-14 所示。

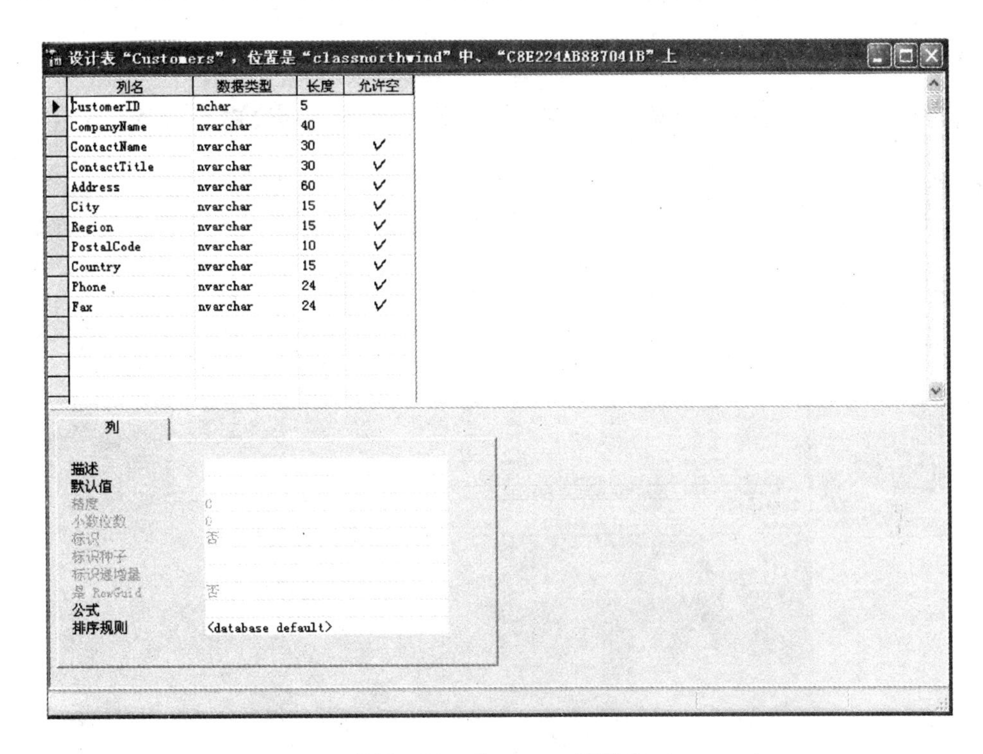

图 3－14　Customers 表定义

9. 添加字段

编写和执行向 Emp 表中添加一个字段的语句。该字段的名称为 Age，使用 tinyint 数据类型，允许为空。使用 sp_help 系统存储过程验证该字段。

创建完成后的结果如图 3－15 所示。

编写和执行向 Emp 表中删除一个字段的语句，该字段的名称为 Age。使用 sp_help 系统存储过程验证该字段。

```
USE classnorthwind
GO
ALTER TABLE Emp
DROP COLUMN age
GO
EXEC sp_help Emp
GO
```

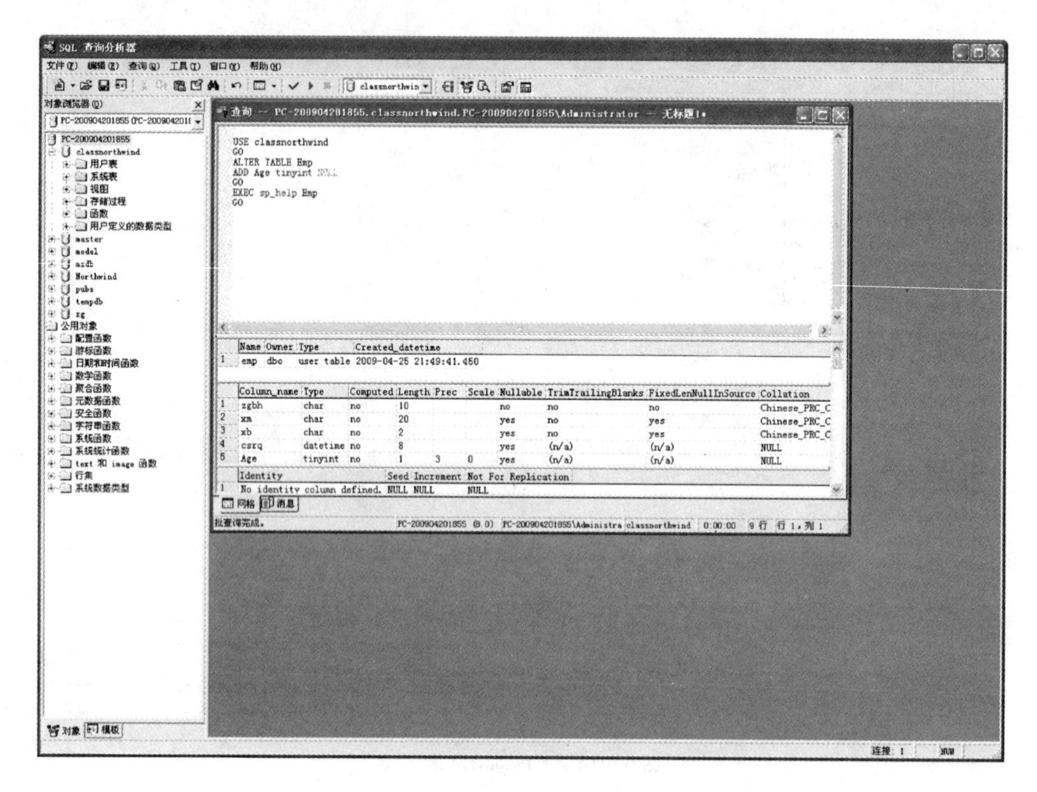

图 3-15 使用 sp_help 系统存储过程验证结果

3.6 习 题

某公司需要使用表 tbCustomerInfo 来存储客户信息。客户信息包括:代号(整型,IDENTITY,从 100001 开始,每次增加 5),名称(最长 40 个汉字),电话(20 个字符),传真(20 个字符),备注(最长 1000 个汉字),电话和传真需要使用用户定义数据类型 TypeTelFax。

(1) 请编写创建该表的 T-SQL 语句。

(2) 因为移动电话的流行,需要在表中增加一个"手机"字段。该字段的数据类型与电话数据类型一致,请编写添加该字段的 T-SQL 语句。

第4章　数据检索

本章要点

本章介绍如何在数据库中查找数据并将该部分数据“出库”,使这些数据以一定的格式和排列方法展现给用户;如何增加检出数据易读性的方法,比如排序,并在此基础上,介绍更加复杂的技巧——分组与汇总;本章还介绍多表连接查询和子查询,以及如何按照功能需求检索出符合要求的数据并将其按照指定格式展现给用户或者应用程序。

学习目标

☑ 理解并掌握使用 SELECT 语句从表中检索数据和使用不同的搜索条件过滤数据。

☑ 理解设置结果集格式,使用 TOP n 关键字返回结果集中前 n 行记录。

☑ 掌握使用聚合函数产生单个汇总值,使用 GROUP BY 和 HAVING 子句对某类(即某字段值相同)数据生成汇总值,以及掌握使用 COMPUTE 和 COMPUTE BY 子句生成明细报表和汇总报表

☑ 掌握使用连接组合两个或多个表中的数据

☑ 掌握使用 UNION 操作符把多个结果集组合成一个结果集的方法

☑ 掌握使用子查询以及如何使用子查询

☑ 掌握使用子查询分解和执行复杂的查询

4.1　简单查询语句

4.1.1　基本的 SELECT 语句

先看一个最简单的查询实例。

【例 4-1】　查询 Employees 表中所有记录的信息。

```
USE Northwind
GO
SELECT *
FROM Employees
GO
```

在查询分析器中输入并运行上述代码,执行结果如图 4-1 所示。

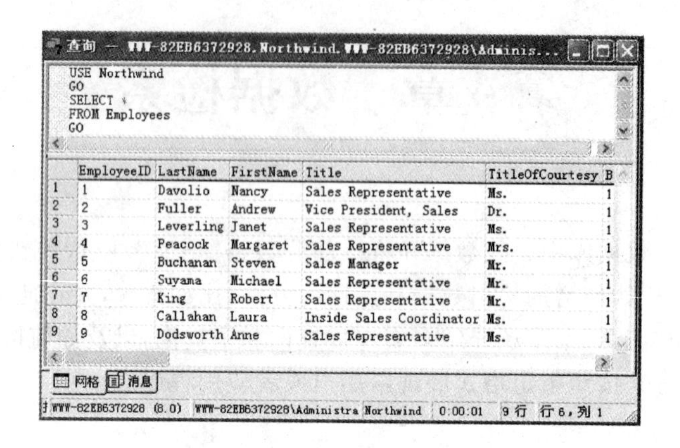

图 4-1　最简单的查询语句

例 4-1 中的 SELECT 语句的作用就是查询 Employees 表中的全部信息，其中 * 表示查询表中的所有字段，此时，显示结果集中的列的顺序和创建表时的顺序一致。当然，要显示全部列，也可以将所有的列名在 SELECT 关键字后列出。

4.1.2　选择数据列

如果要查询表中的部分列，可以将要显示的列名在 SELECT 关键字后依次列出，列名与列名之间用英文逗号隔开，列的顺序可以根据需要指定。

【例 4-2】　查询 Employees 表中所有人员的 LastName、Title 和 City。

```
USE Northwind
GO
SELECT LastName, Title, City
FROM Employees
GO
```

在查询分析器中输入并运行上述代码，执行结果如图 4-2 所示。

4.1.3　使用 TOP 和 DISTINCT

1. 使用 TOP 选项

在查询表中数据时，用户可以根据需要限制返回的行数。方法是在 SELECT 语句的字段列表前面使用 TOP n 子句，则查询结果中只显示表中前 n 条记录；如果在字段列表前使用 TOP n PERCENT 子句，则查询结果中只显示前 n%条记录。

【例 4-3】　查询 Employees 表中的前 5 条记录。

```
USE Northwind
GO
SELECT  TOP 5 *
FROM Employees
GO
```

在查询分析器中输入并运行上述代码,执行结果如图 4-3 所示。

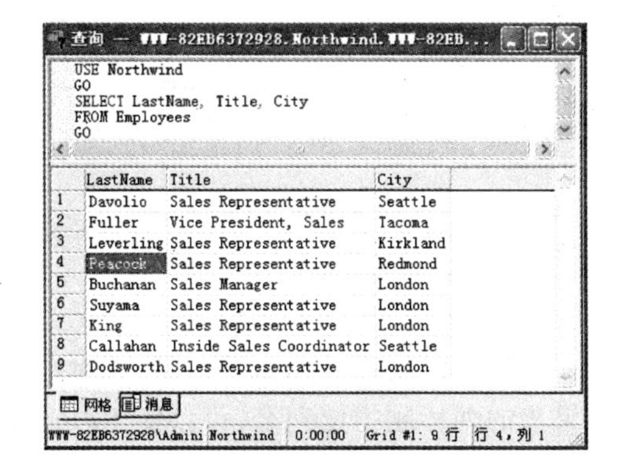

图 4-2　在表中选择数据列查询

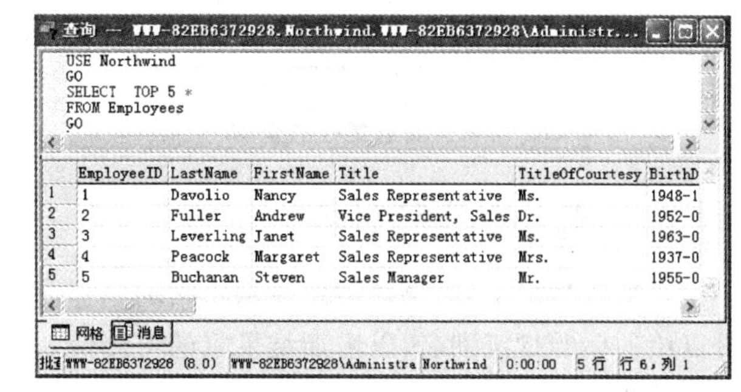

图 4-3　使用 TOP 选项

2. 使用 DISTINCT 选项

对表只选择部分列查询时,可能会出现重复行。如果要消除结果集中的重复行,可以在字段列表前面加上 DISTINCT 关键字。

【例 4-4】 查询 Customers 表中所有的 TitleOfCourtesy。

```
USE Northwind
GO
SELECT  TitleOfCourtesy
FROM Employees
GO
```

上述代码的执行结果如图 4-4 所示,可以看出结果集中有重复行。下面的代码就消除了重复行,执行结果如图 4-5 所示。

```
USE Northwind
GO
SELECT DISTINCT  TitleOfCourtesy
FROM Employees
GO
```

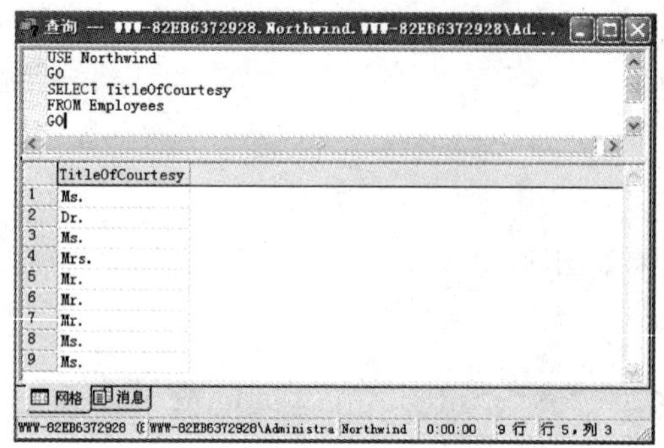

图 4-4 没有消除重复行的查询

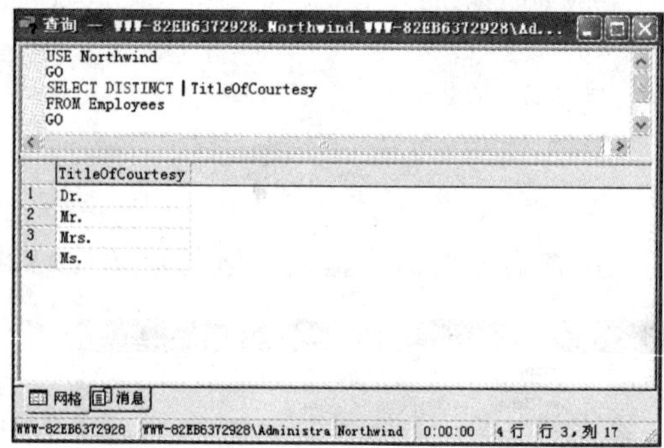

图 4-5 消除重复行的查询

4.1.4 使用列别名

在默认情况下，结果集中所显示出来的列标题就是在创建表时使用的列名。但是，有时也可以给列标题指定别名，以增加结果集的可读性。为结果集的列标题指定别名，可以使用以下两种格式：

```
SELECT 列别名 = 原列名 FROM 数据源
```

或

```
SELECT 原列名 AS 列别名 FROM 数据源
```

【例 4-5】 查询 Orders 表中所有记录的类编号和类名称。其中“OrderID”列标题指定别名为“订货编号”，“ OrderDate”列标题指定别名为“订货时间”。

```
USE Northwind
GO
SELECT  OrderID AS 订货编号,OrderDate AS 订货时间
FROM Orders
GO
```

在查询分析器中输入并运行上述代码，执行结果如图 4-6 所示。

```
USE Northwind
GO
SELECT  OrderID AS 订货编号,OrderDate AS 订货时间
FROM Orders
GO
```

	订货编号	订货时间
1	10248	1996-07-04 00:00:00.000
2	10249	1996-07-05 00:00:00.000
3	10250	1996-07-08 00:00:00.000
4	10251	1996-07-08 00:00:00.000
5	10252	1996-07-09 00:00:00.000
6	10253	1996-07-10 00:00:00.000
7	10254	1996-07-11 00:00:00.000
8	10255	1996-07-12 00:00:00.000
9	10256	1996-07-15 00:00:00.000
10	10257	1996-07-16 00:00:00.000
11	10258	1996-07-17 00:00:00.000

图 4－6　使用列别名

4.1.5　使用计算列

使用 SELECT 语句对列进行查询时，在结果中可以输出对列值计算后的值，即结果集中的列不是表中现成的列，而是由表中的一个或多个列计算出来的。

【例 4－6】 查询 Order Details 表中的 OrderID 和打过 8 折以后的价格。

```
USE Northwind
GO
SELECT   OrderID,UnitPrice * 0.8 AS 折后价格
FROM [Order Details]
GO
```

因为结果集中由计算得到的列是没有列名的，所以本例中为其指定列名为“折后价格”，以增加结果集的可读性。

在查询分析器中输入并运行上述代码，执行结果如图 4－7 所示。

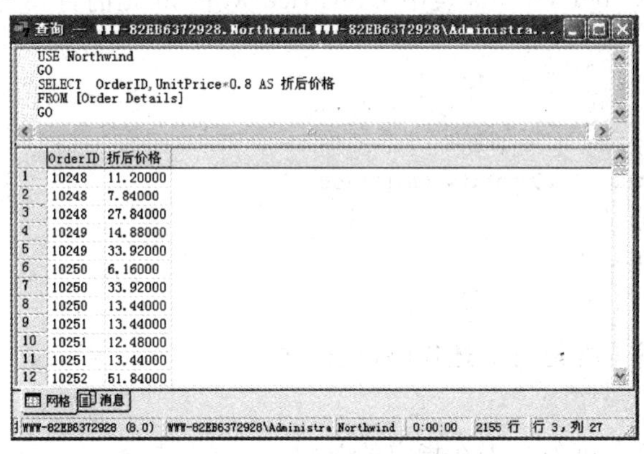

图 4－7　使用计算列

4.1.6 使用 WHERE 子句

如果只希望得到表中满足特定条件的一些记录，用户可以在查询语句中使用 WHERE 子句。在 WHERE 子句中，组成条件表达式的运算符有六种，见表 4－1 所示。

表 4－1　WHERE 子句中的运算符

运算符分类	运算符	意　义
比较运算符	＞、＞＝、＝、＜、＜＝、＜＞、！＝、！＞、！＜	比较大小
范围运算符	BETWEEN…AND	判断列值是否在指定范围内
	NOT BETWEEN…AND	
列表运算符	IN	判断列值是否为列表中的指定值
	NOT IN	
模式匹配符	LIKE	判断列值是否与指定的字符通配格式相符
	NOT LIKE	
空值运算符	IS NULL	判断列值是否为空
	NOT IS NULL	
逻辑运算符	AND	用于多条件的逻辑连接
	OR	
	NOT	

下面举例说明 WHERE 子句中运算符的使用方法。

1. 比较运算符

比较运算符用来比较两个表达式的大小，它包括＞、＞＝、＝、＜、＜＝、＜＞、！＝、！＞、！＜。其中，“＜＞”或“！＝”表示不等于；“！＞”表示不大于；“！＜”表示不小于。

【例 4－7】 查询 Order Details 表中 UnitPrice 大于 20 元的订单的订单编号、产品编号、数量以及价格。

```
USE Northwind
GO
SELECT  OrderID,ProductID,Quantity,UnitPrice
FROM [Order Details]
WHERE UnitPrice>20
GO
```

在查询分析器中输入并运行上述代码，执行结果如图 4－8 所示。

2. 范围运算符

范围运算符用来判断列值是否在指定的范围内。范围运算符包括 BETWEEN…AND 和

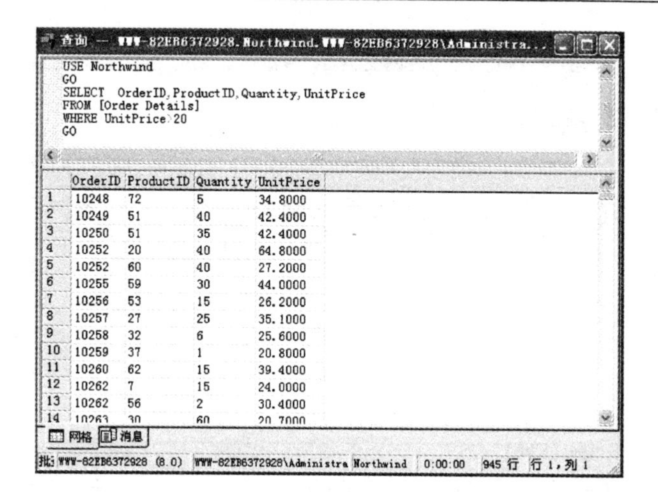

	OrderID	ProductID	Quantity	UnitPrice
1	10248	72	5	34.8000
2	10249	51	40	42.4000
3	10250	51	35	42.4000
4	10252	20	40	64.8000
5	10252	60	40	27.2000
6	10255	59	30	44.0000
7	10256	53	15	26.2000
8	10257	27	25	35.1000
9	10258	32	6	25.6000
10	10259	37	1	20.8000
11	10260	62	15	39.4000
12	10262	7	15	24.0000
13	10262	56	2	30.4000
14	10263	30	60	20.7000

图 4-8　价格大于 20 元的记录

NOT BETWEEN…AND。该运算符的语法格式为：

```
列表达式 [NOT] BETWEEN 起始值 AND 终止值
```

如果列表达式的值在起始值和终止值之间(包括这两个值)，则运算结果为 TRUE；否则，为 FALSE。使用 NOT 时，运算结果刚好相反。

【例 4-8】 查询 Employees 表中在 1993 年入职的人员的 ID 号、LastName、FirstName 及地址。

```
USE Northwind
GO
SELECT  EmployeeID,LastName,FirstName,Address
FROM Employees
WHERE HireDate BETWEEN '1993-01-01' AND '1993-12-31'
GO
```

在查询分析器中输入并运行上述代码，执行结果如图 4-9 所示。

3. 列表运算符

列表运算符用来判断给定的列值是否在所给定的子列表中。列表运算符包括 IN 和 NOT IN。该运算符的语法格式为：

```
列表达式 [NOT] IN(列值 1,…,列值 n)
```

如果列表达式的值等于子列表中的某个值，则运算结果为 TRUE；否则，运算结果为 FALSE。使用 NOT 时，运算结果刚好相反。

【例 4-9】 查询 Products 表中 konbu、Genen Shouyu 两个产品的产品编号、产品名称、

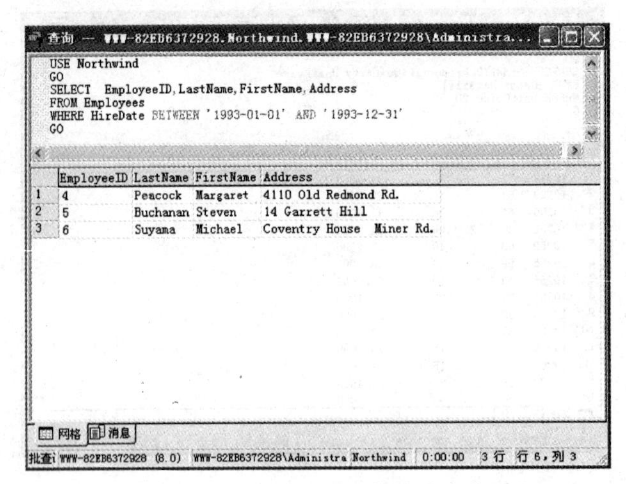

图 4-9 用 BETWEEN 指定查询范围

及产品单价。

```
USE Northwind
GO
SELECT  ProductID,ProductName,UnitPrice
FROM Products
WHERE ProductName IN('konbu','Genen Shouyu')
GO
```

在查询分析器中输入并运行上述代码，执行结果如图 4-10 所示。

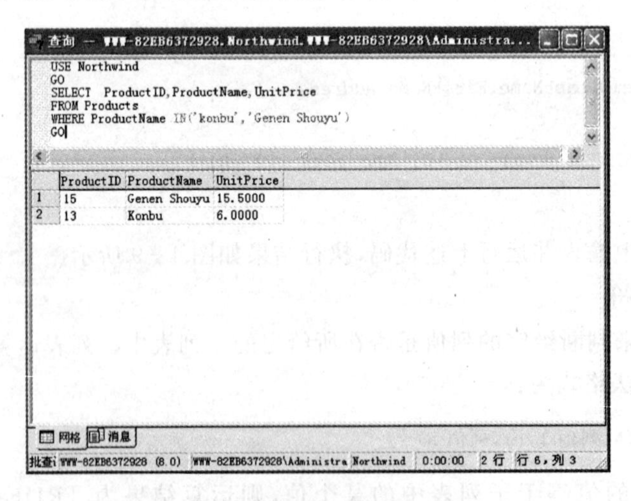

图 4-10 使用 IN 确定查询值

4. 模式匹配运算符

在实际应用中，经常需要根据一些不确定的信息来进行模糊查询。模式匹配运算符 LIKE 和 NOT LIKE 可以实现这类查询，其中 LIKE 表示字符串表达式的值与匹配串相符，NOT LIKE 则相反。其一般语法格式为：

```
字符串表达式 [NOT] LIKE '<匹配串>'
```

其中，匹配串可以是一个完整的字符串，也可以是含有通配符的字符串。

有关通配符的格式和含义见表 4-2。

表 4-2 通配符说明

通配符	说　明
%	代表 0 个或多个字符
_(下画线)	代表单个字符
[]	指定范围(如[a～f]、[0～9])或集合(如[abcdef])中的任何单个字符
[^]	指定不属于范围(如[^a～f]、[^0～9])或集合(如[^abcdef])中的任何单个字符

【例 4-10】 查询 Employees 表中 FisrtName 以“M”开头的雇员的信息。

```
USE Northwind
GO
SELECT   *
FROM Employees
WHERE FirstName LIKE 'M%'
GO
```

通配符字符串 'M%' 的含义是第一个字母是“M”的字符串。上述代码的执行结果如图 4-11 所示。

5. 空值运算符

数据库中的数据一般都应该是有意义的，但有些列的值可能暂时不知道或不确定，这时可以不输入该列的值，那么称该列的值为空值，通常用 NULL 表示。空值与 0 或空格是不一样的。空值运算符 IS NULL 和 NOT IS NULL 用来判断指定的列值是否为空。其语法格式为：

```
列表达式 [NOT] IS NULL
```

【例 4-11】 查询 Employees 表中 Region 为空的雇员的编号、姓氏、出生日期和区域。

```
USE Northwind
GO
```

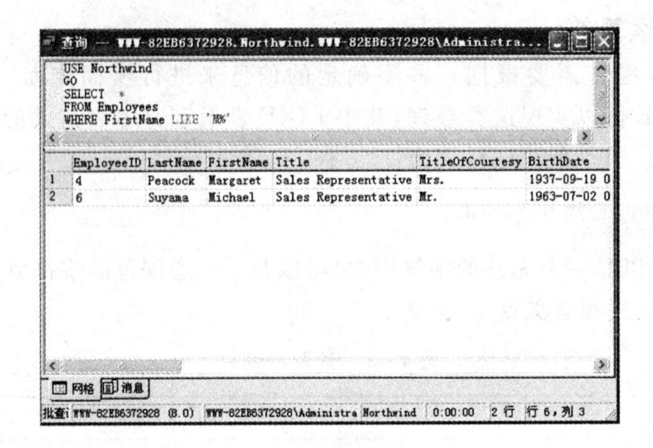

图 4-11 模糊查询

```
SELECT  EmployeeID,FirstName,BirthDate,Region
FROM Employees
WHERE Region IS NULL
GO
```

在查询分析器中输入并运行上述代码，执行结果如图 4-12 所示。

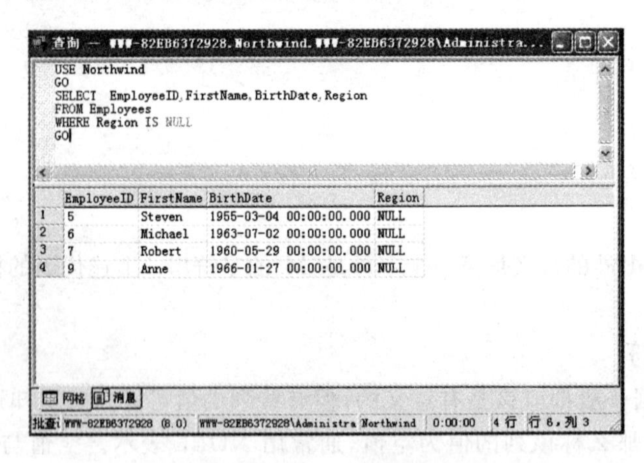

图 4-12 查询空值

6. 逻辑运算符

用户可以使用逻辑运算符 AND、OR 和 NOT 连接多个查询条件，实现多重条件查询。逻辑运算符的语法格式为：

[NOT]逻辑表达式 AND|OR [NOT]逻辑表达式

【例 4-12】 要求用逻辑运算符实现例 4-8 中的查询。

```
USE Northwind
GO
SELECT  EmployeeID,LastName,FirstName,Address
FROM Employees
WHERE HireDate> = '1993 - 01 - 01' AND HireDate< = '1993 - 12 - 31'
GO
```

上述代码的执行结果和例 4-8 相同,如图 4-9 所示。

【例 4-13】 要求用逻辑运算符实现例 4-9 中的查询。

```
USE Northwind
GO
SELECT  ProductID,ProductName,UnitPrice
FROM Products
WHERE ProductName = 'konbu' or ProductName = 'Genen Shouyu'
GO
```

上述代码的执行结果和例 4-9 相同,如图 4-10 所示。

4.1.7 使用 ORDER BY 子句

通常,查询结果集中的记录的顺序是它们在表中的顺序,但有时用户希望查询结果集中的记录按某种顺序显示。可以通过 ORDEY BY 子句改变查询结果集中记录的显示顺序。ORDER BY 子句的语法格式为:

```
ORDER BY {列名 [ASC|DESC]}[,…n]
```

其中,ASC 表示按升序排列,默认为 ASC;DESC 按降序排列。当按多列排序时,先按写在前面的列排序,当前面的列值相同时,再按后面的列排序。

【例 4-14】 查询 Products 表中 CategoryID 为“1”的产品的 ID、Name、CategoryID、UnitsInStock 及 UnitPrice。查询结果先按 UnitsInStock 降序排列,UnitsInStock 相同再按 UnitPrice 升序排列。

```
USE Northwind
GO
SELECT  ProductID,ProductName,CategoryID,UnitsInStock,UnitPrice
FROM Products
WHERE CategoryID = '1'
ORDER BY UnitsInStock DESC,UnitPrice ASC
GO
```

在查询分析器中输入并运行上述代码,执行结果如图 4-13 所示。

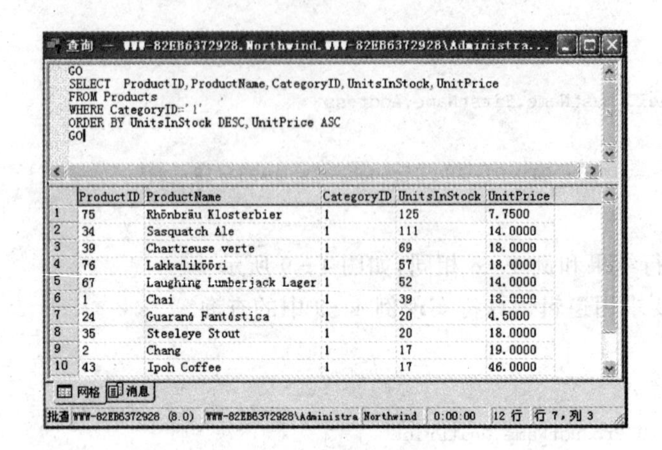

图 4-13 将查询结果排序

4.2 查询语句的统计功能

用户经常需要对查询结果集进行统计，例如求和、平均值、最大值、最小值、个数等，这些统计可以通过以下方法实现。

1. 使用聚合函数

聚合函数用来对查询结果集中的记录进行统计计算，并在结果集中将统计结果生成一条新记录。SQL Server 2008 提供了许多聚合函数，常用的聚合函数见表 4-3 所示。

表 4-3 常用集合函数表

函数名	语法格式	功能说明
AVG	AVG([ALL|DISTINCT]列名)	计算一个数值列的平均值
SUM	SUM([ALL|DISTINCT]列名)	计算一个数值列的总和
MAX	MAX([ALL|DISTINCT]列名)	返回指定列中的最大值
MIN	MIN([ALL|DISTINCT]列名)	返回指定列中的最小值
COUNT	COUNT([ALL|DISTINCT]列名|*)	统计查询结果集中记录的个数

表 4-3 语法格式中的 DISTINCT 表示去掉指定列中的重复值，ALL 表示不取消重复值，默认是 ALL。

【例 4-15】 计算 Products 表中所有产品的平均价格、总价、最高价、最低价及记录的个数。

```
USE Northwind
```

```
GO
SELECT 平均价 = AVG(UnitPrice),总价格 = SUM(UnitPrice),
最高价 = MAX(UnitPrice),最低价 = MIN(UnitPrice),产品总数 = COUNT(ProductID)
FROM Products
GO
```

在查询分析器中输入并运行上述代码,其执行结果如图 4－14 所示。

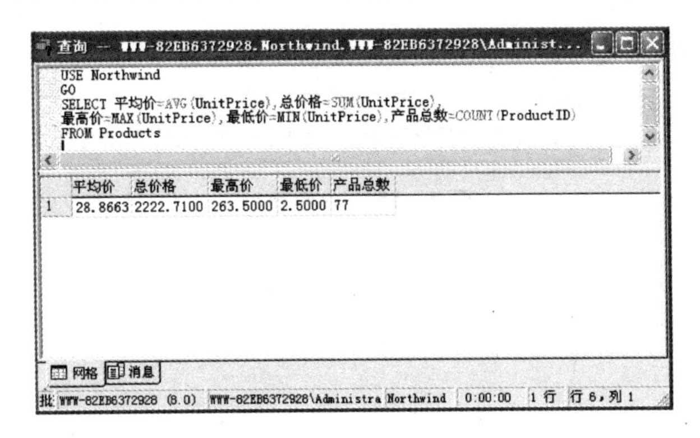

图 4－14　聚合函数的使用

2. 使用 GROUP BY 子句

GROUP BY 子句用于对结果集进行分组并对每一组数据进行汇总计算。其语法格式为:

```
GROUP BY 列名 [HAVING 条件表达式]
```

GROUP BY 按“列名”指定的列进行分组,将该列列值相同的记录组成一组,对每一组进行汇总计算。每一组生成一条记录。若有“HAVING 条件表达式”选项,则表示对生成的组进行筛选。

【例 4－16】　统计 Products 表中单价相同的产品的数量。

```
USE Northwind
GO
SELECT UnitPrice,COUNT(UnitPrice) AS 产品数量
FROM Products
GROUP BY UnitPrice
GO
```

注意

SELECT 子句中的列名必须是 GROUP BY 子句中已有的列名。

在查询分析器中输入并运行上述代码,其执行结果如图 4－15 所示。

【例 4－17】　对例 4－16,如果改为以下代码,则只显示产品数量大于 2 的汇总行。

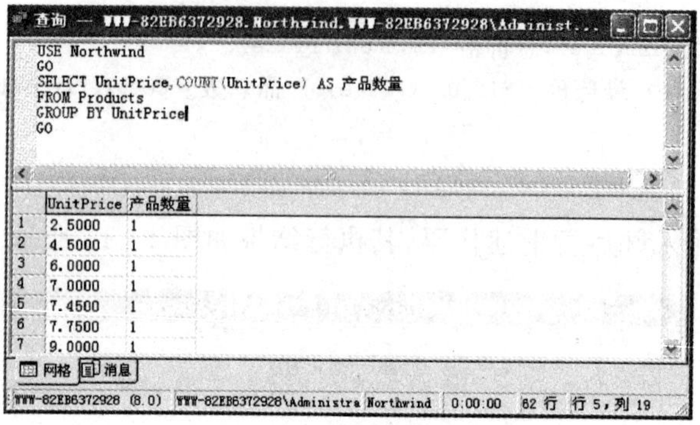

图 4-15 分组统计

```
USE Northwind
GO
SELECT UnitPrice,COUNT(UnitPrice) AS 产品数量
FROM Products
GROUP BY UnitPrice
HAVING COUNT(UnitPrice)>2
GO
```

在查询分析器中输入并运行上述代码，其执行结果如图 4-16 所示。

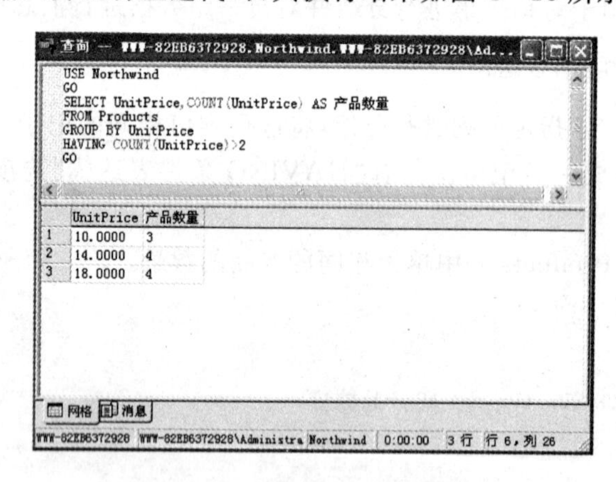

图 4-16 对分组统计进行筛选

注意

HAVING 子句和 WHERE 子句的主要区别在于作用对象不同，HAVING 作用于组，选择满足条件的组；而 WHERE 子句作用于表，选择满足条件的记录。

3. 使用 COMPUTE 子句

COMPUTE 子句对查询结果集进行汇总统计，并显示参加汇总记录的详细信息。其语法格式为：

```
COMPUTE 聚合函数 [BY 列名]
```

注意

必须先按汇总的列排序后，才能用 COMPUTE BY 进行分组统计。所以 COMPUTE BY 子句必须与 ORDER BY 子句连用。

COMPUTE BY 子句与 GROUP BY 子句的功能类似，都可以对查询结果集进行分组统计，所不同的是，COMPUTE BY 子句不仅显示汇总数据，还分组显示参加汇总的记录的详细信息，而 GROUP BY 子句仅显示汇总数据。

【例 4-18】 统计 Products 表中各产品的订单数量，并显示参加汇总的记录的详细信息。

```
USE Northwind
GO
SELECT *
FROM Products
ORDER BY UnitsOnOrder desc
COMPUTE COUNT(UnitsOnOrder) BY UnitsOnOrder
GO
```

在查询分析器中输入并运行上述代码，其执行结果如图 4-17 所示。由于记录个数较多，所以该图只显示出部分出版社的统计信息。

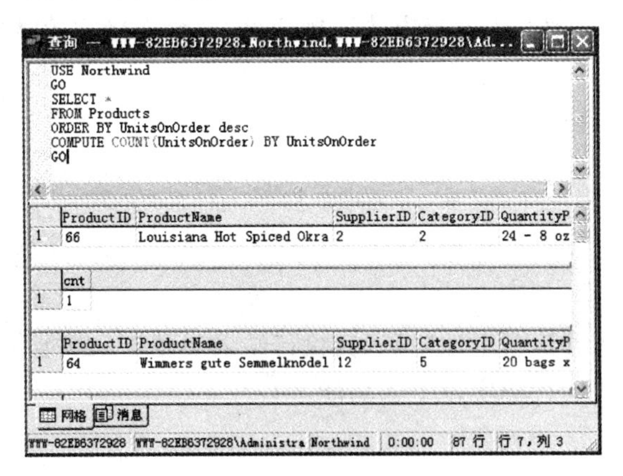

图 4-17　使用 COMPUTE 子句

从图 4-17 可以看出，COMPUTE 子句产生附加的汇总行，其列标题是系统自定的，如对于 COUNT 函数为 cnt，对于 AVG 函数为 avg，对于 SUM 函数为 sum。

4.3 数据的连接

前面讲的查询都是针对一个表进行的，而在实际应用中，一个查询往往需要从多个表中检索数据，这就需要使用连接查询。连接分为交叉连接、内连接、外连接和自连接四种。下面分别进行介绍。

4.3.1 交叉连接

交叉连接又称非限制连接(广义笛卡儿积)，它将两个表不加任何约束地组合在一起，也就是将第一个表的所有记录分别与第二个表的每条记录拼接组成新记录，连接后结果集的行数就是两个表的行的乘积，结果集的列数就是两个表的列数之和。

交叉连接有以下两种语法格式。

第一种格式：

```
SELECT 列名列表
FROM 表名 1 CROSS JOIN 表名 2
```

第二种格式：

```
SELECT 列名列表
FROM 表名 1,表名 2
```

【例 4-19】 假设数据库 Northwind 中又创建了 tl 和 t2 两个表，如图 4-18 所示。tl 表中有"ProductsID"和"ProductsName"两字段，t2 表中有"ProductsID"和"ProductsPrice"两字段，两表各包含三条记录。用交叉连接方法连接两表，观察连接后的结果。

代码如下：

```
USE Northwind
GO
SELECT *
FROM t1 CROSS JOIN t2
GO
```

在查询分析器中输入并运行上述代码，其执行结果如图 4-19 所示。

也可以用第二种格式的代码实现上述功能：

```
USE Northwind
GO
SELECT *
FROM t1,t2
GO
```

	ProductsID	ProductsName
1	001	Ikura
2	002	Pavlova
3	003	Tofu

t1

	ProductsID	ProductsPrice
1	001	20
2	002	35
3	003	19

t2

图 4－18　t1 表和 t2 表

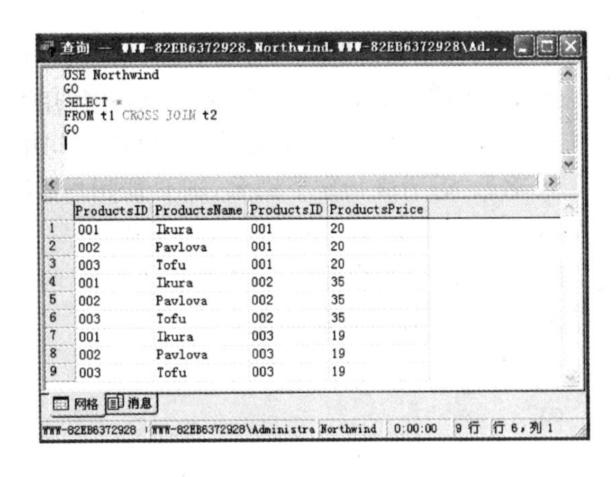

```
USE Northwind
GO
SELECT *
FROM t1 CROSS JOIN t2
GO
```

	ProductsID	ProductsName	ProductsID	ProductsPrice
1	001	Ikura	001	20
2	002	Pavlova	001	20
3	003	Tofu	001	20
4	001	Ikura	002	35
5	002	Pavlova	002	35
6	003	Tofu	002	35
7	001	Ikura	003	19
8	002	Pavlova	003	19
9	003	Tofu	003	19

图 4－19　交叉连接

在实际应用中，使用交叉连接产生的结果集一般没有什么意义，但在数据库的数学模式上有重要的作用。

4.3.2　内连接

内连接是将两个表中满足连接条件的记录组合在一起。连接条件的一般格式为：

ON [＜表名 1＞.]＜列名＞ ＜比较运算符＞ [＜表名 2＞.]＜列名＞

参数说明：

比较运算符可以是＞、＞＝、＝、＜、＜＝、＜＞、！＝、！＞、！＜。

当比较运算符为“＝”时，称为等值连接。若在等值连接的结果集中去除相同的列，则为自然连接。使用除“＝”外运算符的连接为非等值连接。在实际应用中，连接条件通常采用“on 主键＝外键”的形式。

内连接有以下两种语法格式。

第一种格式：

```
SELECT 列名列表
FROM 表名 1 [INNER] JOIN 表名 2
ON 表名 1.列名 = 表名 2.列名
```

第二种格式：

```
SELECT 列名列表
```

```
FROM 表名 1,表名 2
WHERE 表名 1.列名 = 表名 2.列名
```

参数说明：

- 内连接是系统默认的连接，INNER 选项可以省略。
- 若 SELECT 子句中有同名列，则必须用“表名.列名”来表示。为了方便使用，可以给表名定义别名。别名是在 FROM 子句中指定的，格式为“表名 AS 别名”或“表名别名”。若为表指定了别名，则只能用“别名.列名”来表示同名列，不能用“表名.列名”表示。

【例 4-20】 用内连接方法连接 tl 和 t2 两表，不去除重复列(ProductsID)。观察连接后的结果集与交叉连接有何区别。

```
USE Northwind
GO
SELECT *
FROM t1   JOIN t2
ON t1.ProductsID = t2.ProductsID
GO
```

在查询分析器中输入并运行上述代码，其执行结果如图 4-20 所示。可以看到只有满足连接条件的记录才被拼接到结果集中，结果集是两个表中记录的交集。

也可以用第二种格式的代码实现上述功能：

```
USE Northwind
GO
SELECT *
FROM t1,t2
WHERE t1. ProductsID = t2. ProductsID
GO
```

【例 4-21】 用内连接方法连接 tl 和 t2 两表，去除重复列(ProductsID)。

```
USE Northwind
GO
SELECT a.ProductsID,ProductsName,ProductsPrice
FROM t1 a JOIN t2 b
ON a.ProductsID = b.ProductsID
GO
```

在查询分析器中输入并运行上述代码，其执行结果如图 4-21 所示。可以看出结果集中不含重复列(ProductsID)，去掉重复列的等值内连接则为自然连接。自然连接是连接的主要形式，在实际中应用最为广泛。

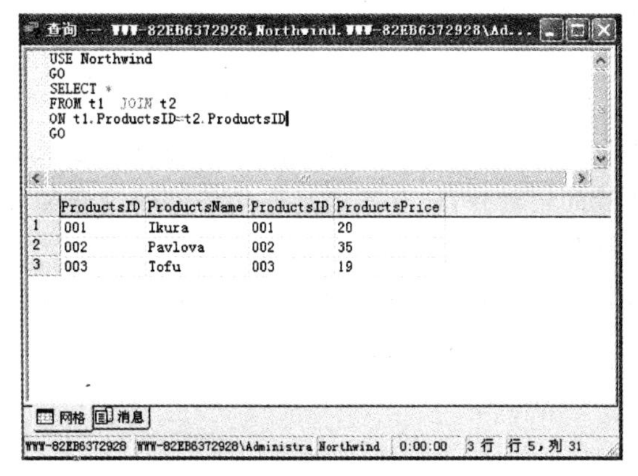

图 4-20 有重复列的内连接

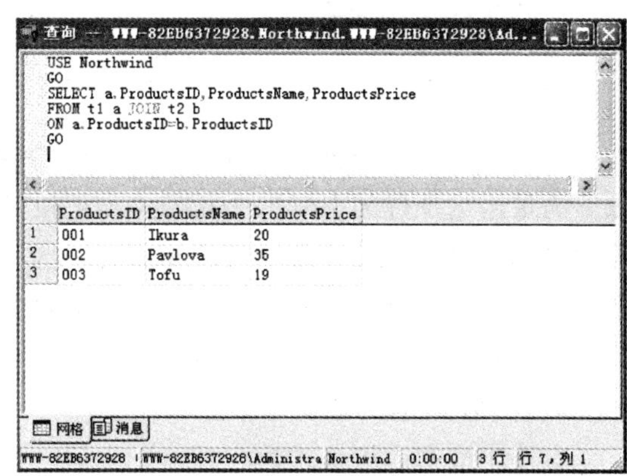

图 4-21 不含重复列的内连接

也可以用第二种格式的代码实现上述功能：

```
USE Northwind
GO
SELECT a.ProductsID,ProductsName,ProductsPrice
FROM t1 a , t2 b
WHERE a.ProductsID = b.ProductsID
GO
```

4.3.3 外连接

外连接又分为左外连接、右外连接、全外连接三种。外连接的结果集中不但包含满足连接条件的记录，还包含相应表中的不满足连接条件的记录。

1. 左外连接

左外连接的语法格式为：

```
SELECT 列名列表
FROM 表名 1 LEFT [OUTER] JOIN 表名 2
ON 表名 1.列名 = 表名 2.列名
```

左外连接的结果集中包括了左表的所有记录，而不仅仅是满足连接条件的记录。如果左表的某记录在右表中没有匹配行，则该记录在结果集行中属于右表的相应列值均为 NULL。

【例 4-22】 用左外连接方法连接 tl 和 t2 两表。观察连接后所产生的结果。

```
USE Northwind
GO
```

```
SELECT *
FROM t1 LEFT JOIN t2
ON t1. ProductsID = t2. ProductsID
GO
```

在查询分析器中输入并运行上述代码,其执行结果如图 4-22 所示。可以看出结果集中除了满足连接条件的 ProductsID 为“002”和“003”的记录外,还有不满足连接条件的读者编号为“001”的记录,但是它在右表的相应列值为 NULL。

左外连接在有些情况下是非常有用的,例如本例还可以理解为查询所有产品的价格情况,如果结果集中“ProductsPrice”列值为 NULL,表示该产品没有上市。

2. 右外连接

右外连接的语法格式为:

```
SELECT 列名列表
FROM 表名 1 RIGHT [OUTER] JOIN 表名 2
ON 表名 1.列名 = 表名 2.列名
```

右外连接的结果集中包括了右表的所有记录,而不仅仅是满足连接条件的记录。如果右表的某记录在左表中没有匹配行,则该记录在结果集行中属于左表的相应列值均为 NULL。

【例 4-23】 用右外连接方法连接 tl 和 t2 两表。观察连接后所产生的结果。

```
USE Northwind
GO
SELECT *
FROM t1 RIGHT JOIN t2
ON t1. ProductsID = t2. ProductsID
GO
```

在查询分析器中输入并运行上述代码,其执行结果如图 4-23 所示。

3. 全外连接

全外连接的语法格式为:

```
SELECT 列名列表
FROM 表名 1 FULL [OUTER] JOIN 表名 2
ON 表名 1.列名 = 表名 2.列名
```

全外连接的结果集中包括了左表和右表的所有记录。当某记录在另一个表中没有匹配记录时,则另一个表的相应列值为 NULL。

【例 4-24】 用全外连接方法连接 tl 和 t2 两表。观察连接后所产生的结果。

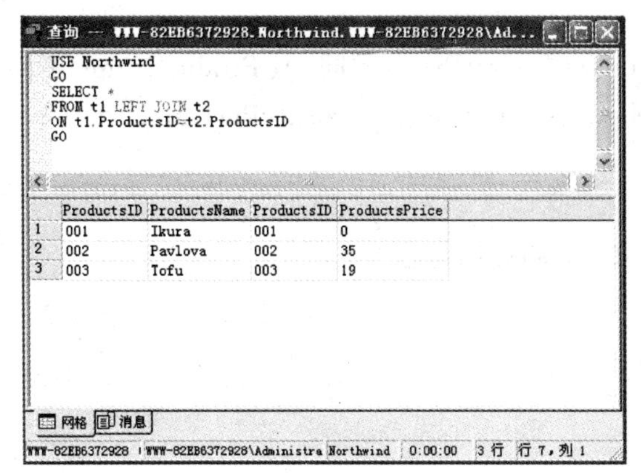

图 4 - 22　左外连接

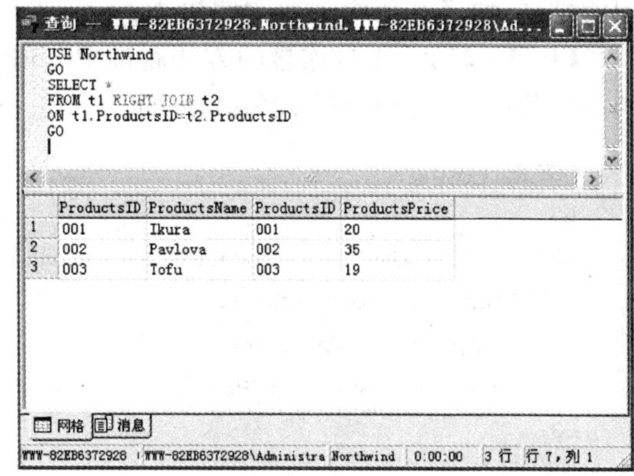

图 4 - 23　右外连接

```
USE Northwind
GO
SELECT *
FROM t1 FULL JOIN t2
ON t1. ProductsID = t2. ProductsID
GO
```

在查询分析器中输入并运行上述代码，其执行结果如图 4 - 24 所示。

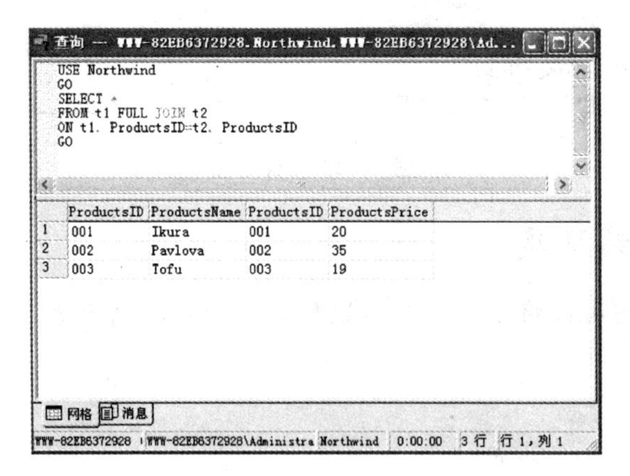

图 4 - 24　全外连接

4.3.4　自连接

自连接就是将一个表与它自身进行连接，可看做一个表的两个副本之间的内连接。若要在一个表中查找具有相同列值的行，则可以使用自连接。使用自连接时，必须为表指定两个不同的别名,使之在逻辑上成为两个表。

【例 4-25】 用自连接的方法查询 Products 表中"UnitPrice"相同,但 ProductName 不同的产品信息。要求只显示 ProductID、ProductName、UnitPrice 和 QuantityPerUnit。

```
USE Northwind
GO
SELECT  a.ProductID,a.ProductName,a.UnitPrice,a.QuantityPerUnit
FROM Products a JOIN Products b
ON a.UnitPrice = b.UnitPrice
WHERE a.ProductName<>b.ProductName
GO
```

在查询分析器中输入并运行上述代码,其执行结果如图 4-25 所示。

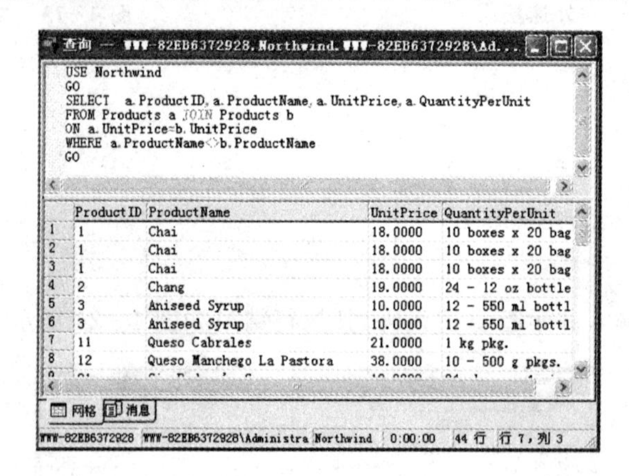

图 4-25 自连接

4.3.5 合并结果集

使用 UNION 语句可以将多个查询结果集合并为一个结果集。UNION 子句的语法格式为:

```
SELECT 语句
   {UNION  SELECT 语句}[,…n]
```

合并结果集的基本规则是:

- UNION 合并的各结果集的列数必须相同,对应的数据类型也必须兼容。
- 默认情况下系统将自动去掉合并后的结果集中重复的行。
- 最后结果集中的列名来自第一个 SELECT 语句。

【例 4-26】 将 Employees 表中 BirthDate 小于 1960 年并且大于 1950 年的雇员记录保存到表 Employees_test1 中，BirthDate 大于 1960 年并且小于 1970 年的雇员记录保存到表 Employees_test2 中，然后将两个表的查询结果合并为一个结果集。

```
USE Northwind
GO
--从 Employees 表中提取 BirthDate 小于 1960 年并且大于 1950 年的雇员记录，形成新表
SELECT EmployeeID,LastName,FirstName,Title,BirthDate,HireDate,Address INTO Employees_test1
FROM Employees
WHERE BirthDate<='1960-01-01' AND BirthDate>='1950-12-31'
GO
--从 Employees 表中提取 BirthDate 大于 1960 年并且小于 1970 年的雇员记录，形成新表
SELECT EmployeeID,LastName,FirstName,Title,BirthDate,HireDate,Address INTO Employees_test2
FROM Employees
WHERE BirthDate<='1970-01-01' AND BirthDate>='1960-12-31'
GO
--使用 UNION 将两个表的查询结果合并为一个结果集
SELECT EmployeeID,LastName,FirstName,Title,BirthDate,HireDate,Address
FROM Employees_test1
UNION
SELECT EmployeeID,LastName,FirstName,Title,BirthDate,HireDate,Address
FROM Employees_test2
GO
```

可以在查询分析器中输入上述代码，并查看执行结果。

UNION 操作常用于归档数据，例如归档月报表为年报表，归档各部门数据等。注意 UNION 还可以与 ORDER BY、GROUP BY 子句一起使用，用来对合并所得的结果集进行分组或排序。

4.4 子查询

4.4.1 相关子查询

在相关子查询中，子查询的执行依赖于外部查询，多数情况下是在子查询的 WHERE 子句中引用了外部查询的表。相关子查询的执行过程与前面所讲的查询完全不同，前面介绍的子查询在整个查询过程中只执行一次，而相关子查询中的子查询需要重复地执行。相关子查询的执行过程是：子查询为外部查询的每一行执行一次，外部查询将子查询引用的外部字段的值传给子查询，进行子查询操作；外部查询根据子查询得到的结果或结果集返回满足条件的结

果行；外部表的每一行都将做相同的处理。

【例 4－27】 查询 Products 表中大于该类产品价格平均值的产品信息。

代码如下：

```
USE Northwind
GO
SELECT ProductName,QuantityPerUnit,UnitPrice, SupplierID,UnitsOnOrder
FROM Products As a
WHERE UnitPrice>
( SELECT AVG(UnitPrice)
FROM Products AS b
WHERE a.SupplierID = b.SupplierID
)
GO
```

与前面介绍过的子查询不同，该语句中的子查询无法独立于外部查询而得到解决。该子查询需要一个“类编号”值，而该值是个变量，随 SQL Server 检查 Books 表中的不同行而改变。下面详细说明该查询的执行过程：

先将 Products 表的第一条记录的“SupplierID”的值“6”代入到子查询中，则子查询变为如下形式：

```
SELECT AVG(UnitPrice)
FROM Products AS b
WHERE SupplierID  = 6
```

子查询的结果为该类图书的平均价格，如本例为 14.9166，所以外部查询变为：

```
SELECT ProductName,QuantityPerUnit,UnitPrice,SupplierID,UnitsOnOrder
FROM Products As a
WHERE UnitPrice>14.9166
```

如果 WHERE 条件为 TRUE，则第一条记录包括在结果集中；否则，不在结果集中。对 Products 表中的所有行运行相同的过程，最后形成一个结果集，如图 4－26 所示。

在子查询中，还可以通过运算符 EXISTS 来判断子查询的结果是否为空表。如果子查询的结果集不为空，EXISTS 返回 TRUE；否则，返回 FALSE。使用 NOT EXIST 时其返回值与 EXISTS 刚好相反。

【例 4－28】 利用 EXISTS 查询所有有过订单记录的信息。

代码如下：

```
USE Northwind
GO
```

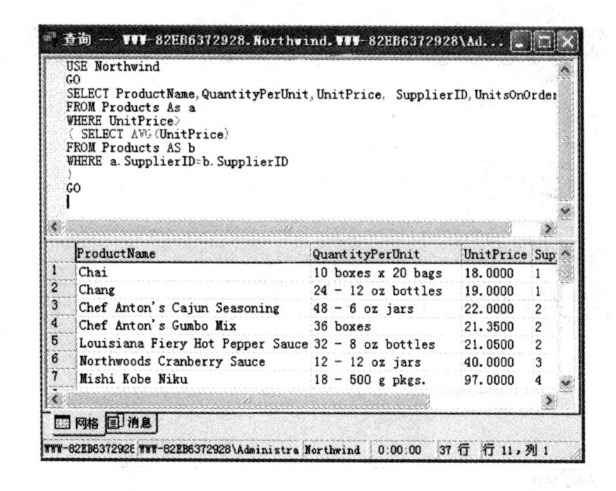

图 4－26　相关子查询

```
SELECT lastname, employeeid
FROM employees AS a
WHERE EXISTS
( SELECT *
FROM orders AS b
WHERE a.employeeID = b.employeeID
And b.orderdate = '9/5/1997'
)
GO
```

GO 在查询分析器中输入并运行上述代码，其执行结果如图 4－27 所示。

另外，使用连接也可以实现例 4—28 中的查询，而且连接还可以同时显示来自多个表中的字段。

代码如下：

```
USE Northwind
GO
SELECT distinct lastname, a.employeeid
FROM orders AS b
inner join employees as a
on a.employeeID = b.employeeID
where b.orderdate = '9/5/1997'
GO
```

在查询分析器中输入并运行上述代码，其执行结果如图 4－28 所示。

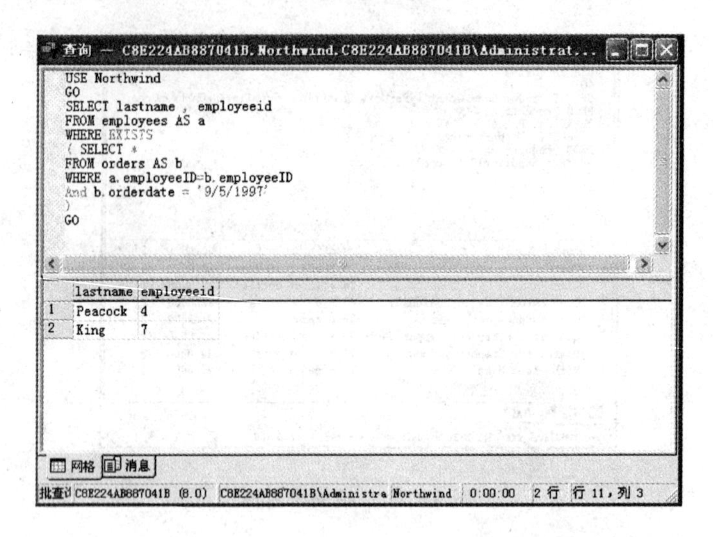

图 4-27 使用 EXISTS 运算符的相关子查询

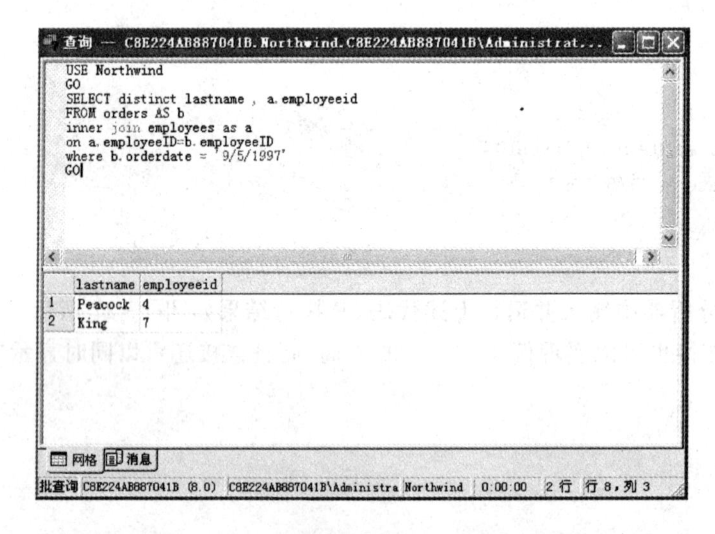

图 4-28 使用连接实现例 4-28 的查询

连接和子查询可能都要涉及两个或多个表，要注意它们之间的区别：

- 连接可以合并两个或多个表中的数据，而带子查询的 SELECT 语句的结果只能来自一个表，子查询的结果只是用来作为选择结果数据时进行参照的。
- 有的查询既可以使用子查询来表达，也可以使用连接表达。通常使用子查询表示时可以将一个复杂的查询分解为一系列的逻辑步骤，条理清晰，而使用连接表示有执行速度快的优点。因此，在实际应用中，读者应根据具体情况来决定使用哪种方法。

4.4.2　嵌套子查询

嵌套子查询的执行不依赖于外部查询。这类子查询的执行过程是：首先执行子查询，子查询得到的结果不被显示出来，而是传递给外部查询，作为外部查询的条件来使用，然后执行外部查询，并显示整个查询结果。

嵌套子查询一般可分为两种：返回单个值的子查询和返回一个值列表的子查询。下面分别举例说明。

1. 返回单个值

该单个值常被外部查询用来进行比较操作。

【例 4-29】　在 Products 表中，查询所有价格高于平均价格的产品的 ProductName、QuantityPerUnit、UnitPrice 和 UnitsInStock。

代码如下：

```
USE Northwind
GO
SELECT ProductName,QuantityPerUnit,UnitPrice,UnitsInStock
FROM Products
WHERE UnitPrice>
( SELECT AVG(UnitPrice)
FROM Products
)
GO
```

本例的执行过程是先执行子查询：

```
SELECT AVG(UnitPrice) FROM Products
```

其结果为 28.8663(并不显示)，再执行外部查询：

```
SELECT ProductName,QuantityPerUnit,UnitPrice,UnitsInStock
FROM Products
WHERE UnitPrice>28.8663
```

这样得到本例的结果如图 4-29 所示。

2. 返回一个值列表

如果子查询返回一个值列表，则该列表常和 IN、NOT IN、ANY、ALL 逻辑运算符一起构成外部查询的查询条件。

(1) IN 和 NOT IN 运算符

IN 和 NOT IN 运算符用来将一个表达式的值与子查询返回的一列值进行比较。使用 IN

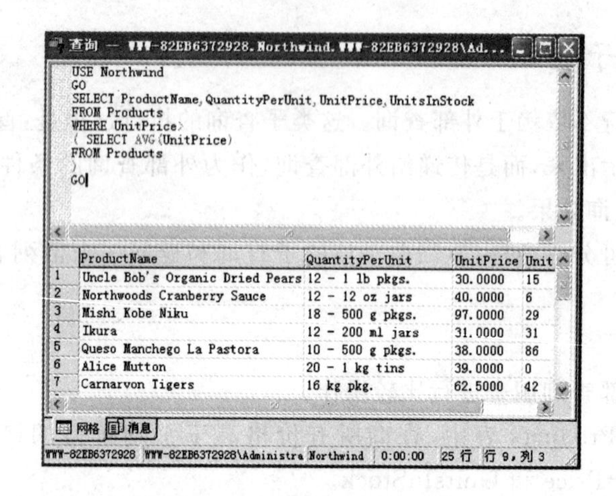

图 4-29 返回单个值的子查询

运算符时，如果该表达式的值与此列中的任何一个相等，则 IN 测试返回 TRUE；如果该表达式的值与此列中的任何一个值都不相等，则返回 FALSE。使用 NOT IN 时结果相反。

【例 4-30】 查询所有借阅图书的读者的信息。

代码如下：

```
USE Northwind
GO
SELECT *
FROM Employees
WHERE employeeid IN
('1','2','3'
)
GO
```

结果如图 4-30 所示。

(2) ANY 和 ALL 运算符

ANY 运算符要求的语法格式为：

```
表达式比较运算符 ANY(子查询)
```

ANY 运算符通过比较运算符将一个表达式的值与子查询返回的一列值中的每一个进行比较。只要有一次比较的结果为 TRUE，则 ANY 测试返回 TRUE；若每一次比较的结果均为 FALSE，则 ANY 测试返回 FALSE。

例如，表达式“>ANY(1,2,3)”与“>1”等价。由于比任何一个数大表达式就成立，所以只要比最小数大即可。

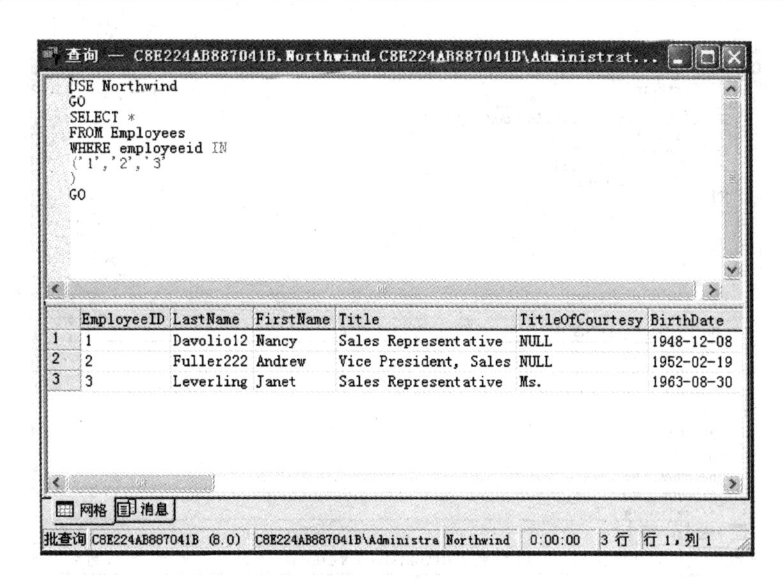

图 4-30　使用 IN 运算符的子查询

再如，表达式“<ANY(1,2,3)”与“<3”等价。由于比任何一个数小表达式就成立，所以只要比最大数小即可。

【例 4-31】 在 Products 表中，查询所有比平均价格高的货物的单价与库存。

代码如下：

```
USE Northwind
GO
SELECT Unitprice, UnitsInStock
FROM Products
WHERE Unitprice > ANY
   (SELECT AVG(Unitprice)
   FROM [Order Details])
GO
```

在查询分析器中输入并运行上述代码，其执行结果如图 4-31 所示。

ALL 运算符要求的语法格式为：

```
表达式比较运算符 ALL(子查询)
```

ALL 运算符通过比较运算符将一个表达式的值与子查询返回的一列值中的每一个进行比较。若每一次比较的结果均为 TRUE，则 ALL 测试返回 TRUE；只要有一次比较的结果为 FALSE，则 ALL 测试返回 FALSE。

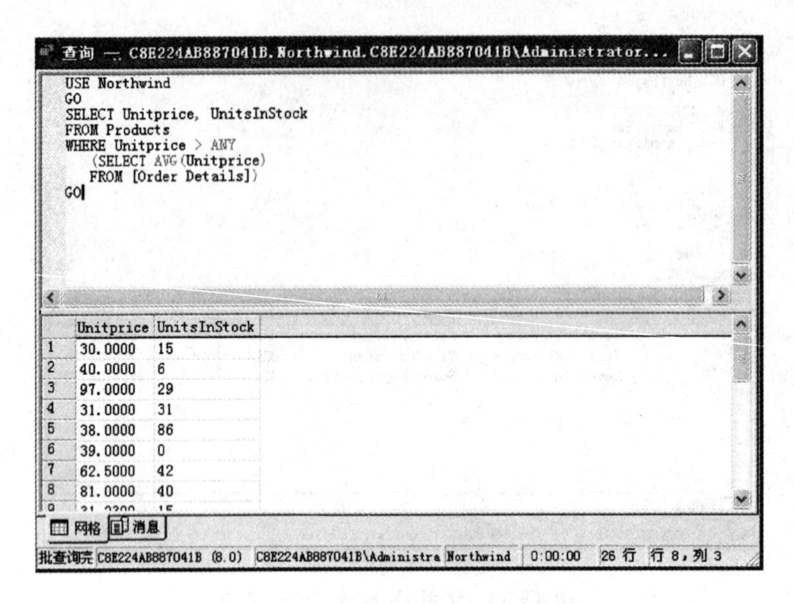

图 4-31 使用 ANY 运算符的子查询

例如，表达式“＞ALL(1,2,3)”与“＞3”等价。由于比所有数都大表达式才成立，所以只要比最大数大即可。

再如，表达式“＜ALL(1,2,3)”与“＜1”等价。由于比所有数都小表达式才成立，所以只要比最小数小即可。

【例 4-32】 在 Products 表中，查询所有不等于平均价格的货物的单价与库存。

代码如下：

```
USE Northwind
GO
SELECT Unitprice, UnitsInStock
FROM Products
WHERE Unitprice <> ALL
   (SELECT AVG(Unitprice)
   FROM [Order Details])
GO
```

在查询分析器中输入并运行上述代码，其执行结果如图 4-32 所示。

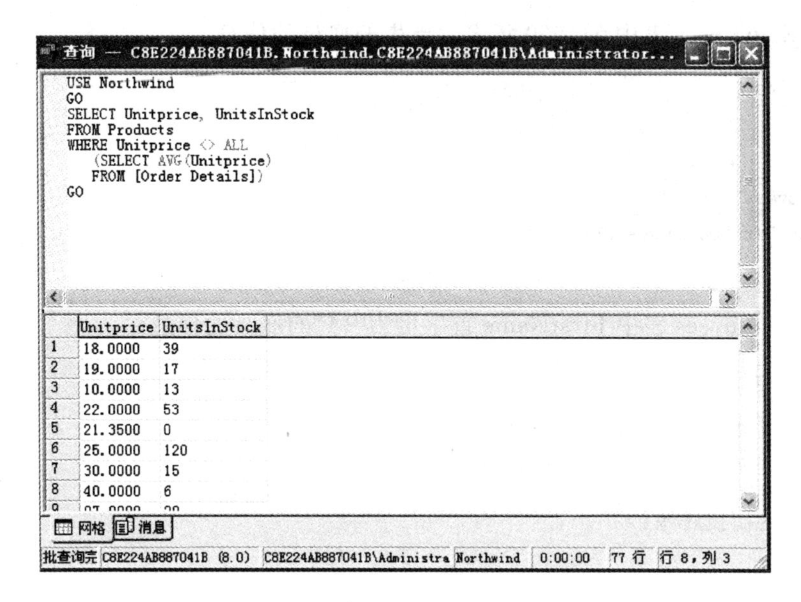

图 4-32　使用 ALL 运算符的子查询

4.5　上机练习

通过上机练习，掌握 SELECT 语句的基本语法、聚合函数的作用和使用方法，掌握 GROUP BY 和 ORDEY BY 子句的使用方法，掌握连接查询和子查询的表示方法。

1. SELECT 语句的基本使用

1）查询 Employees 表中前 10％的雇员的信息。

```
USE Northwind
GO
SELECT TOP 10 PERCENT *
FROM Employees
GO
```

2）查询 Employees 表中所有记录的 LastName 和 City，并指定别名分别为“姓氏”和“城市”。

```
USE Northwind
GO
SELECT   LastName AS 姓氏,City AS 城市
FROM Employees
GO
```

3）查询 Employees 表中在 1960 年之后出生的雇员的信息。

```
USE Northwind
GO
SELECT *
FROM Employees
WHERE year(BirthDate)> = 1960
GO
```

4）查询 Employees 表中 FirstName 首字母为“M”的雇员的信息。

```
USE Northwind
GO
SELECT   *
FROM Employees
WHERE FirstName LIKE 'M%'
GO
```

读者自行完成：从 Employees 表中查询含有字母“c”的雇员信息；从 Employees 表中查询首字母为“A”“S”“J”的雇员信息。

5）查询 Products 表中产品名为“Chai”和“Ikura”的产品的信息。

```
USE Northwind
GO
SELECT   *
FROM Products
WHERE ProductName IN('Chai','Ikura')
GO
```

6）查询 Products 表中价格在 10～20 元之间的产品的信息，并按价格升序排列。

```
USE Northwind
GO
SELECT *
FROM Products
WHERE UnitPrice BETWEEN 10 AND 20
ORDER BY UnitPrice
GO
```

2. 数据统计

1）统计 Products 表中产品的数量与平均价格。

```
USE Northwind
```

```
GO
SELECT COUNT( * ), AVG(unitprice)
FROM Products
GO
```

2) 统计 Products 表中产品数量在 10 件以下的各类产品的数量,并按数量升序排列。

```
USE Northwind
GO
SELECT categoryid as 类编号,COUNT( * ) AS 数量
FROM products
GROUP BY categoryid
HAVING COUNT( * )<10
ORDER BY 数量
GO
```

3) 从 Products 表中查询数据,列出每样产品的价格以及每类产品的平均价格、最低价、最高价。

```
USE Northwind
GO
SELECT productname,categoryid,unitprice
FROM Products
ORDER BY categoryid
COMPUTE AVG(unitprice),MAX(unitprice),MIN(unitprice) BY (categoryid)
GO
```

3. 连接查询的使用

1) 在[Order Details]、Orders、Products、Customers 四个表中,查询客户的姓名、订购日期、发货日期,产品名称。

```
USE Northwind
GO
SELECT c.contactname,o.orderdate,o.requireddate,p.productname
FROM Customers AS c JOIN Orders as o
ON c.customerid = o.customerid
JOIN [Order Details]AS od
ON o.orderid = od.orderid
JOIN Products as p
ON od.productid = p.productid
GO
```

也可用下面的代码实现：

```
USE Northwind
GO
SELECT c.contactname,o.orderdate,o.requireddate,p.productname
FROM Customers as c,Orders as o, [Order Details]AS od,products as p
WHERE c.customerid = o.customerid and o.orderid = od.orderid and od.productid = p.productid
GO
```

2）用自连接的方法显示 Employees 表中姓名相同的不同雇员的信息。

```
USE Northwind
GO
SELECT a.*
FROM Employees AS a JOIN Employees AS b
ON a.lastname = b.lastname
WHERE a.employeeid<>b.employeeid
ORDER BY a.employeeid
GO
```

为了更好地验证结果，读者可先在 Employees 表中插入一条和表中现有姓名相同的记录，然后再做练习。

4. 子查询的使用

1）查询“Beverages”类的商品信息。

```
USE Northwind
GO
SELECT *
FROM Products
WHERE categoryid =
( SELECT categoryid
FROM categories
WHERE categoryname = 'Beverages'
)
GO
```

2）查询姓名为“Maria Anders”的客户所订购的商品信息。

```
USE Northwind
GO
SELECT *
FROM Products
```

```
WHERE productid in
(
SELECT productid
FROM Orders
WHERE customerid =
(
SELECT customerid
FROM Customers
WHERE contactname = 'Maria Anders'
)
)
GO
```

3）查询现订购“chang”这个产品的客户信息。

```
USE Northwind
GO
SELECT *
FROM Customers
WHERE customerid =
(
SELECT top 1 customerid
FROM Orders as o
join [Order Details] od
on o.orderid = od.orderid
WHERE Productid =
(    SELECT productid
FROM products
WHERE productname = 'Chang'
)
)
GO
```

4）查询从来没有销售领域信息的所有雇员。

```
USE Northwind
GO
SELECT *
FROM employees AS e
WHERE NOT EXISTS
(    SELECT *
```

```
FROM Orders AS o
WHERE e.employeeid = o.employeeid
)
AND EXISTS
(
    select * from employeeTerritories
)
GO
```

该例是一个相关子查询。读者可以使用 NOT IN 把它改写为非相关的子查询。同样,读者也可以查询从来没有被借出过的图书的信息。

5. 单表查询

(1) 简单查询

从 Northwind 数据库的 Employees 表中分别检索出雇员的所有信息,以及仅查询雇员号、姓和名。

```
SELECT * FROM Employees
SELECT employeeID,Lastname, Firstname FROM Employees
```

如要查询时改变列标题的显示,则从 Employees 表中分别检索出雇员号、姓、名并分别加上 '雇员号'、'姓'、'名' 等标题信息。

(2) 使用 TOP 关键字

分别从 Employees 中检索出前两条及前面 50%的雇员的信息。

```
SELECT top 2 * FROM Employees
SELECT top 50 percent * FROM Employees
```

(3) 使用 DISTINCT 关键字

从 Suppliers 表中检索出 country 并且要求显示不重复。

```
USE Northwind
SELECT DISTINCT country
FROM Suppliers
ORDER BY country
GO
```

(4) 使用 ORDER BY 子句对查询的结果进行排序

使用 ORDER BY 语句可以对查询的结果进行排序,ASC、DESC 分别是升序和降序排列的关键字,系统默认的是升序排列。从 Products 表中查询 productid、productname、categoryid、unitprice productid,并按 categoryid 的升序和 unitprice 降序排列。

```
USE Northwind
SELECT productid, productname, categoryid, unitprice
FROM Products
ORDER BY categoryid, unitprice DESC
GO
```

(5) 条件查询

1) 使用关系运算符从 Employees 表中查询出来自美国的雇员姓和所在城市。

```
USE Northwind
SELECT lastname, city FROM employees WHERE country = 'USA'
GO
```

2) 使用 BETWEEN AND 谓词从 Products 表中查询出产品价格于 10～20 元之间的产品名称和单价。

```
USE Northwind
SELECT productname, unitprice FROM Products
WHERE unitprice BETWEEN 10 AND 20
GO
```

3) 使用 IN 谓词从 Suppliers 表中查询出来自 Japan 和 Italy 的公司名称和所在国家。

```
USE Northwind
SELECT companyname, country FROM Suppliers
WHERE country IN ('Japan', 'Italy')
GO
```

4) 使用 LIKE 谓词从 Products 表中分别检索出产品名称以 T 开头或产品号为 46，并且单价大于 16 元的产品信息 productid、productname、supplierid 和 unitprice。

```
USE Northwind
SELECT productid, productname, supplierid, unitprice FROM  Products
WHERE (productname LIKE 'T%' OR productid = 46) AND  (unitprice > 16.00)
GO
```

6. 多表查询

数据库各表中存放着不同的数据，用户经常需要用多个表中的数据来组合提炼出所需要的信息，如果一个查询需要对多个表进行操作，就称为关联查询，关联查询的结果集或结果表称为表之间的连接。关联查询实际上是通过各表之间共同列的关联来查询数据的，它是关系数据库查询最基本的特征。

按照表 4-4～表 4-6 所示，分别在数据库 test 中构造 Student、Course 和 Student_course

三张表,并写入记录。

表 4-4 Student 表

列名称	类　型	宽度	允许为空	默认值	主　键
学号	Char	8	否		是
学生姓名	Nvarchar	8	否		
性别	Bit		否		
出生年月	Smalldatetime		否		
班级号	Char	6	否		
入学时间	Smalldatetime		否		
家庭住址	Nvarchar	40	是		

表 4-5 Course 表

列名称	类　型	宽度	允许为空	默认值	主　键
课程号	char	10	否		是
课程名称	Nvarchar	20	否		
书标识	Char	13	否		
课程总学时	Tinyint		是		
周学时	Tinyint		是		
课程学分	Tinyint		是		

表 4-6 Student_course 表

列名称	类　型	宽度	允许为空	默认值	主　键
Sno	Char	10	否		是
Cno	Char	8	否		是
Grade	Tinyint		否		

(1) 用于 FROM 子句的 ANSI 连接语法和用于 WHERE 子句的 SQL SERVER 连接语法形式

从 Student、Course 和 Student_course 三张表中检索学生的学号、姓名、学习课程号、学习课程名及课程成绩,语句如下:

```
SELECT Student. 学号,Student_course. 学生姓名,Student_course. 课程号,Course. 课程名,Student_
course. 成绩 FROM Student, Student_course,Course
WHERE Student. 学号 = Student_course. 学号
```

```
and Course. 课程号 = Student_course. 课程号
```

(2) 使用 UNION 子句进行查询

使用 UNION 子句可以将一个或者多个表的某些数据类型相同的列显示在同一列上。如从 Teacher 表中列出教工号、姓名并从 Student 表中列出学号及学生姓名，语句及查询结果如下：

```
SELECT 学号 AS 代码,学生姓名 AS 姓名 FROM Student
union
SELECT 教工号,姓名 FROM Teacher
```

(3) 用 GROUP 子句进行查询

如果要在数据检索时对表中数据按照一定条件进行分组汇总或求平均值，就要在 SELECT 语句中与 GROUP BY 子句一起使用集合函数。使用 GROUP BY 子句进行数据检索可得到数据分类的汇总统计、平均值或其他统计信息。

1) 使用不带 HAVING 的 GROUP BY 子句。使用不带 HAVING 的 GROUP BY 子句汇总出 Student_course 表中的学生的学号及总成绩。

语句如下：

```
SELECT '学号' = Student. 学号,'总成绩' = SUM(成绩) FROM Student_course
GROUP BY 学号
```

2) 使用带 HAVING 的 GROUP BY 子句。使用带 HAVING 的 GROUP BY 子句汇总出 Student_course 表中总分大于 450 分的学生的学号及总成绩。

语句如下：

```
SELECT '学号' = 学号,'总成绩' = SUM(成绩)FROM Student_course
GROUP BY 学号 HAVING  SUM(成绩)>450
```

(4) 用 COMPUTE 和 COMPUTE BY 子句进行查询

用 COMPUTE 和 COMPUTE BY 子句进行查询既能浏览数据又能看到统计的结果。

1) 用 COMPUTE 子句汇总出 Student_course 表中每个学生的学号及总成绩。

语句如下：

```
SELECT '学号' = 学号,'成绩' = 成绩 FROM Student_course
ORDER BY 学号 COMPUTE SUM(成绩)
```

2) 用 COMPUTE BY 子句按学号汇总出 Student_course 表中每个学生的学号及总成绩。

语句如下：

```
SELECT '学号' = 学号,'成绩' = 成绩 FROM Student_course
ORDER BY 学号
```

```
COMPUTE SUM(成绩)BY 学号
```

观察执行 COMPUTE 和 COMPUTE BY 子句的结果有什么不同?

(5) 嵌套查询

1) 使用 IN 关键字查询出 j10011 班所有男生的学号、课程号及相应的成绩。

语句如下:

```
SELECT Student_course.学号, Student_course.课程号,Student_course.成绩
FROM Student_course
WHERE 学号 IN
  (SELECT 学号 FROM student
    WHERE 班级 = 'j10011'AND 性别 = 1)
```

2) 使用 EXISTS 或 NOT EXISTS 关键字。使用 EXISTS 关键字查询出 'j10011' 班的学生的学号、课程号及相应的成绩。

语句如下:

```
SELECT Student_course.学号,Student_course.课程号,Student_course.成绩
FROM Student_course
WHERE EXIST
(SELECT * FROM Student
  WHERE Student_course.学号 = Student.学号 AND Student.班级 = 'j10011')
```

4.6 习 题

1. 从 Pubs 数据库中的 authors、titleauthor、titles 表中选择出当年图书销量大于 10000 册的图书作者名称和图书名称。

2. 统计各类图书的平均价格。

3. 列出 business 类的图书名称和价格,结果按价格降序、书名升序排列。

4. 列出所有作者为 Oakland 籍的图书。

5. 查询所在州没有出版社的那些作者及其所在州名。

6. 根据下列数据库中表的结构,回答问题。

学生表:

(学号 char(8) primary key,

姓名 char(8),

班级 char(10),

性别 char(2),

出生日期 datetime,

出生城市 char(10),
入学成绩 tinyint)
课程表:
(课程号 char(6) primary key,
课程名 char(20))
学生选课信息表:
(学期 char(2),
学号 char(8) references 学生(学号),
课程号 char(6) references 课程(课程号),
成绩 tinyint check(成绩>=0 and 成绩<=100)

(1) 查询缺少成绩的学生的学号和相应的课程号。

(2) 查询 03 物流 1 班全体学生的学号与姓名,且按照入学成绩的降序排列。

(3) 统计班级的平均入学总分在 350 以上的班级和这些班级的平均入学总分。

(4) 查询选修了'实用英语'课程的学生的学号,以及实用英语的成绩。

(5) 查询第一学期所选课程平均成绩前三名的那些学生的学号。

第5章　数据完整性

本章要点

本章介绍数据完整性的概念和类型，详细讲述 Microsoft SQL Server 2008 系统的数据完整性方法，主要包括主键约束、外键约束、非空约束、唯一约束、默认值约束、检查约束以及规则和默认对象，并通过定义表的各种约束实现数据完整性，管理规则对象和默认对象

学习目标

☑ 理解并掌握用 T－SQL 语句定义和删除表的各种约束

☑ 掌握用企业管理器定义和删除表的各种约束

☑ 掌握管理规则和默认对象的创建、绑定和删除方法

5.1　数据完整性基本概念

在 Microsoft SQL Server 2008 系统中，数据完整性分为以下几种类型，如图 5－1 所示。

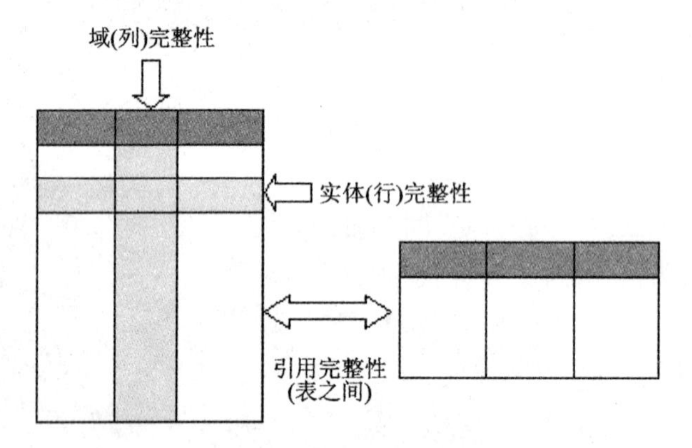

图 5－1　数据完整性的类型

(1) 域完整性

域完整性又称为列完整性，用以指定列的数据输入是否具有正确的数据类型、格式以及有效的数据范围。例如，在 Sex 列中，限制其取值范围为“male”和“female”，这样就不能在该列输入其他一些无效的值。域完整性可以通过建立默认值约束、外键约束、检查约束、非空约束以及规则等措施来实现。

(2) 实体完整性

实体完整性又称为行完整性。这里的实体是指表中的记录，一个实体就是表的一条记录。实体完整性要求在表中不能存在完全相同的记录，而且每条记录都要具有一个非空且不重复的主键值。例如，在 Employees 表中，将“读者编号”列设置为主键，则该列的取值不能重复，从而区分表中记录。实体完整性可以通过建立主键约束、唯一约束、标识列、唯一索引等措施来实现。

(3) 参照完整性

参照完整性又称为引用完整性。参照完整性保证主表（被参照表）中的数据与从表（参照表）中数据的一致性。在 SQL Server 2008 中，参照完整性的实现是通过定义外键与主键之间或外键与唯一键之间的对应关系实现的。例如，Employees 表中的“种类编号”列的值必须是在 Categories 表中“种类编号”列中存在的值，以保证读者所属的类别是一个存在的类别。因此，可以将 Categories 表作为主表，“种类编号”列定义为主键；Employees 表作为从表，表中的“种类编号”列定义为外键，从而建立主表和从表之间的联系，实现参照完整性，如图 5－2 所示。

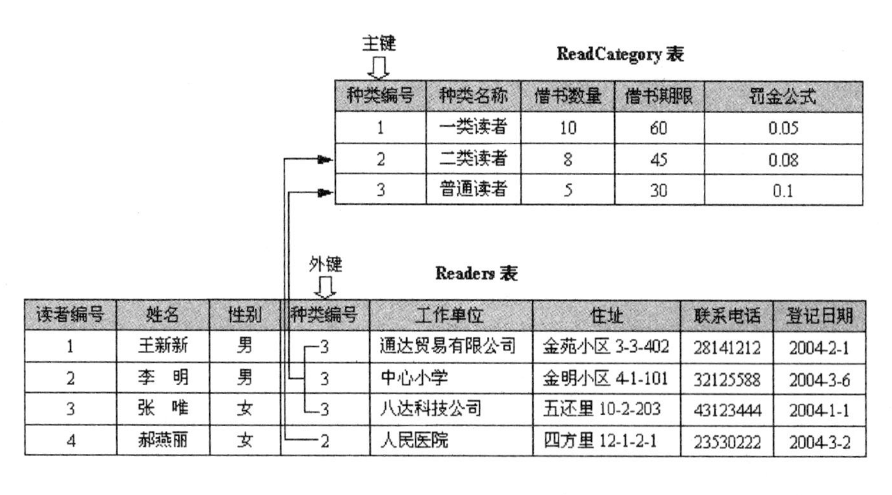

种类编号	种类名称	借书数量	借书期限	罚金公式
1	一类读者	10	60	0.05
2	二类读者	8	45	0.08
3	普通读者	5	30	0.1

读者编号	姓名	性别	种类编号	工作单位	住址	联系电话	登记日期
1	王新新	男	3	通达贸易有限公司	金苑小区 3-3-402	28141212	2004-2-1
2	李　明	男	3	中心小学	金明小区 4-1-101	32125588	2004-3-6
3	张　唯	女	3	八达科技公司	五还里 10-2-203	43123444	2004-1-1
4	郝燕丽	女	2	人民医院	四方里 12-1-2-1	23530222	2004-3-2

图 5－2　参照完整性示意图

如果定义了两个表之间的参照完整性，则要求：

1) 从表不能引用不存在的键值。例如，对于 Employees 表中行记录出现的种类编号必须是 Categories 表中已存在的种类编号。

2) 如果主表中的键值更改了，那么在整个数据库中，对从表中该键值的所有引用要进行一致的更改。例如，如果修改了 Categories 表中的某一种类编号，则 Reads 表中所有对应种类编号也要进行相应的修改。

3) 如果要删除主表中的某一记录，应先删除从表中与该记录匹配的相关记录。

5.2 使用约束

约束是保证数据完整性的有效方法。每一种数据完整性类型,如域完整性、实体完整性和参照完整性,都由不同的约束类型来保障。约束可以作为数据库定义部分在 CREATE TABLE 语句中的声明,也可以通过 ALTER TABLE 语句在已有的表中添加或者删除。当表被删除时,表中所有的约束定义也随之被删除。

约束包括以下几种类型。

5.2.1 主键约束

表中常有一列或多列的组合,其值能唯一标识表中的每一行,这样的一列或多列的组合称为表的主键(PRIMARY KEY),通过主键可以强制表的实体完整性。定义了主键约束的列具有以下特点:

- 每个表只能定义一个主键。
- 主键值不可为空(NULL)。
- 主键值不可重复。若主键是由多列组成时,某一列上的值可以重复,但多列的组合值必须是唯一的。

1. 使用企业管理器定义和删除主键约束

(1) 使用企业管理器定义主键约束

【例 5-1】 对 Suppliers 表按"SupplierID"列定义主键约束。

操作步骤如下:

1) 选择 Suppliers 表图标,右击,选择"设计表"选项,打开如图 5-3 所示的表设计器窗口。

2) 选中与"SupplierID"对应的行,单击工具栏中的"设置主键"铵钮,这样在"SupplierID"对应的行前面,将出现一钥匙图标。

3) 单击工具栏上的"保存"按钮,然后关闭表设计器。

如果主键由多列组成,可以先选中这些列,然后再单击工具栏中的"设置主键"铵钮。

(2) 使用企业管理器删除主键约束

打开如图 5-3 所示的表设计器,选中已设为主键的行,再次单击工具栏中的"设置主键"按钮,即删除原来定义的主键。

2. 使用 T-SQL 语句定义主键约束

主键约束的定义格式为:

```
[CONSTRAINT constraint_name]
```

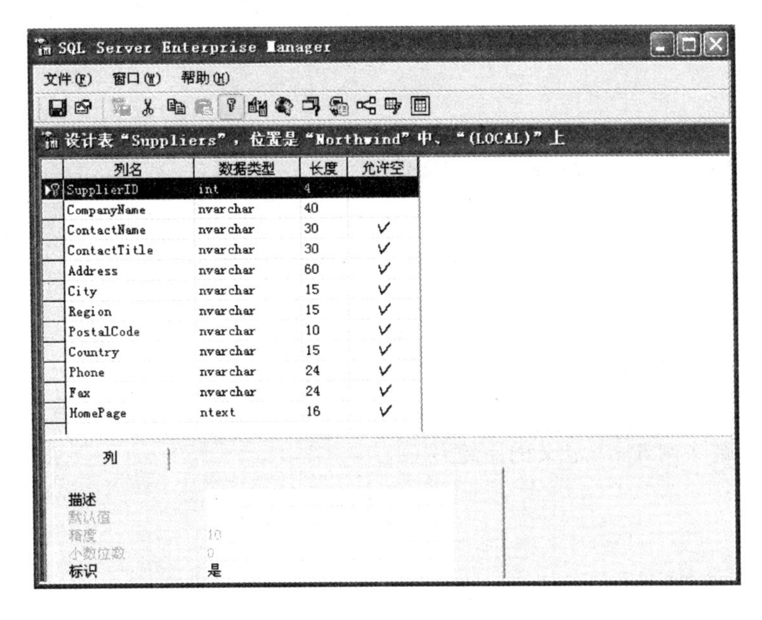

图 5-3　在表设计器窗口中设置主键

```
PRIMARY KEY [CLUSTERED|NONCLUSTERED](column[,…n])
```

参数含义：

constraint_name：主键约束名称。

CLUSTERED：表示在该列上建立聚集索引。

NONCLUSTERED：表示在该列上建立非聚集索引。

(1) 在创建表的同时定义主键约束

【例 5-2】 在创建名为 Categories 表的同时，定义列“CategoryID”为主键约束。

```
USE Northwind
GO
CREATE TABLE Categories
(
    CategoryID   int NOT NULL CONSTRAINT pk_zlbh PRIMARY KEY,
    CategoryName  nvarchar(15) NOT NULL,
    Description  ntext(15),
    Picture  Picture(16),
)
GO
```

(2) 在修改表时定义主键约束

【例 5-3】 若已创建了表 Products，添加一个按“ProductID”建立的主键约束。

```
USE Northwind
GO
ALTER TABLE Products
ADD
CONSTRAINT pk_Products PRIMARY KEY (读者编号)
GO
```

3. 使用 T-SQL 语句删除主键约束

语法格式为：

```
ALTER TABLE table_name
DROP CONSTRAINT constraint_name[,…n]
```

【例 5-4】 删除例 5-3 定义的主键约束。

```
USE Northwind
GO
ALTER TABLE Products
DROP CONSTRAINT pk_Products
GO
```

可以使用系统存储过程 sp_helpconstraint 来查看指定表上的约束：

```
EXEC sp_helpconstraint Products
```

5.2.2 唯一约束

如果要确保一个表中的非主键列不输入重复值，应在该列上定义唯一约束(UNIQUE 约束)。使用唯一约束和主键约束均不允许表中对应字段存在重复值，二者都可以实现实体完整性，但它们之间存在以下区别：

- 一个表只能定义一个主键约束，但可根据需要对不同的列定义若干唯一约束。
- 主键约束字段的值不允许为 NULL，而唯一约束字段的值可为 NULL。
- 一般定义主键约束时，系统会自动建立索引，索引的默认类型为聚族索引；定义唯一约束时，系统会自动建立一个非聚族索引。

1. 使用企业管理器定义与删除唯一约束

(1) 使用企业管理器定义唯一约束

【例 5-5】 对 Categories 表中“CategoryName”列定义唯一约束，以保证该列取值的唯一性。

操作步骤如下：

1) 选择 Categories 表图标，右击，选择“设计表”选项，打开 Categories 表设计器，在表设计器空白处右击，弹出快捷菜单，如图 5 - 4 所示。

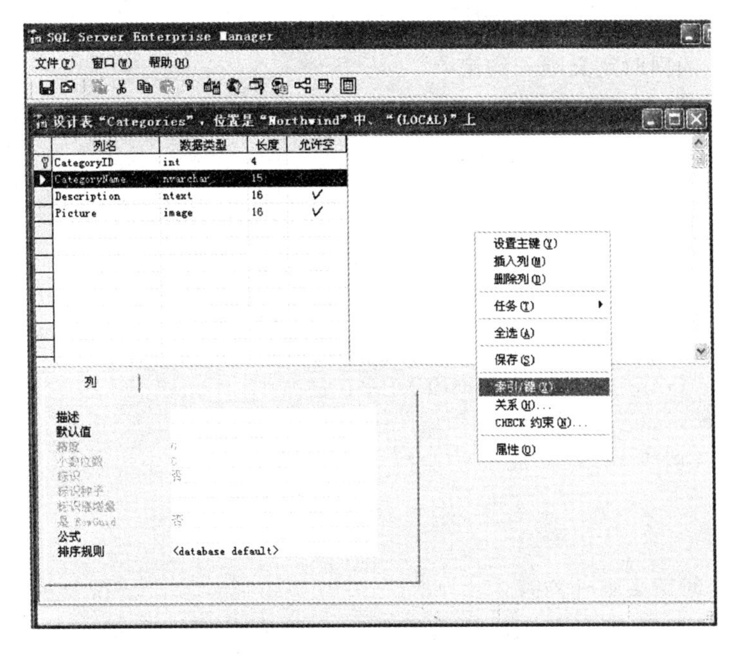

图 5 - 4　表设计器的快捷菜单

2）在快捷菜单中，选择"索引/键"选项，也可单击工具栏中的"管理索引/键"按钮，直接进入"索引/键"选项卡界面，在该选项卡中，单击"新建"按钮，输入新建索引的名字或使用系统默认名，在"列名"下拉表中选择"种类名称"，并设置索引顺序，将"创建 UNIQUE"复选框选中，如图5 - 5 所示。

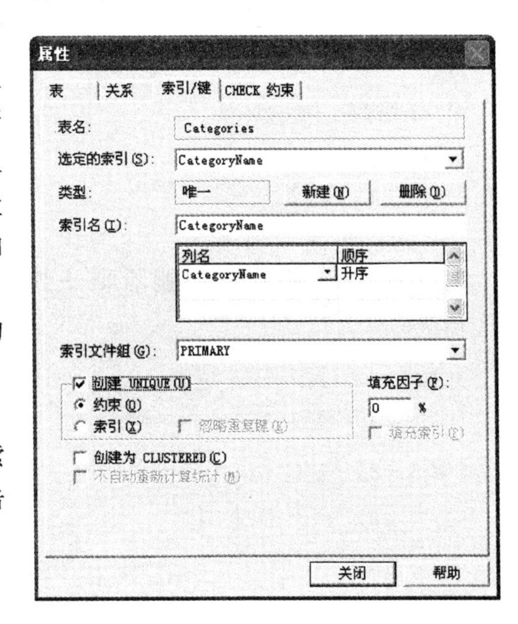

图 5 - 5　定义唯一约束

3）单击"关闭"按钮，即完成唯一约束的定义。

(2) 使用企业管理器删除唯一约束

进入如图 5 - 5 所示的界面，在"选定的索引"下拉列表中选择要删除的唯一约束，再单击"删除"按钮，即删除了指定的唯一约束。

2. 使用 T - SQL 语句定义唯一约束

唯一约束的定义格式为：

```
[CONSTRAINT constraint_name]
UNIQUE [CLUSTERED|NONCLUSTERED](column[,…n])
```

(1) 在创建表的同时定义唯一约束

【例 5-6】 在创建名为 Categories 表的同时定义列"CategoryName"为唯一约束。

```
USE Northwind
GO
CREATE TABLE Categories
(
    CategoryID   int NOT NULL,
    CategoryName   varchar(15) NOT NULL
        CONSTRAINT uk_CategoryName UNIQUE,
    Description ntext(16),
    Picture image(16),
)
GO
```

(2) 在修改表时定义唯一约束

【例 5-7】 设已创建表 Categories,添加唯一约束,使列"CategoryName"的取值是唯一的。

```
USE Northwind
GO
ALTER TABLE   Categories
ADD
CONSTRAINT uk_CategoryName UNIQUE
GO
```

3. 使用 T-SQL 语句删除唯一约束

语法格式为:

```
ALTER TABLE table_name
DROP CONSTRAINT constraint_name[,…n]
```

【例 5-8】 删除例 5-7 定义的唯一约束。

```
USE Northwind
GO
ALTER TABLE   Categories
DROP CONSTRAINT uk_CategoryName
GO
```

5.2.3 检查约束

检查(CHECK)约束用于限制输入到一列或多列的值的范围,从逻辑表达式判断数据的有效性,也就是一个字段的输入内容必须满足CHECK约束的条件;否则,数据无法正常输入,从而保证数据的域完整性。

注意

对于timestamp和identity两种类型字段不能定义检查约束。

1. 使用企业管理器定义与删除检查约束

(1) 使用企业管理器定义检查约束

【例5-9】 在表Employees中定义一个Sex只能为“male”或“female”的检查约束。

操作步骤如下:

1) 选择Employees表图标,右击,选择“设计表”选项,打开Employees表设计器,在表设计器空白处右击,弹出快捷菜单,如图5-4所示。

2) 在快捷菜单中,选择“CHECK约束”选项,出现“CHECK约束”选项卡界面,如图5-6所示。单击“新建”按钮,输入约束表达式“Sex='male'or Sex='female'”。

3) 单击“关闭”按钮,即完成了检查约束的定义。

定义好检查约束后,在输入数据时,若输入Sex不是“male”或“female”,系统将报告错误。

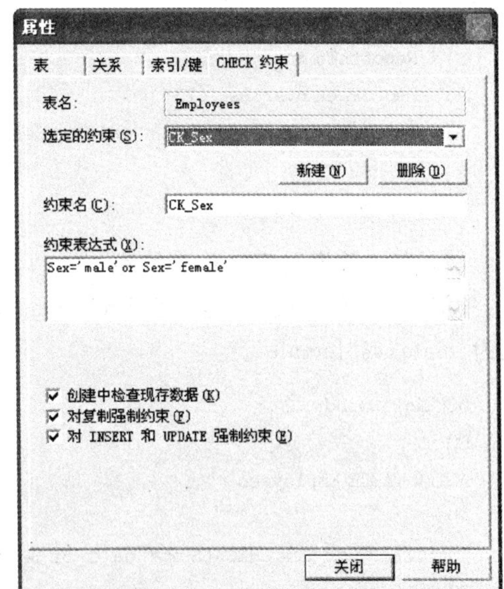

图5-6 定义检查约束

(2) 使用企业管理器删除检查约束

进入如图5-6所示的界面,在“选定的约束”下拉列表中选择要删除的检查约束,单击“删除”按钮,即删除了指定的检查约束。

2. 使用T-SQL语句定义检查约束

检查约束的定义格式为:

```
[CONSTRAINT constraint_name]
CHECK (logical_expression)
```

参数含义:

constraint_name:检查约束名称。

logical_expression:检查约束表达式。

(1) 在创建表的同时定义检查约束

【例5-10】 在创建名为Employees表的同时定义检查约束,要求“Sex”列的输入只能为“male”或“female”。

```
USE Northwind
GO
CREATE TABLE Employees (
    EmployeeID int NOT NULL,
    LastName nvarchar (20) NOT NULL,
    FirstName nvarchar (10) NOT NULL,
    Title nvarchar (30),
    TitleOfCourtesy nvarchar (25),
    BirthDate datetime,
    HireDate datetime NULL,
    Address nvarchar (60),
    City nvarchar (15),
    Region nvarchar (15),
    PostalCode nvarchar (10),
    Country nvarchar (15),
    HomePhone nvarchar (24),
    Extension nvarchar (4),
    Photo image NULL,
    Notes ntext,
    ReportsTo int,
    PhotoPath nvarchar (255),
    Sex char (10) CHECK(Sex = 'male'or Sex = 'female')
)
GO
```

(2) 在修改表时定义检查约束

【例 5-11】 设已创建了表 Employees,增加一个 Sex 的检查约束,要求“Sex”列的输入只能为“male”或“female”。

```
USE Northwind
GO
ALTER TABLE Employees
ADD
CONSTRAINT ck_Sex CHECK(Sex = 'male' or Sex = 'female')
GO
```

3. 使用 T-SQL 语句删除检查约束

语法格式为:

```
ALTER TABLE table_name
DROP CONSTRAINT constraint_name[,…n]
```

【例 5－12】 删除例 5—11 定义的检查约束。

```
USE Northwind
GO
ALTER TABLE  Employees
DROP CONSTRAINT ck_Sex
GO
```

5.2.4 默认值约束

若将表中某列定义了默认值(DEFAULT)约束，如果用户在输入数据时，没有为该列指定数据，那么系统将默认值赋给该列。默认值约束保证了域完整性。

1. 使用企业管理器定义与删除默认值约束

(1) 使用企业管理器定义默认值约束

【例 5－13】 定义表 Orders 的默认值约束，要求“OrderDate”这列的默认值为系统当前日期。

操作步骤如下：

选择 Orders 表图标，右击，选择“设计表”选项，打开 Orders 表设计器窗口，如图 5－7 所示。选择“OrderDate”列，在“默认值”文本框中输入“getdate()”，然后单击工具栏中的“保存”按钮即可。

(2) 使用企业管理器删除默认值约束

在如图 5－7 所示的表设计器中，将原来输入的默认值删除，然后单击工具栏中的“保存”按钮，即删除了原来定义的默认值约束。

2. 使用 T－SQL 语句定义默认值约束

默认值约束的定义格式为：

```
[CONSTRAINT constraint_name]
DEFAULT constraint_expression [FOR column_name]
```

参数含义：

constraint_name：默认值约束名称。

constraint_expression：默认值约束表达式。

(1) 在创建表的同时定义默认值约束

【例 5－14】 在创建名为 Orders 表的同时定义默认值约束，使列“OrderDate”的默认值为系统日期。

```
USE Northwind
GO
```

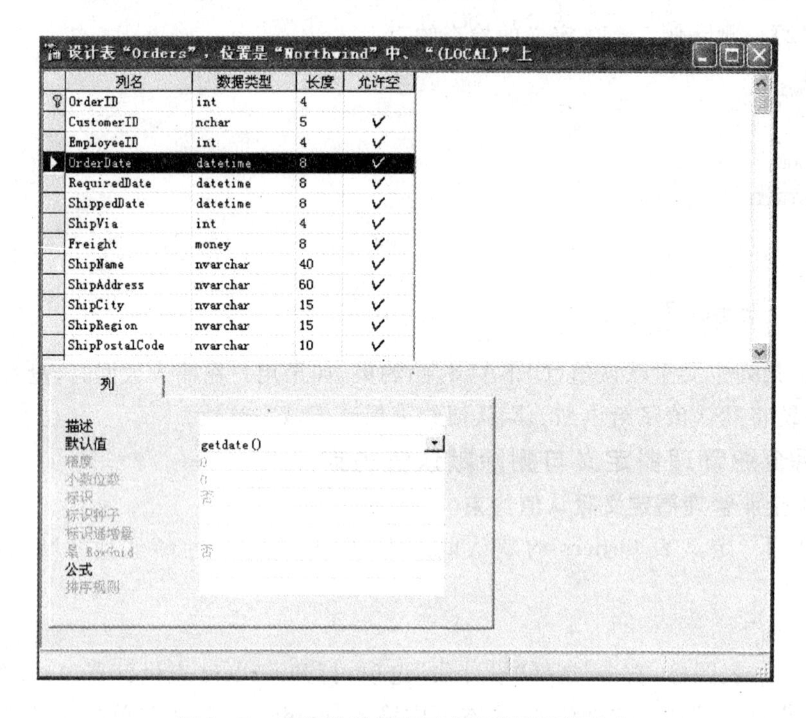

图 5-7 在表设计器窗口中定义默认值约束

```
CREATE TABLE Orders (
    OrderID int NOT NULL,
    CustomerID nchar(5),
    EmployeeID int,
    OrderDate datetime NOT NULL DEFAULT getdate(),
    RequiredDate datetime,
    ShippedDate datetime,
    ShipVia int NULL,
    Freight money NULL,
    ShipName nvarchar(40),
    ShipAddress nvarchar(60),
    ShipCity nvarchar (15),
    ShipRegion nvarchar (15),
    ShipPostalCode nvarchar (10),
    ShipCountry nvarchar (15)
)
GO
```

(2) 在修改表时定义默认值约束

【例 5-15】 设已创建表 Orders，添加默认值约束，使列"OrderDate"的默认值为系统日期。

```
USE Northwind
GO
ALTER TABLE Orders
ADD
CONSTRAINT df_djrq DEFAULT getdate() FOR OrderDate
GO
```

3. 使用 T-SQL 语句删除默认值约束

语法格式为：

```
ALTER TABLE table_name
DROP CONSTRAINT constraint_name[,…n]
```

【例 5-16】 删除例 5-15 定义的默认值约束。

```
USE Northwind
GO
ALTER TABLE Orders
DROP CONSTRAINT df_djrq
GO
```

5.2.5　外键约束

一个数据库中可能包含多个表，可以通过外键(FOREIGN KEY)使这些表之间关联起来。外键是由表中的一列或多列组成的。如在 A 表中有一个字段的取值只能是 B 表中某字段的取值之一，则在 A 表该字段上创建外键约束，A 表称为从表，B 表称为主表。定义外键约束的列具有以下特点：

- 外键的取值可以为空(NULL)。
- 外键的取值可以重复，但必须是它所引用列(在主表中)的取值之一。引用列必须是定义了主键约束或唯一约束的列。

1. 使用企业管理器定义与删除外键约束

(1) 使用企业管理器定义外键约束

【例 5-16】 建立表 Products 与 Categories 之间的参照完整性。

操作步骤如下：

1) 选择 Categories 表图标，右击，选择“设计表”选项，打开 Categories 表设计器，在表设计器空白处右击，弹出快捷菜单，如图 5-8 所示。

2) 在快捷菜单中，选择“关系”选项，出现“关系”选项卡界面，如图 5-9 所示。也可单击工具栏中的“表和索引属性”按钮，在打开的“属性”对话框中，选中“关系”选项卡。

3）在图 5－9 中，单击“新建”按钮，在主键表下拉列表框中选择主表 Categories，并在其下的列表框中选择主键列“CategoryID”；在外键表下拉列表框中选择从表 Products，并在其下的列表框中选择外键列“CategoryID”。

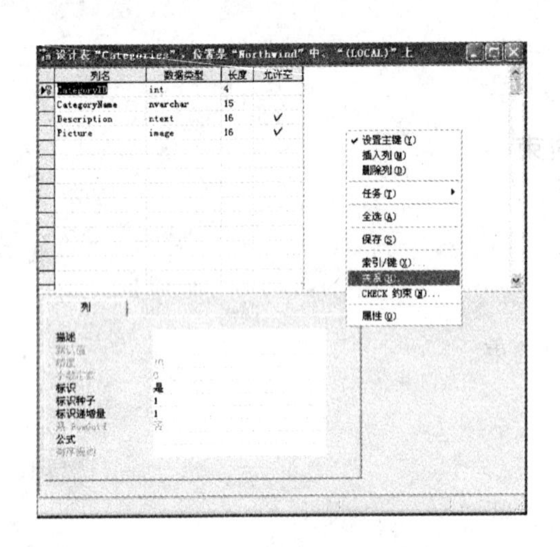

图 5－8　表设计器窗口

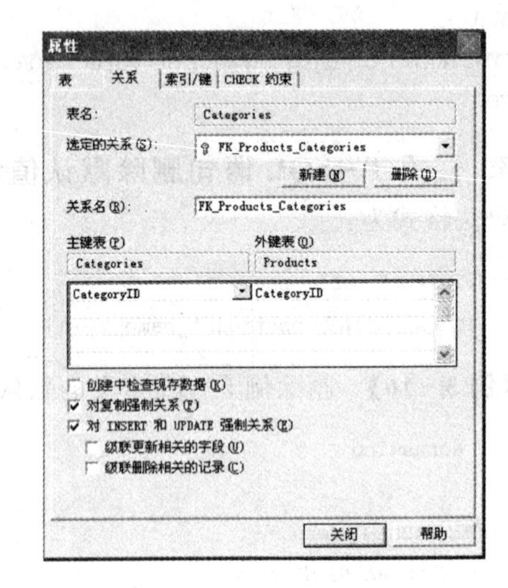

图 5－9　定义外键约束

4）单击图 5－9 中的“关闭”按钮，即完成外键约束的定义。

定义好两表参照关系后，可在主表 Categories 和从表 Products 中插入或删除数据，验证两表之间的参照关系。

(2) 使用企业管理器删除外键约束

打开如图 5－9 所示的“关系”选项卡界面，在“选定的关系”下拉列表中选择要删除的关系，单击“删除”按钮，出现如图 5－10 所示的确认删除对话框，单击“是”按钮，即可删除定义的参照关系。

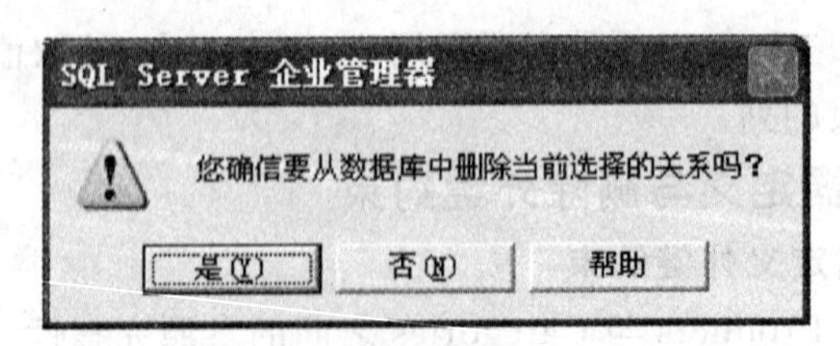

图 5－10　确认删除对话框

2. 使用 T－SQL 语句定义外键约束

外键约束的定义格式为：

```
[CONSTRAINT constraint_name]
FOREIGN KEY (column[,…n])
REFERENCES ref_table(ref_column[,…n])
```

参数含义:

constraint_name:外键约束名称。

ref_table:主表名称。

(1) 在创建表的同时定义外键约束

【例 5-17】 在创建名为 Products 表的同时,定义列“种类编号”为外键约束。

```
USE Northwind
GO
CREATE TABLE Products (
    ProductID int IDENTITY (1, 1) NOT NULL,
    ProductName nvarchar (40),
    SupplierID int NULL,
    CategoryID int NOT NULL FOREIGN KEY
                REFERENCES Categories(CategoryID),
    QuantityPerUnit nvarchar (20),
    UnitPrice money NULL,
    UnitsInStock smallint NULL,
    UnitsOnOrder smallint NULL,
    ReorderLevel smallint NULL,
    Discontinued bit NOT NULL
)
GO
```

(2) 在修改表时定义外键约束

【例 5-18】 设在 Northwind 数据库中已创建主表 Categories 和从表 Products,并已定义主表中的“CategoryID”为主键,现要添加从表中的“CategoryID”为外键。

```
USE Northwind
GO
ALTER TABLE Products
ADD
CONSTRAINT FK_Products_Categories FOREIGN KEY(CategoryID)
REFERENCES Categories(CategoryID)
GO
```

3. 使用 T-SQL 语句删除外键约束

语法格式为:

```
ALTER TABLE table_name
DROP CONSTRAINT constraint_name[,…n]
```

【例 5-19】 删除例 5-18 定义的外键约束。

```
USE Northwind
GO
ALTER TABLE Products
DROP CONSTRAINT FK_Products_Categories
GO
```

5.3 默认对象

“默认”也是一种数据库对象，与规则的使用方法类似，可以绑定到表中的列或用户定义的数据类型上。当向表中插入数据时，如果没有为绑定有默认的列指定数据，那么系统将自动把指定的默认值插入到相应的位置。“默认”是实现域完整性的方法之一。

默认对象和默认约束在功能上是一样的，但两者的使用方式有所区别，默认约束是在创建表或修改表时定义的，嵌入到表的结构之中，在删除表的同时默认约束也被删除。而默认对象需要用 CREATE DEFAULT 语句进行创建，是一种单独存储的数据库对象，它独立于表之外，删除表时并不能删除默认对象，而需要使用 DROP DEFAULT 语句删除。

5.3.1 创建默认对象

1. 使用企业管理器创建默认对象

【例 5-20】 在 Northwind 数据库中创建一个默认值为 0 的默认对象，名称为 df_value。绑定了该默认对象的列在插入数据时，如果没有为该列指定数据，则系统自动默认为 0。

操作步骤如下：

1）展开 Northwind 数据库，选中“默认值”图标，右击，出现如图 5-11 所示的快捷菜单。

2）在快捷菜单中选择“新建默认值”选项，打开如图 5-12 所示的“默认属性”对话框，输入默认对象名称 df_value 和默认值 0，单击“确定”按钮，即完成创建默认对象的操作。

2. 使用 T-SQL 的 CREATE DEFAULT 语句创建默认对象

语法格式为：

```
CREATE DEFAULT default_name AS constant_expression
```

参数含义：

default_name：所创建的默认对象名称。

constant_expression：默认对象的常量表达式，可以含有常量、内置函数、数学表达式，但

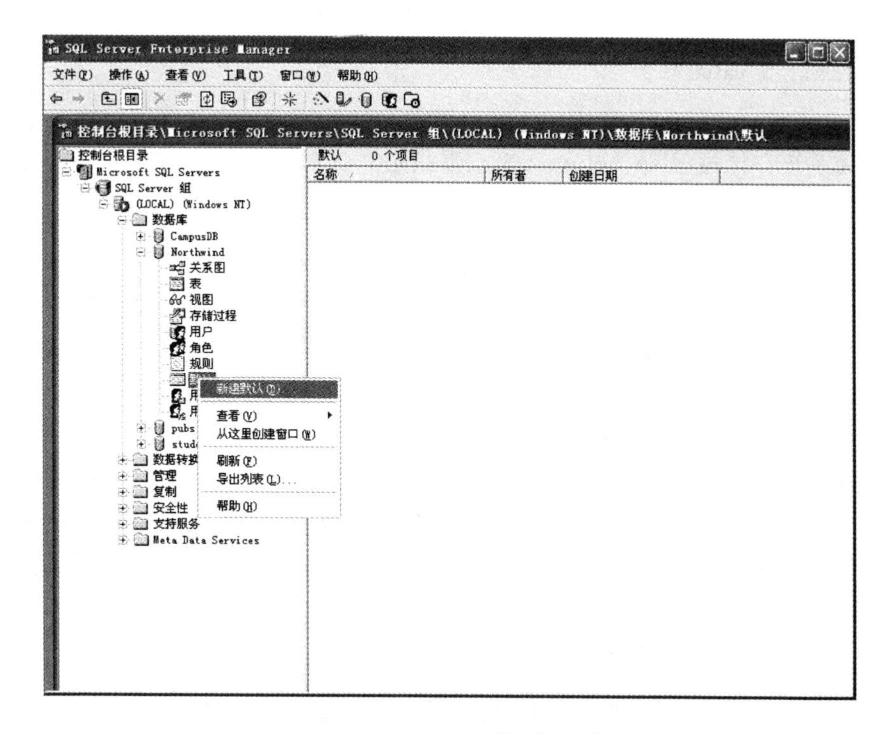

图 5-11 “默认值”快捷菜单

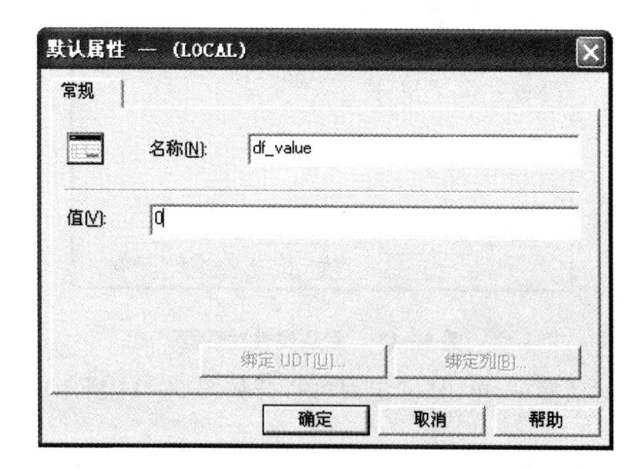

图 5-12 创建默认对象

不能包含任何列名或其他数据库对象。默认对象必须与列数据类型兼容。

【例 5-21】 对例 5-20,用 CREATE DEFAULT 语句创建默认对象。

```
USE Northwind
```

```
GO
CREATE DEFAULT df_value AS 0
GO
```

可以使用系统存储过程 sp_helptext 来查看指定默认对象的定义：

```
EXEC sp_helptext df_value
```

5.3.2 绑定和解除绑定默认对象

1. 绑定默认

在数据库中创建一个默认对象后，还必须把该默认对象绑定到表字段或用户定义数据类型上才能起作用。

(1) 使用企业管理器绑定默认对象

【例 5－22】 将例 5－21 中创建的默认对象绑定到表 Products 的"UnitsOnOrder"列上。如果该列默认为 0，则认为没有被定。

操作步骤如下：

1) 选择已创建的默认对象 df_value，双击，出现如图 5－13 所示的对话框。

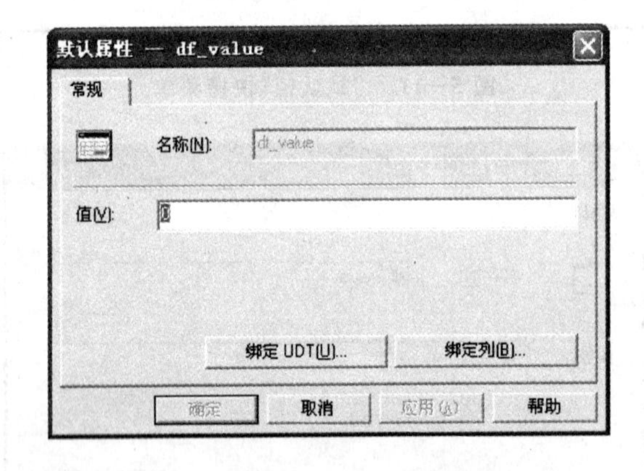

图 5－13 默认属性对话框

2) 在"默认属性"对话框中，单击"绑定列"，打开如图 5－14 所示的"将默认值绑定到列"对话框。

3) 在图 5－14 中选择表 Books，在左边未绑定的列中选择"是否借出"，单击"添加"按钮，将"是否借出"添加到右边已绑定列中，然后单击"确定"按钮。

(2) 使用系统存储过程 sp_bindefault 语句绑定默认

语法格式为：

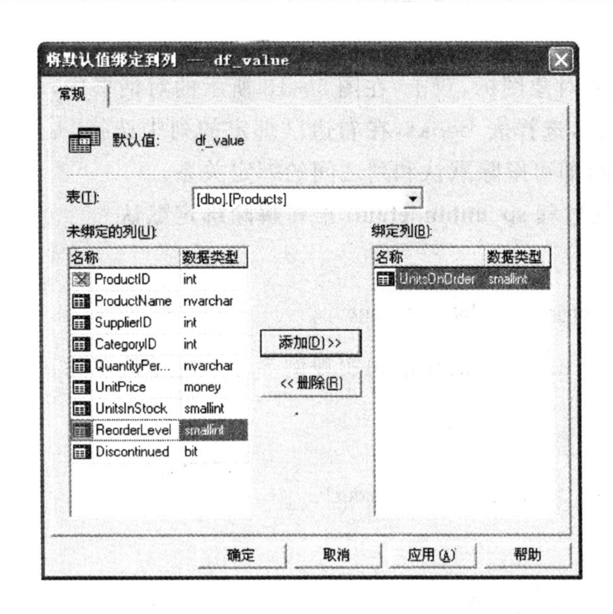

图 5-14　“将默认值绑定到列”对话框

```
sp_bindefault [@defname = ]'default_name',
              [@objname = ]'object_name'
```

参数含义：

[@defname=]'default_name'：由 CREATE DEFAULT 语句创建的默认名称。

[@objname=]'object_name'：绑定默认对象的列名或用户定义的数据类型。如果绑定到列上，object_name 应采用“表名. 字段名”格式。不能将默认对象绑定到 timestamp 数据类型的列、带 identity 属性的列或者已经有 default 约束的列；将一个新的默认对象绑定到列后，原有的默认对象就会被自动解除绑定，只有最后一个被绑定的默认对象才有效。

【例 5-23】 用 sp_bindefault 语句实现例 5-22 的绑定。

```
USE Northwind
GO
EXEC sp_bindefault 'df_value', 'Products. UnitsOnOrder'
GO
```

2. 解除绑定默认

解除绑定默认就是把已经绑定到某列或用户定义的数据类型上的默认对象卸掉，使其不再发挥限制作用。

(1) 使用企业管理器解除绑定默认

【例 5-24】 将绑定到表 Books“是否借出”列上的默认解除。

操作步骤如下：

选择 df_value 默认对象图标，双击，在图 5-13 所示的对话框中，单击“绑定列”按钮，打开图 5-14 所示的对话框，选择表 Books，在右边已绑定的列中选择“是否借出”，单击“删除”按钮，再单击“确定”按钮，即可解除默认和列之间的绑定关系。

(2) 使用系统存储过程 sp_unbindefault 语句解除绑定默认

语法格式为：

```
sp_unbindefault [@objname = ]'object_name'
```

【例 5-25】 用 sp_unbindefault 语句实现例 5-24 的默认解除。

```
USE Northwind
GO
EXEC sp_unbindefault 'Products.UnitsOnOrder'
GO
```

5.3.3 删除默认对象

在删除一个默认之前，应首先将默认从它所绑定的列或用户自定义数据类型上解除，然后再进行删除。

(1) 使用企业管理器删除默认

【例 5-26】 删除数据库 Northwind 中名为 df_value 的默认。

其删除过程和规则基本相同，请读者自己练习。

(2) 使用 DROP DEFAULT 语句删除默认

语法格式为：

```
DROP DEFAULT{default_name}[,…n]
```

【例 5-27】 用 DROP DEFAULT 语句删除数据库 Northwind 中名为 df_value 的默认。

```
USE Northwind
GO
DROP DEFAULT df_value
GO
```

5.4 规则对象

“规则”是数据库对象之一，它的作用类似于 CHECK 约束，即在向表中添加或修改数据时，用它来限制输入值的取值范围。“规则”是实现域完整性的方法之一。

规则对象在功能上与 CHECK 约束相同，但在使用上有所区别，CHECK 约束是在创建表或修改表时定义的，嵌入到表的结构之中，在删除表的同时 CHECK 约束也被删除。而规则对象作为一种单独的数据库对象，需要用 CREATE RULE 语句进行创建，它独立于表之外，删除表时并不能删除规则对象，而需要使用 DROP RULE 语句删除。

5.4.1 创建规则

(1) 使用企业管理器创建规则

【例 5－28】 在 Northwind 数据库中创建一个“值大于或等于 0”的规则，规则名为 rule_range，使用了该规则的列的值被限制为必须大于或等于 0。

操作步骤如下：

1) 展开 Northwind 数据库，选中规则图标，右击，出现如图 5－15 所示的快捷菜单。

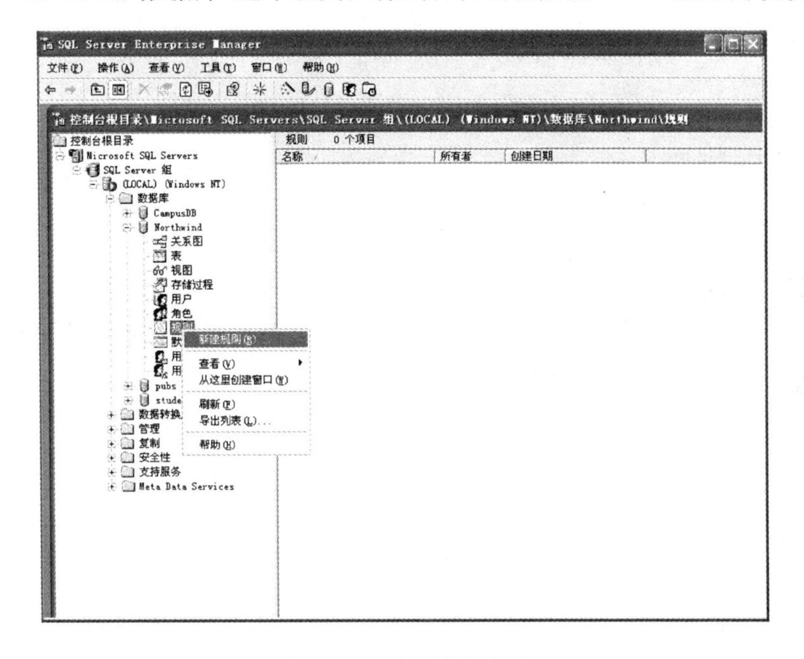

图 5－15　规则快捷菜单

2) 在快捷菜单中选择“新建规则”选项，打开如图 5－16 所示的“规则属性”对话框，输入规则名称 rule_range 和规则表达式@x＞＝0，其中@x 为任意输入的局部变量，必须以@开头。

3) 单击“确定”按钮，即完成规则创建。

(2) 使用 T－SQL 的 CREATE RULE 语句创建规则

语法格式为：

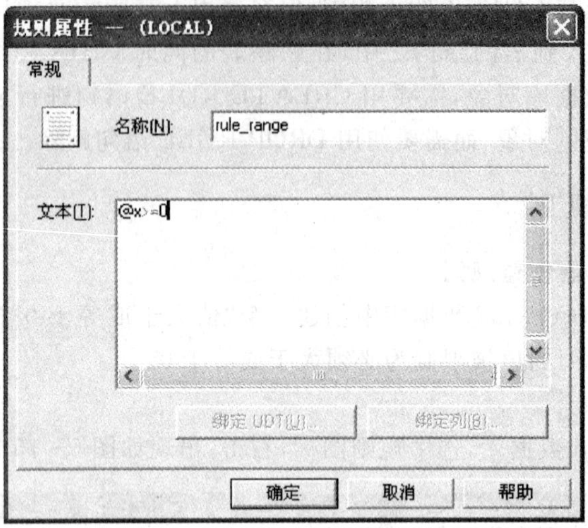

图 5-16 “规则属性”对话框

```
CREATE RULE rule_name
AS condition_expression
```

参数含义：

rule_name：所创建的规则名称。

condition_expression：用来指定规则的条件，该表达式可以是任何在 WHERE 子句中出现的表达式，但不能包括列名或其他数据库对象名。

【例 5-29】 用 CREATE RULE 语句创建例 5-28 中的规则。

```
USE Northwind
GO
CREATE RULE rule_range AS @x> = 0
GO
```

可以使用系统存储过程 sp_helptext 来查看指定规则的定义：

```
EXEC sp_helptext rule_range
```

5.4.2 绑定和解除绑定规则

1. 绑定规则

规则在创建后，并不能直接使用，还必须将该规则绑定到表字段或用户定义数据类型上才能发挥作用。规则绑定到字段或用户自定义的数据类型上之后，当在表中添加或修改相应的数据时，必须符合规则；否则，添加或修改操作不成功。

如果在列或数据类型上已经绑定了规则，那么当再次向它们绑定规则时，旧的规则将自动被新规则覆盖。

(1) 使用企业管理器绑定规则

【例 5 - 30】 将例 5 - 29 中创建的 rule_range 规则绑定到 Categories 表的罚金公式列上。

操作步骤如下：

1) 选择例 5 - 29 创建的规则对象 rule_range，双击，出现如图 5 - 17 所示的"规则属性"对话框。

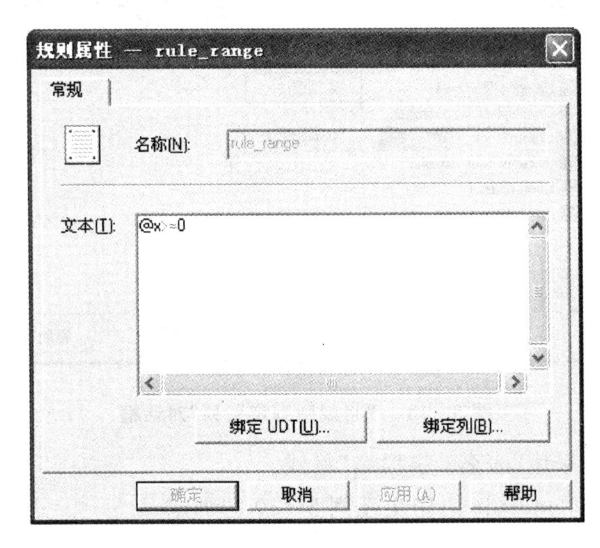

图 5 - 17 "规则属性"对话框

2) 在图 5 - 17 所示的规则属性对话框中有两个按钮，一个是"绑定 UDT"，即绑定到用户自定义类型；另一个是"绑定列"，本例选中"绑定列"，打开如图 5 - 18 所示的"将规则绑定到列"的对话框。

3) 在图 5 - 18 中选择表 Products，在左边未绑定的列中选择"UnitPrice"，单击"添加"按钮，将"罚金公式"添加到右边已绑定列中，然后单击"确定"按钮。

(2) 使用系统存储过程 sp_bindrule 语句绑定规则

语法格式为：

```
sp_bindrule [@rulename = ]'rule_name',
[@objname = ]'object_name'
```

参数含义：

[@rulename=]'rule_name'：由 CREATE RULE 语句创建的规则名称。

[@objname=]'object_name'：绑定到规则的列名或用户定义的数据类型，如果将规则绑

图 5-18 "将规则绑定到列"对话框

定到列，object_name 应采用"表名. 字段名"格式。

【例 5-31】 用 sp_bindrule 语句实现例 5-30 的绑定。

```
USE Northwind
GO
EXEC sp_bindrule 'rule_range', 'Products.UnitPrice'
GO
```

2. 解除绑定

解除绑定就是把已经绑定到某列或用户定义的数据类型上的规则卸掉，使其不再发挥限制作用。

(1) 使用企业管理器解除绑定

【例 5-32】 将绑定到表 Categories"罚金公式"列上的规则解除。

操作步骤如下：

选择 rule_range 规则图标，双击，在图 5-17 所示的"规则属性"对话框中，单击"绑定列"按钮，打开图 5-18 所示的对话框，选择表 Categories，在右边已绑定的列中选择"罚金公式"，单击"删除"按钮，再单击"确定"按钮，即可解除规则和列之间的绑定关系。注意，此时只是解除绑定关系，规则本身并没有删除。

(2) 使用系统存储过程 sp_unbindrule 语句解除绑定

语法格为式：

```
sp_unbindrule [@objname = ]'object_name'
```

【例 5-33】 用 sp_unbindrule 语句实现例 5-25 的绑定解除。

```
USE Northwind
GO
EXEC sp_unbindrule 'Products.UnitPrice'
GO
```

5.4.3　删除规则

在删除一个规则之前，应首先将规则从它所绑定的列或用户自定义数据类型上解除，然后再进行删除。

(1) 使用企业管理器删除规则

【例 5-34】 删除数据库 Northwind 中名为 rule_range 的规则。

操作步骤如下：

1）首先解除绑定关系。

2）选择规则 rule_range，右击，弹出快捷菜单，如图 5-19 所示。

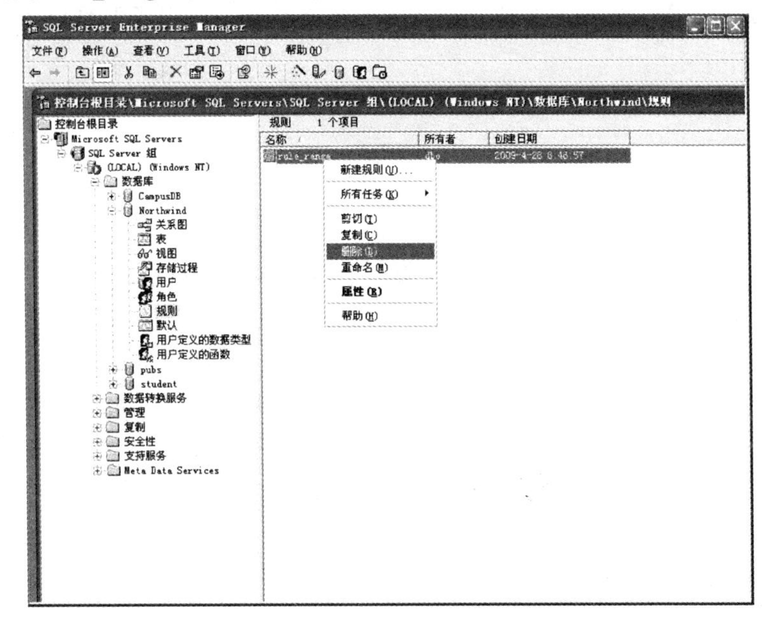

图 5-19　删除规则

3）在快捷菜单中选择“删除”选项，出现“除去对象”对话框，如图 5－20 所示，单击“全部除去”按钮，即可删除规则。

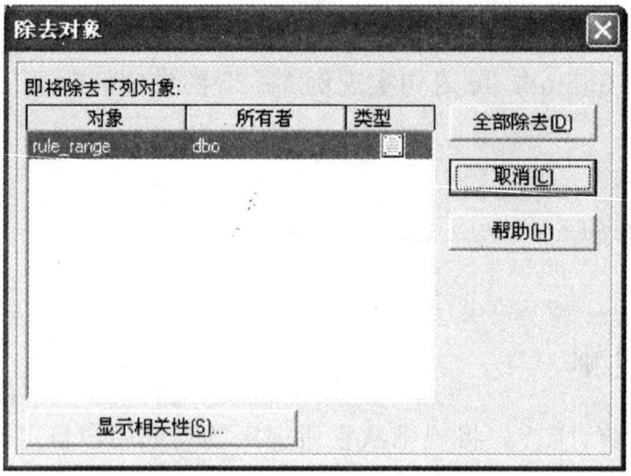

图 5－20 “除去对象”对话框

(2) 使用 DROP RULE 语句删除规则

语法格式为：

```
DROP RULE{rule_name}[,…n]
```

【例 5－35】 用 DROP RULE 语句删除数据库 Northwind 中名为 rule_range 的规则。

```
USE Northwind
GO
DROP RULE rule_range
GO
```

5.5 标识列 IDENTITY

每一个表中都可以有一个标识(identity)列。该列值由系统自动生成，用以唯一标识插入到表中的每一行。比如在 Employees 表中，可以将“读者编号”定义为标识列，这样，每次向表中插入一条读者记录时，SQL Server 都会自动生成唯一的值作为读者编号。使用自动编号可以减少输入量，并且避免人工添加编号带来的冲突问题。

identity 不是数据类型，而是一种列属性。使用标识列时，应该注意以下几点：

- 每个表只允许有一个标识列。
- 标识列不允许空值。
- 标识列只能是 int、bigint、smallint、tinyint、numeric 或 decimal 数据类型，并且 numeric

和 dccimal 数据类型必须将小数位数指定为 0。

(1) 使用企业管理器设置标识属性

【例 5-36】 为表 Categories 中的“CategoryID”列设置标识属性，当向表中插入记录时，该列编号由系统自动生成。

操作步骤如下：

选择表 Categories 图标，右击，选择“设计表”选项，打开表设计器窗口，选择“读者编号”列，定义标识属性值如图 5-21 所示。其中，“标识种子”值为初始值；标识递增量值为新标识值和上一标识值之间的差值。

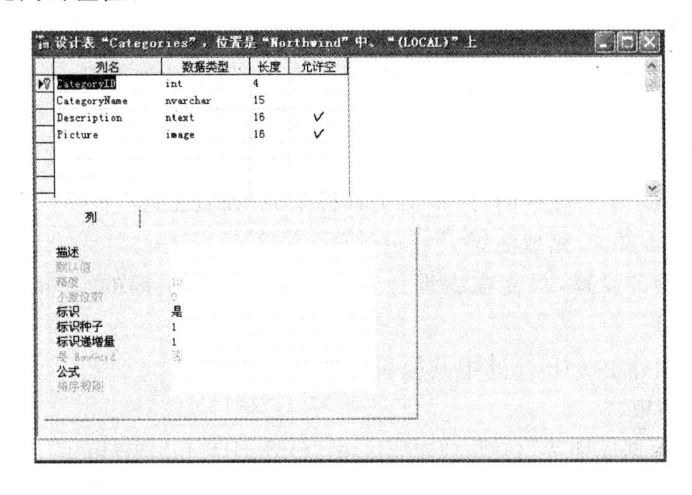

图 5-21　在表设计器窗口中定义标识属性

(2) 使用 T-SQL 语句定义列的标识属性

语法格式为：

```
IDENTITY [(seed,increment)]
```

参数含义：

seed：标识初始值。

increment：标识增量值。

【例 5-37】 在创建表 Categories 的同时，定义列“CategoryID”为标识列，其中标识初始值和增量值均为 1。

```
CREATE TABLE Categories (
    CategoryID int IDENTITY (1, 1) NOT NULL,
    CategoryName nvarchar (15),
    Description ntext,
    Picture image NULL
```

```
)
GO
```

5.6 上机练习

通过上机练习，能认识到数据完整性的概念及实施数据完整性的重要性，掌握约束的定义及其删除方法，掌握规则的创建、使用和删除方法，掌握默认对象的创建、使用和删除方法。

1. 在企业管理器中定义约束

(1) 定义主键约束

将 Northwind 数据库中 Products 表的"ProductID"列定义为主键。

操作步骤如下：

1) 在企业管理器中选中 Products 表，右击，选择"设计表"选项，打开 Products 表设计器。

2) 选中与"ProductID"对应的行，单击工具栏中的"设置主键"按钮。

3) 关闭表设计器窗口，完成主键设定。

如果要取消主键的设置，只需在表设计器中选中已设为主键的行，再次单击工具栏中的"设置主键"按钮即可。

请读者完成数据库 Northwind 中其他表的主键设置。

(2) 定义外键约束

将 Northwind 数据库中表[Order Details]的"OrderID"和"ProductID"列设置为外键。其中"OrderID"外键参照 Orders 表中的"OrderID"主键，"ProductID"外键参照 Products 表中的"ProductID"主键。

操作步骤如下：

1) 在企业管理器中选中[Order Details]表，右击，选择"设计表"选项，打开[Order Details]表设计器。

2) 在表设计器的空白处右击，在弹出的快捷菜单中选择"关系"选项，打开"关系"选项卡界面。

3) 在该选项卡中单击"新建"按钮，系统给出默认的关系名，选择要参考的主键表 Orders 及表中的主键列"OrderID"，并选择外键表[Order Details]及要设为外键的列"OrderID"。

4) 在该选项卡中再次单击"新建"按钮，选择要参考的主键表 Products 及表中的主键列"ProductID"，并选择外键表[Order Details]及要设为外键的列"ProductID"。设置后的界面如图 5-22 所示。从"选定的关系"下拉列表中显示的内容可以看出，在该表上定义了两个外键约束。

5) 单击"关闭"按钮，完成外键约束的定义。

如果要删除已定义的外键约束，只需在图 5-22 中"选定的关系"下拉列表中选择要删除的关系，然后单击“删除”按钮即可。

(3) 定义唯一约束

为 Northwind 数据库中 Categories 表的“CategoryName”列定义唯一约束。

操作步骤如下：

1) 在企业管理器中选中 Categories 表，右击，选择“设计表”选项，打开 Categories 表设计器。

2) 在表设计器的空白处右击，在弹出的快捷菜单中选择“索引/键”选项，打开“索引/键”选项卡界面，如图 5-23 所示。

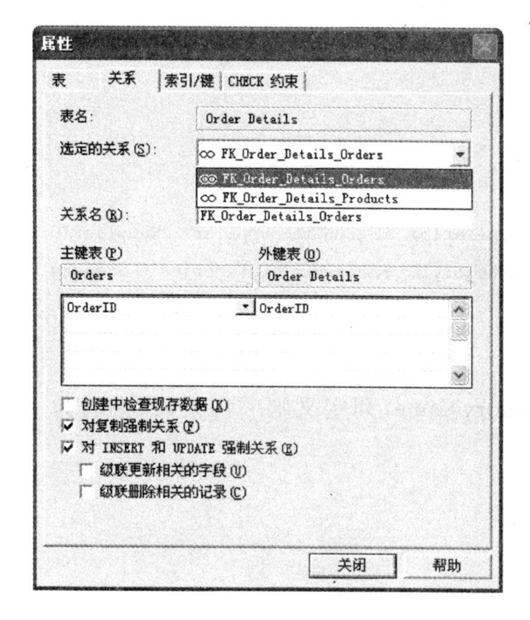

图 5-22　定义外键

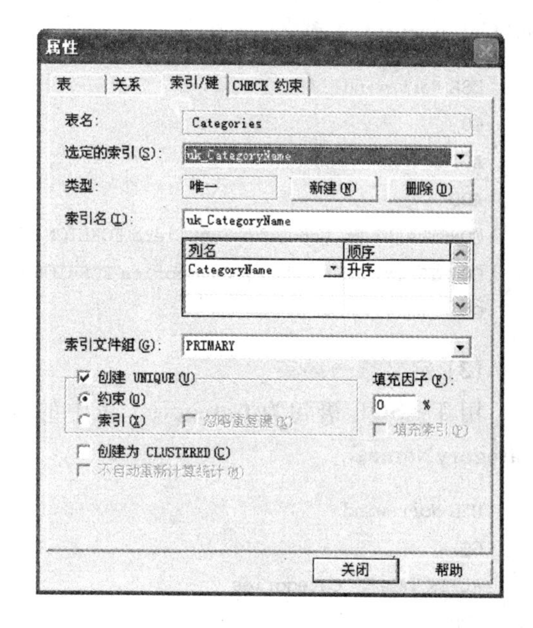

图 5-23　定义唯一约束

3) 在该选项卡中单击“新建”铵钮，系统给出默认的唯一约束名，在“列名”下拉列表中选择要创建唯一约束的“CategoryName”列，并选中“创建 UNIQUE”复选框。

4) 单击“关闭”按钮，完成唯一约束的定义。

如果要删除已定义的唯一约束，只需在图 5-23 中“选定的索引”下拉列表中选择要删除的唯一约束，然后单击“删除”按钮即可。

2. 使用 T-SQL 语句定义约束

(1) 定义主键约束

用 T-SQL 语句为 Order Details 表设定主键，主键由“OrderID”和“ProductID”两列组成，其名称为 pk_tdj。

```
USE Northwind
```

```
GO
ALTER TABLE [Order Details]
ADD CONSTRAINT pk_tdj
PRIMARY KEY CLUSTERED(OrderID, ProductID)
GO
```

(2) 定义外键约束

用 T-SQL 语句为表 Products 定义外键约束。表 Products 中的"SupplierID"外键参照 Suppliers 表中的"SupplierID"主键,表 Products 中的"CategoryID"外键参照 Categories 表中的"CategoryID"主键。

```
USE Northwind
GO
ALTER TABLE Products
ADD
CONSTRAINT FK_Products_Suppliers FOREIGN KEY (SupplierID) REFERENCES Suppliers (SupplierID),
CONSTRAINT FK_Products_Categories FOREIGN KEY (CategoryID) REFERENCES Categories (CategoryID)
GO
```

(3) 定义唯一约束

用 T-SQL 语句为 Categories 表中的"CategoryName"列定义唯一约束,约束名为 uk_CategoryName。

```
USE Northwind
GO
ALTER TABLE  Categories
ADD
CONSTRAINT uk_CategoryName UNIQUE (CategoryName)
GO
```

(4) 定义默认值约束

用 T-SQL 语句为 Employees 表中的"Sex"列定义默认值约束,默认值为"male",约束名为 df_Sex。

```
USE Northwind
GO
ALTER TABLE Employees
ADD
CONSTRAINT df_Sex DEFAULT 'male'FOR 'female'
GO
```

(5) 定义检查约束

用 T - SQL 语句为 Customers 表中的“Phone”列定义检查约束，保证电话号码中不包含英文字母字符，约束名为 ck_dh。

```
USE Northwind
GO
ALTER TABLE Employees
ADD
CONSTRAINT ck_dh
CHECK(Phone not like '%[a-zA-Z]%')
GO
```

在本例中，通配符%代表 0 或多个字符，[a-zA-Z]代表指定范围 a～z 和 A～Z 之间的任何单个字符。

(6) 使用规则

用 T - SQL 语句创建一个规则，名称为 rule_xm，将其绑定到 Employees 表的“FirstName”列上，用来保证输入的姓名中不包含数字字符，最后查看规则定义的文本信息。

```
USE Northwind
GO
--判断规则是否存在
IF EXISTS(SELECT name FROM sysobjects WHERE name = 'rule_xm' AND TYPE = 'R')
  BEGIN
  --解除规则在表字段上的绑定并删除规则
    EXEC sp_unbindrule 'Employees.FirstName'
    DROP RULE rule_xm
  END
GO
--创建规则
CREATE RULE rule_xm
AS
@xm not like '%[0-9]%'
GO
--绑定规则
EXEC sp_bindrule 'rule_xm','Employees.FirstName'
GO
--查看规则的文本信息
EXEC sp_helptext rule_xm
GO
```

在本例中,[0—9]代表0～9之间的任何单个字符。

(7) 使用默认

用T-SQL语句创建一个默认对象,名称为df_zz,将其绑定到Employees表的“Address”列上,使其默认值为“chengdu”。最后查看默认对象定义的文本信息。

```
USE Northwind
GO
--判断默认对象是否存在
IF EXISTS(SELECT name FROM sysobjects WHERE name = 'df_zz'AND TYPE = 'D')
  BEGIN
  --解除默认对象在表字段上的绑定并删除默认对象
    EXEC sp_unbindefault 'Employees.Address'
    DROP DEFAULT df_zz
  END
GO
--创建默认对象
CREATE DEFAULT df_zz
AS
'chengdu'
GO
--绑定默认对象
EXEC sp_bindefault 'df_zz','Employees.Address'
GO
--查看默认对象的文本信息
EXEC sp_helptext df_zz
```

3. 在Northwind数据库中按照要求完成数据对象的设置

(1) DEFAULT约束

为Northwind数据库中的Customers表的ContactName列创建DEFAULT约束,当INSERT语句中此列的值没有提供的时候,自动使用“UNKNOWN”作为它的值。

```
USE Northwind
ALTER TABLE dbo.Customers
ADD
CONSTRAINT DF_contactname DEFAULT 'UNKNOWN'
FOR ContactName
```

(2) CHECK约束

为Employees表中的BrithDate增加CHECK约束,使出生日期处于可接受的日期范围内。

```
USE Northwind
ALTER TABLE dbo.Employees
ADD
CONSTRAINT CK_birthdate
CHECK (BirthDate > '01-01-1900' AND BirthDate < getdate())
```

(3) PRIMARY KEY 约束

在 Customers 表上创建 PRIMARY KEY 约束，指明表的主键值是 CustomerID，并且创建非聚集索引以强制约束。

```
USE Northwind
ALTER TABLE dbo.Customers
ADD
CONSTRAINT PK_Customers
  PRIMARY KEY NONCLUSTERED (CustomerID)
```

(4) UNIQUE 约束

在 Suppliers 表的公司名列上创建 UNIQUE 约束

```
USE Northwind
ALTER TABLE dbo.Suppliers
ADD
CONSTRAINT U_CompanyName
  UNIQUE NONCLUSTERED (CompanyName)
```

(5) FOREIGN KEY 约束

使用 FOREIGN KEY 约束，确保 Orders 表中的客户标识与 Customers 表中的有效的客户标识相关联。

```
USE Northwind
ALTER TABLE dbo.Orders
ADD CONSTRAINT FK_Orders_Customers
  FOREIGN KEY (CustomerID)
  REFERENCES dbo.Customers(CustomerID)
```

5.7 习　题

1. 生成一个数据表 PROJECTS，其字段定义如表 5-1。其中，PROJID 是主键并且要求 P_END_DATE 不能比 P_START_DATE 早。

2. 生成一个数据表 ASSIGNMENTS，其字段定义如表 5-2。其中，PROJID 是外键引自

PROJECTS 数据表;EMPNO 是数据表 EMP 的外键,并且要求 PROJID 和 EMPNO 不能为 NULL。

表 5-1 字段定义

字段名称	数据类型	长 度
PROJID	INT	4
P_DESC	VARCHAR2	20
P_START_DATE	DATE	
P_END_DATE	DATE	
BUDGET_AMOUNT	NUMBER	7,2
MAX_NO_STAFF	NUMBER	2
CITY	VARCHAR	8
STATE	VARCHAR	8

表 5-2 字段定义

字段名称	数据类型	长 度
PROJID	INT	
EMPNO	INT	
A_START_DATE	DATE	
A_END_DATE	DATE	
BILL_RATE	NUMBER	4,2
ASSIGN_TYPE	VARCHAR	2

3. 在 PROJECTS 表中,使用默认子句定义 CITY 列的默认值为“Shanghai”,STATE 列的默认值为“China”。

4. 建立一个如表 5-3 的数据表,表名为 Teachers,建在名为 test 的数据库中。

表 5-3 Teachers 数据表

列 名	数据类型及长度	是否为空	备 注
教师编号	CHAR(8)	NO	主键
教师姓名	CHAR(10)	NO	唯一
Sex	CHAR(2)	YES	

(1) 向上面的表 Teachers 中插入一个 '部门' 字段,数据类型为 CHAR(20),该字段默认值为 '计算机系'。

(2) 为 Teachers 表中的 'Sex' 字段添加核查约束,保证输入的数据只能是“male”或者“female”。

第6章　视　图

本章要点

本章定义视图并阐述其概念和特点，描述创建视图的过程，并讨论如何对视图进行查看、修改、删除等管理操作。

学习目标

☑ 理解视图的基本概念

☑ 掌握创建视图的方法

☑ 掌握使用视图修改数据

☑ 掌握视图的查看、修改和删除操作

6.1　视图的概念

6.1.1　基本概念

视图具有将预定义的查询作为对象存储在数据库中的能力，便于以后使用。在视图中查询的表称为基表。一般来讲，可以将任意 SELECT 语句作为视图进行命名和存储。视图由 SELECT 语句构成，其内容通过选择查询定义。称它是虚似表，是因为它看起来像一个表，由行列组成，而且可以像表一样作为 SELECT 语句的数据来源使用。但它所对应的数据并不实际存储在数据库中，数据库中只存储视图的定义，即视图是从哪个或哪些基表（或视图）导出的，视图不生成所选数据库行和列的永久拷贝，其中的数据是在引用视图时动态生成的。当基表中的数据发生变化时，可以从视图中直接反映出来。当对视图执行更新操作时，其实操作的是基表中的数据。所以我们可以通过视图查看基表中的数据，也可以通过视图更改基表中的数据。

视图的常见实例如下：

- 一个基表的行或列的子集。
- 两个或多个表的合并。
- 两个或多个表的连接。
- 一个基表的统计摘要。
- 另一个视图或视图和基表组合的子集。

对其中所引用的基表来说，视图的作用类似于筛选。定义视图的筛选可以来自当前或其他数据库的一个或多个表,或者其他视图。分布式查询也可用于定义使用多个异类源数据的视图。如果有几台不同的服务器分别存储组织中不同地区的数据,而您需要将这些服务器上相似结构的数据组合起来,这种方式就很有用。通过视图进行查询没有任何限制,通过它们进行数据修改时的限制也很少。图 6-1 显示了在两个表上建立的视图。

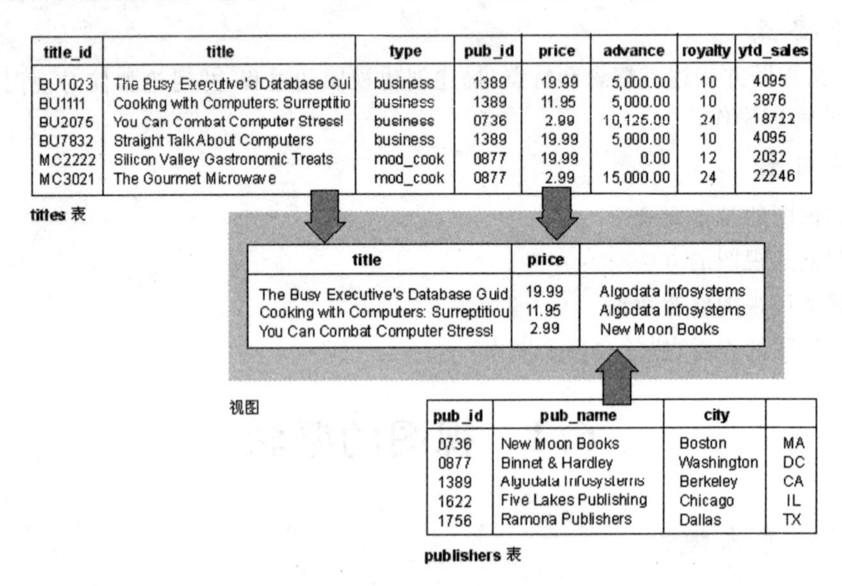

title_id	title	type	pub_id	price	advance	royalty	ytd_sales
BU1023	The Busy Executive's Database Gui	business	1389	19.99	5,000.00	10	4095
BU1111	Cooking with Computers: Surreptitio	business	1389	11.95	5,000.00	10	3876
BU2075	You Can Combat Computer Stress!	business	0736	2.99	10,125.00	24	18722
BU7832	Straight Talk About Computers	business	1389	19.99	5,000.00	10	4095
MC2222	Silicon Valley Gastronomic Treats	mod_cook	0877	19.99	0.00	12	2032
MC3021	The Gourmet Microwave	mod_cook	0877	2.99	15,000.00	24	22246

titles 表

title	price	
The Busy Executive's Database Guid	19.99	Algodata Infosystems
Cooking with Computers: Surreptitiou	11.95	Algodata Infosystems
You Can Combat Computer Stress!	2.99	New Moon Books

视图

pub_id	pub_name	city	
0736	New Moon Books	Boston	MA
0877	Binnet & Hardley	Washington	DC
1389	Algodata Infosystems	Berkeley	CA
1622	Five Lakes Publishing	Chicago	IL
1756	Ramona Publishers	Dallas	TX

publishers 表

图 6-1 两个表上建立的视图

6.1.2 视图的优点

(1) 为用户聚合数据

视图允许用户访问指定的数据,而其他的数据对用户来说是不可见的,对用户只显示特定数据:不需要的、敏感的或不合适的数据不引入视图内。这样就只关注于重要的或适当的数据,限制对敏感数据的访问。

(2) 降低数据库设计复杂性

开发者可修改设计而不影响用户与数据库的交互。同时,提供给用户更好的界面,简化复杂的查询,包括对异构数据的分布式查询。用户直接查询视图,而不需要写查询语句或执行脚本。

(3) 简化用户权限管理

不必对用户赋予查询基表中特定列的权限,而只需要赋予用户查询视图的权限即可。

(4) 改进性能

视图允许存储复杂查询的结果,让其他查询直接使用。视图亦允许分区数据,可将单独的分区放置于分散的计算机内。

(5) 组织数据以便导出到其他应用程序

可基于连接两个或多个表的复杂查询创建视图，并将数据导出到其他应用程序以进行更深入的分析。

6.2　视图的创建

要在一个数据库中建立视图，必须具有创建视图的权限并对视图中要引用的基表或视图具有适当的权限。此外，创建视图时还要注意以下几点：

- 只能在当前数据库中创建视图，尽管被引用的表或视图可以存在于其他的数据库内，甚至其他的数据库服务器内。
- 一个视图最多可以引用1024个列。
- 视图的命名必须符合SQL Server中的标识符的定义规则。对于每个用户所定义的视图名称必须唯一，而且不能与该用户的某个表同名。
- 可以将视图建立在其他视图或引用视图上，SQL Server 2008中允许最多32层的视图嵌套。
- 不能将规则、默认值绑定在视图上。
- 定义视图的查询语句中不能包括ORDER BY，COMPUTE，COMPUTE BY子句或INTO等关键字。

在默认状态下，视图中的列名继承了它们基表中的名称。对于以下情况，在创建视图时需要明确给出每一列的名称：

- 视图中的某些列来自表达式、函数或常量时。
- 当视图引用不同表的列有相同名称时。
- 希望视图中的列名与基表的列名不同时。

在SQL Server 2008中，使用SQL Server管理平台或CREATE VIEW语句都可以建立视图。

6.2.1　使用CREATE VIEW创建视图

使用CREATE VIEW语句创建视图的语法格式为：

```
CREATE VIEW 视图名[(视图列名1,视图列名2,……,视图列名n)]
[WITH ENCRYTION]
AS
SELECT 语句
[WITH CHECK OPTION]
```

在上述语法格式中，视图列名表示给生成视图中的各列的名称，当该参数省略时，以基表中相应列的列名作为视图的别名。WITH ENCRYPTION 子句表示 SQL Server 对包含 CREATE VIEW 语句的文本进行加密。视图的定义信息是存储在 syscomments 系统表中，如果使用该选项，则对 syscomments 中的视图定义加密，从而使视图的定义不被他人查看。SELECT 语句可以使用不同数据库中的一个或多个表或其他视图。WITH CHECK OPTION 子句表示对视图执行的所有数据修改操作都必须遵守定义视图的 SELECT 语句中的 WHERE 子句所指定的条件。

【例 6-1】 创建一个带 WITH CHECK OPTION 参数的视图 view1，其内容是所有 UnitPrice 低于 20 元的产品信息。

代码如下：

```
USE Northwind
GO
CREATE VIEW view1
AS
SELECT * FROM Products WHERE UnitPrice<20
WITH CHECK OPTION
GO
INSERT view1 VALUES(100,'Apple',1,1,'2 - 1 kg pkgs.',25.5000,24,0,15,0)
GO
```

上述语句执行后，若向视图中插入一个价格大于 50 元的记录，将显示不能插入错误信息。如图 6-2 所示。

【例 6-2】 创建一个带 WITH ENCRYPTION 参数的视图 view2，其内容是所有价格低于 50 元的货品信息。

代码如下：

```
USE Northwind
GO
CREATE VIEW view2
WITH ENCRYPTION
AS
SELECT * FROM Products WHERE UnitPrice <20
SP_helptext view2
```

上述语句执行后，若执行“sp_helptext view2”语句时，不能查看到 view2 的定义信息，如图 6-3 所示。

【例 6-3】 创建一个对 Products 表中产品的名字“ProductName”列，按“产品名称”进行分组求和的视图 goodssum，视图由“ProductName”和“UnitPrice”两列组成。

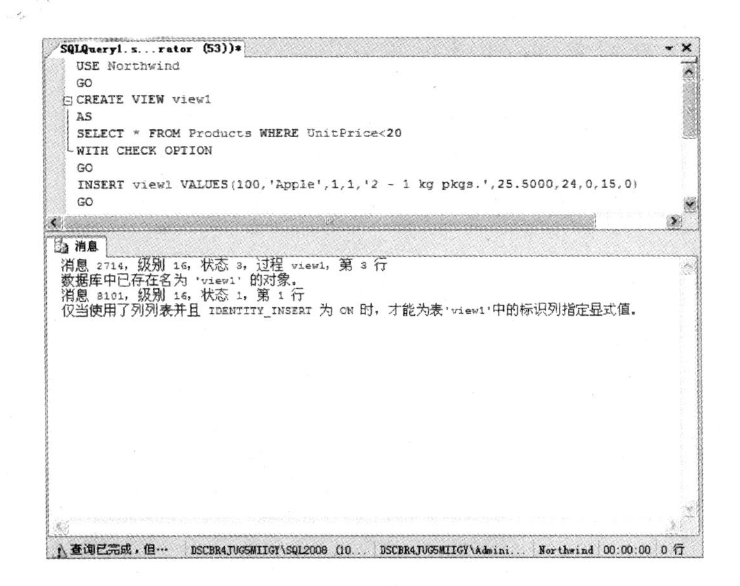

图 6－2　执行查询后的结果

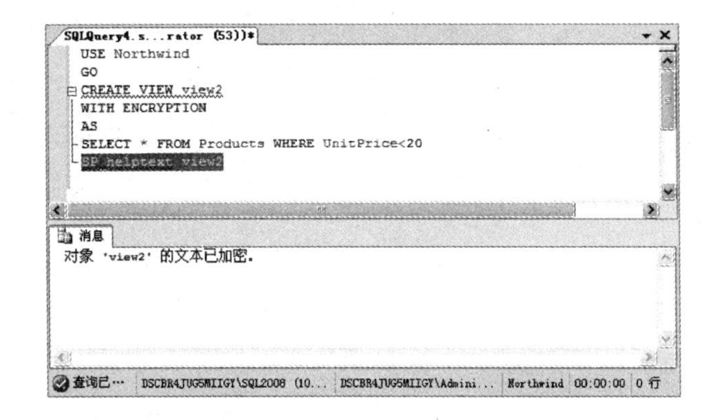

图 6－3　执行“sp_helptext view2”语句后的结果

代码如下：

```
USE Northwind
GO
CREATE VIEW goodssum(ProductName,UnitPrice)
AS
SELECT ProductID,SUM(UnitPrice) FROM Products GROUP BY ProductID
GO
```

6.2.2 使用图形界面创建视图

下面以创建视图 view3 为例，讲解使用图形界面创建视图的操作步骤。视图 view3 要求从 Products，OrderDetails，Orders 和 Customers 四表中检索 UnitPrice 大于 30 元的产品，以及订购该产品的顾客的 CustomerName，OrderDate 和 Unitprice。

操作步骤如下：

1）选择“新建视图”命令。打开“对象资源管理器”，展开数据库 Northwind。右击“视图”节点，从弹出的快捷菜单中，单击“新建视图”命令，如图 6－4 所示。

图 6－4 新建视图

2）在弹出的“添加表”对话框中选择基表。单击弹出菜单上的“新建视图”选项，然后在“添加表”对话框中选择要操作的表 Products，OrderDetails，Order 和 Customers。根据需要也可以选择视图或函数。单击“添加”按钮。添加完毕，单击“关闭”按钮关闭对话框，如图 6－5 所示。

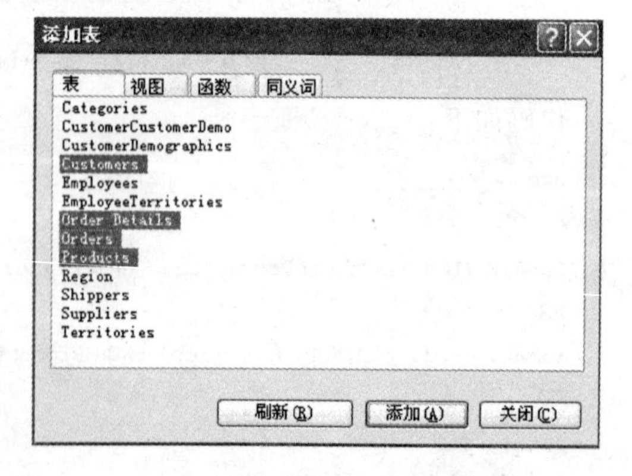

图 6－5 “添加表”对话框

3）选择视图引用的列。在视图窗口的“关系图”窗格（第一个窗格）中，选择视图中查询的列，在“条件”窗格（第二个窗格）中就相应地显示了所选择的列名。还可以在“显示 SQL”窗格

（第三个窗格）中输入 SELECT 语句来选择视图引用的列。

4）设置过滤记录的条件。在“筛选器”栏中输入过滤记录的条件。题目要求产品价格大于 30 元，则在“UnitPrice”行所对应的“筛选器”列中输入“>30”。单击工具栏上的“验证 SQL”按钮，对所输入语句的正确性进行检查。

5）预览视图返回的结果集。结果想对视图所返回的结果集进行预览，在工具栏上单击“运行”按钮，结果集如图 6-6 所示。

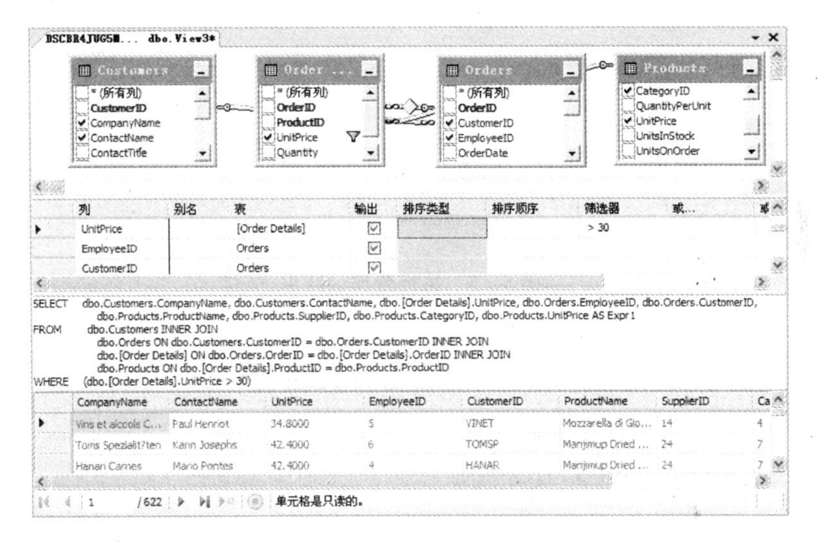

图 6-6 预览视图

6）保存视图。当预览结果合乎需要时，在工具栏上单击“保存”按钮，或者右击任何一个窗格，然后从弹出的菜单中选择“保存”命令，并在“另存为”对话框中为所建立的视图指定一个名称，再单击“确定”按钮，将这个视图对象保存到数据库中。

若要通过一个视图来查看表中的数据，请执行下列操作之一：

- 在“对象资源管理器”中右击要查看的视图，然后选择“设计”选项，此时可以看到相应的查询结果。
- 在工具栏中单击“新建查询”，输入并执行下面的代码：

```
USE Northwind
SELECT * FROM View2
```

上述语句执行的结果如图 6-7 所示。

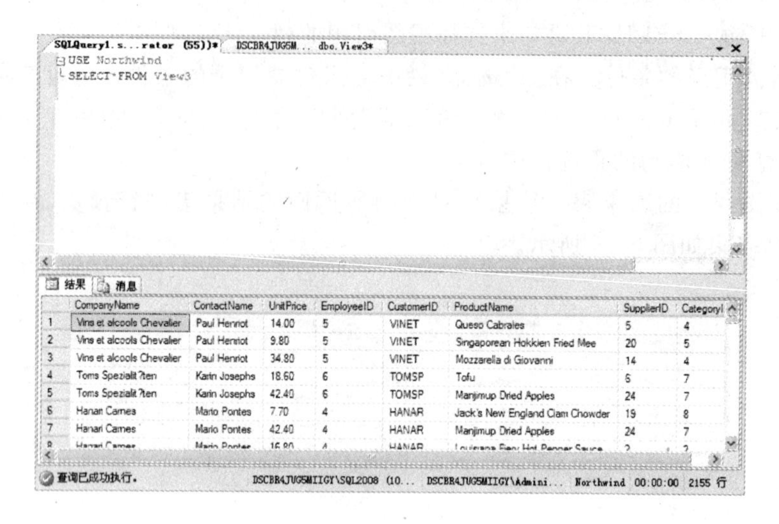

图 6－7 执行查询的结果

6.3 视图的维护

6.3.1 查看视图的定义信息

建立视图以后，可以使用图形化界面查看视图信息，也可以使用 sp_help 和 sp_helptext 命令查看视图信息。

1. 查看视图的基本信息

视图的基本信息主要是指视图的名称、拥有者、视图类型以及创建时间等信息。用 sp_help 命令和企业管理器都可以查看视图的基本信息。

(1) 使用 sp_help 查看视图的基本信息

使用 sp_help 查看视图的基本信息的语法格式为：

```
[EXECUTE] sp_help 视图名
```

其中，视图名为要查看信息的视图名称。

例如，显示视图 view2 的基本信息，使用代码如下：

```
USE Northwind
GO
sp_help view2
```

运行上述代码,结果如图6-8所示。

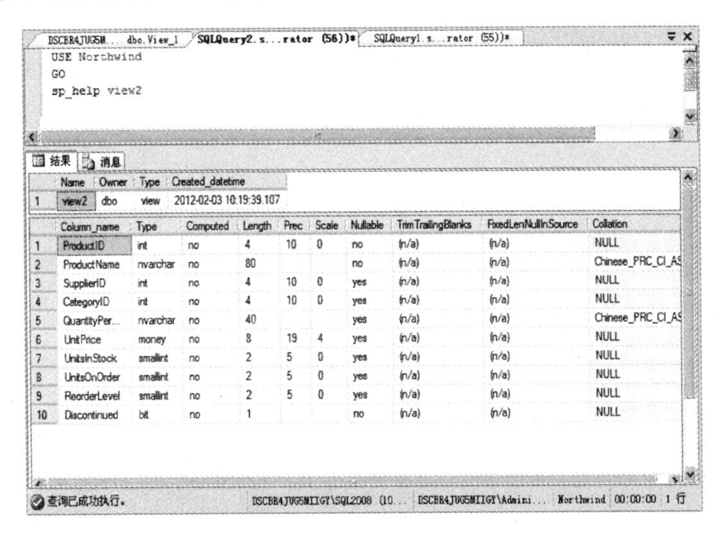

	Name	Owner	Type	Created_datetime
1	view2	dbo	view	2012-02-03 10:19:39.107

	Column_name	Type	Computed	Length	Prec	Scale	Nullable	TrimTrailingBlanks	FixedLenNullInSource	Collation
1	ProductID	int	no	4	10	0	no	(n/a)	(n/a)	NULL
2	ProductName	nvarchar	no	80			no	(n/a)	(n/a)	Chinese_PRC_CI_AS
3	SupplierID	int	no	4	10	0	yes	(n/a)	(n/a)	NULL
4	CategoryID	int	no	4	10	0	yes	(n/a)	(n/a)	NULL
5	QuantityPer...	nvarchar	no	40			yes	(n/a)	(n/a)	Chinese_PRC_CI_AS
6	UnitPrice	money	no	8	19	4	yes	(n/a)	(n/a)	NULL
7	UnitsInStock	smallint	no	2	5	0	yes	(n/a)	(n/a)	NULL
8	UnitsOnOrder	smallint	no	2	5	0	yes	(n/a)	(n/a)	NULL
9	ReorderLevel	smallint	no	2	5	0	yes	(n/a)	(n/a)	NULL
10	Discontinued	bit	no	1			no	(n/a)	(n/a)	NULL

图6-8 执行查询的结果

(2) 使用对象资源管理器查看视图的基本信息

操作步骤如下:

1) 在对象资源管理器中,依次展开数据库、服务器、数据库节点,选择要查看视图信息的数据库。

2) 再选中相应数据库下的"视图"图标,在右边的详细窗格中则显示当前数据库中的所有视图信息。它包括视图的名称、所有者、视图的类型以及视图创建的日期等。

2. 查看视图的定义信息

在创建视图时,若定义语句中带有 WITH ENCRYPTION 子句,则表示 SQL Server 对包含 CREATE VIEW 语句的文本进行加密,使视图的定义不被他人查看,即使是视图拥有者和系统管理员也不能看到其定义内容。若定义视图时省略了该子句,则可以查看其定义信息。

(1) 使用 sp_helptext 查看视图定义信息

使用 sp_helptext 查看视图定义信息的语法格式为:

```
[EXECUTE]SP_HELPTEXT 视图名
```

例如,若要查看视图 view1 的定义语句可使用下列语句:

```
sp_helptext View1
```

输入并执行上述代码,运行结果如图6-9所示。

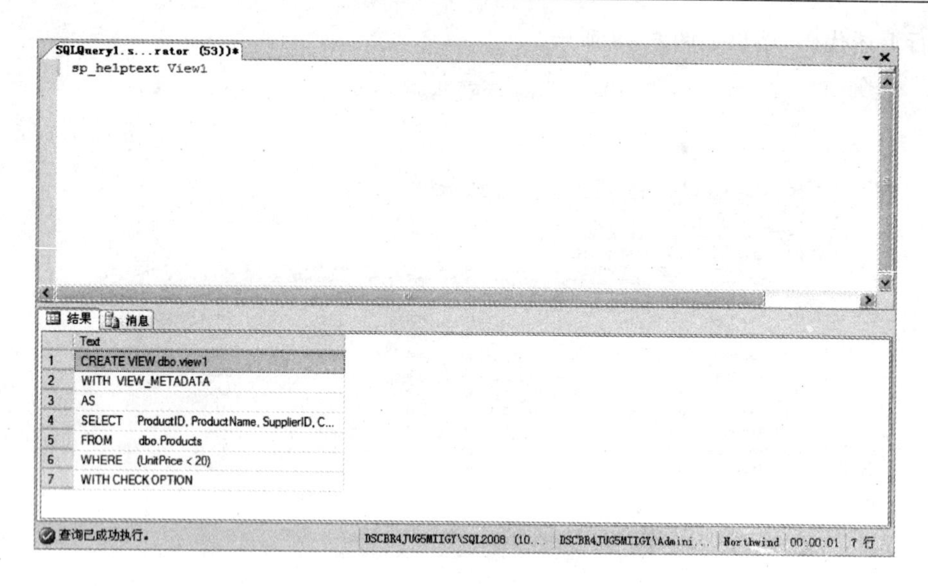

图 6-9 代码运行结果

(2) 使用对象资源管理器查看视图的定义信息

在 SQL Server Management Studio 中,可以通过对象管理器查看视图的定义内容的方法与查看数据表内容的方法几乎一致,在这里,请参照前面章节的相关内容。

3. 查看视图与其他数据库对象之间的依赖关系

如果想知道视图中的数据来源于哪些数据对象,哪些数据对象引用了视图中的数据,则需要查看视图与其他数据对象之间的依赖关系。

使用 sp_depends 可以查看视图与其他数据库对象之间的依赖关系,语法格式如下:

```
[EXECUTE]sp_depends 视图名
```

例如,要查看 View1 视图与其他数据库对象之间的依赖关系,可使用以下代码:

```
sp_depends View1
```

输入并执行上述语句,结果如图 6-10 所示。图中显示了视图所用的基表、表的类型、更新日期、所使用的列等信息。

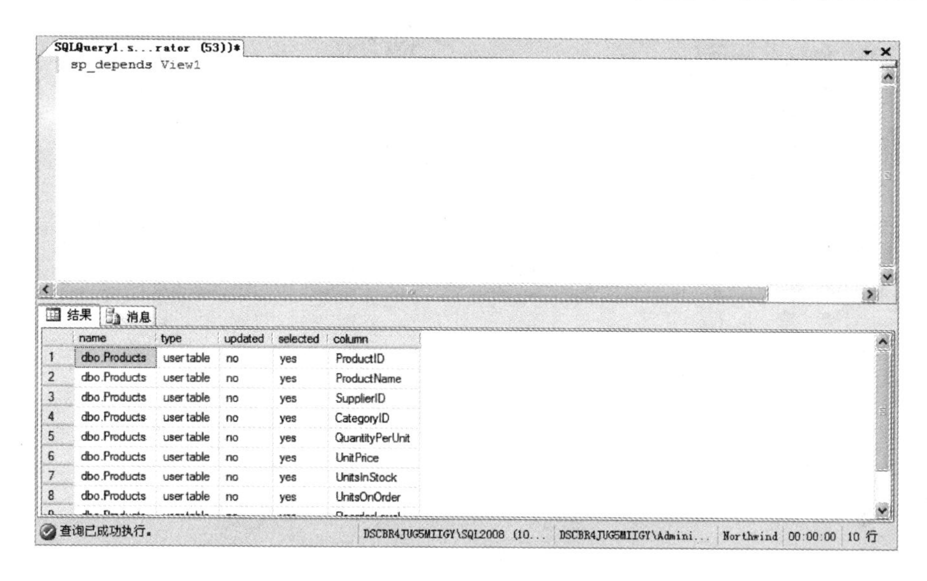

图 6-10 显示视图的信息

6.3.2 修改视图

对于一个已经存在的视图，既可以通过查询设计器进行修改，也可以用 ALTER VIEW 语句进行修改。

(1) 使用对象资源管理器修改视图

在“对象资源管理器”窗口中，右击要修改的视图，从弹出的快捷菜单中选择“设计”命令，打开“查询设计器”对话框，可以在其中按照创建视图的方法对视图定义进行修改，如图 6-11 所示。

(2) 使用 ALTER VIEW 语句修改视图

除在企业管理器中使用视图设计器修改视图定义外，还可以使用 ALTER VIEW 语句修改已存在的视图，语法格式如下：

```
ALTER VIEW 视图名
[WITH ENCRYPTION]
AS
SELECT 语句
[WITH CHECK OPTION]
```

其中，视图名用于要修改的视图；WITH ENCRYPTION 子句用于对视图的定义进行加密处理，SELECT 语句用于定义建立视图时所用的选择查询；WITH CHECK OPTION 用于在通过视图插入或修改表数据时须满足 WHERE 子句所指定的选择条件。

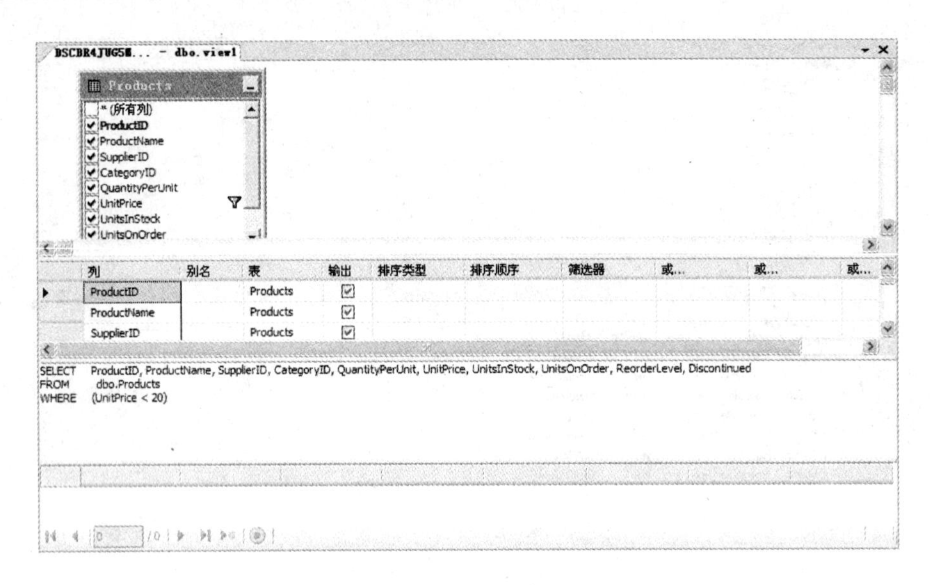

图 6-11 视图设计窗口

【例 6-4】 在 Northwind 示例数据库中建立一个名为 v-products 的视图，然后用 ALTER VIEW 语句修改这个视图，在修改以后的视图中要求使用中文表示视图中的字段名并加上 WITH ENCRYPTION 子句和 WITH CHECK OPTION 子句。

代码如下：

```
USE Northwind
GO
CREATE VIEW v - products
AS
SELECT ProductID,ProductName,UnitPrice,UnitsInStock,UnitsOnOrder,ReorderLevel
FROM Products
GO
ALTER VIEW v_readers(ProductID,ProductName,UnitPrice)
WITH ENCRYPTION
AS
SELECT ProductID,ProductName,UnitPrice,UnitsInStock,UnitsOnOrder,ReorderLevel
FROM Products
WITH CHECK OPTION
GO
```

6.3.3 重命名视图

视图建立后，用户也可对其更名。视图的重命名可以采用系统存储过程和在对象资源管理器中完成。

(1) 使用对象资源管理器修改视图的名称

操作步骤如下：

1）从树结构中，展开要修改的视图所在的数据库。

2）选中该数据库节点下的表节点，则在对象资源管理器显示该数据库下的全部视图。

3）选择要修改定义的视图。

4）单击右键，从快捷菜单中选择“重命名”命令，然后直接输入视图的名称。

(2) 用系统存储过程修改视图的名称

使用系统存储过程可以修改视图的名称，语法如下：

```
sp_rename [@object_name = ]'object_name',[@newname = ]'new_name'
```

命令说明：

object_name：表示数据库对象的原名称，如表示视图的旧名称。

new_name：表示数据库对象的新名称，如表示视图的新名称。

【例 6-11】 将例 6-6 中建立的视图“view3”改名为“newview”。

```
USE Northwind
GO
Exec sp_rename 'view3','newview'
```

6.3.4　删除视图

当不再需要某视图时，可以将其删除。删除视图不会影响基表中的数据。若在某视图上创建了其他数据库对象，则该视图仍然可以被删除掉，但是任何创建在该视图之上的数据库对象的操作将会发生错误。

(1) 使用 DROP VIEW 语句删除视图

使用 DROP VIEW 语句删除视图的语法格式为：

```
DROP VIEW 视图名[,…n]
```

使用该语句可以一次删除多个视图。

例如，删除 Northwind 数据库中的视图 view3 可用如下代码：

```
USE Northwind
GO
DROP VIEW view3
```

(2) 使用对象管理器删除视图

操作步骤如下：

1）启动 SQL Server Management Studio。

2）选中相应的数据库，单击数据库下的视图节点，在详细信息窗口中，右击要删除的一个，在弹出的快捷菜单中，单击“删除”命令，或直接按下键盘上的 Delete 键。

3）若单击“查看依赖关系”选项，可以查看当前数据库中与该视图有依赖关系的其他数据库对象。

6.4 上机练习

通过上机练习，掌握视图的创建、查看、修改和删除，以及使用视图对表数据进行操作的方法。

1. 创建视图

1）为 Northwind 数据库建立视图 EmployeesView，包括可借出的图书信息。

```
USE Northwind
GO
CREATE VIEW EmployeesView
AS
SELECT EmployeeID, LastName, FirstName, City
FROM Employees
WHERE City = 'London'
```

2）为 Northwind 数据库建立视图 OrdersView，包括订货者姓名和雇员姓名。

```
USE Northwind
GO
CREATE VIEW OnLoanView
AS
SELECT Borrow.图书编号, Books.图书名, Readers.姓名, Borrow.借阅日期,
        Borrow.应还日期
FROM Books INNER JOIN
        Borrow ON Books.图书编号 = Borrow.读者编号 INNER JOIN
        Readers ON Borrow.读者编号 = Readers.读者编号
```

2. 查询视图

1）查询视图 EmployeesView，产生当前可借的图书列表。

```
USE Northwind
GO
    SELECT * FROM EmployeesView
```

2）查询视图 OnLoanView，列出当前的借阅信息。

```
USE Northwind
GO
    SELECT * FROM OnLoanView
```

3. 修改视图

1）将视图 EmployeesView 的信息加密。

```
USE Northwind
GO
ALTER VIEW EmployeesView
WITH ENCRYPTION
AS
SELECT 图书编号，图书名，作者，出版社
FROM Books
WHERE 是否借出 = 0
```

2）修改视图 OnLoanView，增加一列读者编号。

```
USE Northwind
GO
ALTER VIEW OnLoanView
AS
SELECT Borrow.图书编号，Books.图书名，Readers.姓名，Borrow.借阅日期，
      Borrow.应还日期，Readers.读者编号
FROM Books INNER JOIN
      Borrow ON Books.图书编号 = Borrow.读者编号 INNER JOIN
      Readers ON Borrow.读者编号 = Readers.读者编号
```

4. 删除视图 EmployeesView

```
USE Northwind
GO
    DROP VIEW EmployeesView
```

5. 视图的加密、定制显示和使用函数

(1) 使用 SQL 语句创建视图

```
USE pubs
GO
CREATE VIEW titles_view
AS
```

```
SELECT title, type, price, pubdate FROM titles
GO
```

(2) 使用 WITH ENCRYPTION 选项加密并显示计算列

```
USE pubs
GO
CREATE VIEW accounts (title, advance, amt_due)
WITH ENCRYPTION
AS
SELECT title, advance, price * royalty * ytd_sales FROM titles WHERE price > $5
GO
```

(3) 使用 WITH CHECK OPTION 定制显示

创建显示名为 CAonly 的视图，并使该视图只对加利福尼亚州的作者应用数据修改。

```
USE pubs
GO
CREATE VIEW CAonly
AS
SELECT au_lname, au_fname, city, state, contract, au_id FROM authors
WHERE state = 'CA'
WITH CHECK OPTION
GO
```

执行以下插入数据操作：

```
insert CAonly values('zhang','san','cd','sc',1,'172-32-1172')
```

执行完成后查看结果。

(4) 在视图中使用内置函数

使用函数时，必须在 CREATE VIEW 语句中为派生列指定列名。

```
USE pubs
GO
CREATE VIEW categories (类型,平均价格)
AS
SELECT type, AVG(price) FROM titles GROUP BY type
GO
```

6. 通过视图将数据插入到表

INSERT 语句指定一个视图名，但在将新行插入该视图的基础表时，INSERT 语句中 VALUES 列表的顺序必须与视图的列顺序相匹配。

分别创建一个表 T1,一个视图 V1:

```
CREATE TABLE T1 ( column_1 int, column_2 varchar(30))
GO
CREATE VIEW V1
AS
SELECT column_2, column_1 FROM T1
GO
```

直接向表插入数据:

```
INSERT INTO T1 VALUES (2,'ROW 2')
```

通过视图向表插入数据:

```
INSERT INTO V1 VALUES ('Row 1',1)
```

6.5 习　题

在 Northwind 数据库中,完成如下各题:

(1) 建立视图 OrderSubtotalsView,使用一个创建列 Subtotal 来显示订单的金额。该金额从 UnitPrice,Quantity 和 Discount 等列的数据计算得到。

(2) 创建视图 vwCustomerOrders,视图中使用 SELECT 语句在以 Orders 表中的订单 ID、Customers 数据表中的公司名称(CompanyName)和联系名称(ContactName),通过客户 ID 连接起来

(3) 建立视图 ShipStatusView,将表 Customers 和 Orders 连接起来。

第7章 索 引

本章要点

本章介绍索引的概念、数据的存储方式、索引的分类,并详细讨论创建、查看和删除索引的方法。

学习目标

☑ 理解索引的概念
☑ 理解聚集索引和非聚集索引的含义和使用
☑ 掌握创建索引的方法
☑ 掌握查看索引的方法
☑ 掌握删除索引的方法

7.1 索引的概念

7.1.1 SQL Server 中数据的存储与访问

理解数据的存储方式是理解 SQL Server 如何访问数据的基础。

1. 数据的存储方法

- 数据行存储在数据页中。
- 堆是一个表所有数据页的集成。
- 每个数据页包括 8KB 信息,八个邻近的页称为一个扩展盘区。
- 数据行的存储是无序的,数据页也是无序的。
- 数据页并不是通过链表连接。
- 当行插入满的页的时候,数据页要拆分。

2. 数据的访问方法

SQL Server 使用以下两种方法访问数据。

(1) 扫描表中所有的数据页——表扫描

- 从表的起点开始扫描。
- 对表中的所有行从头到尾扫描所有行。
- 提取满足查询条件的行。

(2) 使用指向页上数据的索引

当使用索引时,系统会:

- 遍历索引树结构,找到查询所请求的列。
- 只提取符合查询标准的列。

7.1.2　索引的特点

索引与书的目录很相似,表中的数据类似于书的内容。我们在看书的时候,可以通过目录来查看书的内容,而没有必要通过翻遍书中的每一页来查看。同样,在数据库中,索引记录了表中的关键值和指向表中相应行的指针,并按照关键值排序。在查询数据时,首先在索引表中查询索引值,再根据索引的指针查询到表的结果。如果表中没有索引,则查询时系统从头开始进行物理扫描,直到扫描到所需的结果为止。当在表中建立了索引后,查询时不是在表中逐行扫描,而是在索引表中搜索,提高了查询速度。

7.1.3　索引的分类

SQL Server 2008 中的索引有两类:聚集索引(Cluster Index)和非聚集索引(Non- Cluster Index)。这两种形式的索引具有不同的物理存储结构。

1. 聚集索引

聚集索引是一种指明表数据物理存储顺序的索引。在聚集索引中,行的物理存储顺序与索引顺序完全相同,即索引的顺序决定了表中行的存储顺序。表数据按照聚集索引的一个或多个键列排序并存储。聚集索引类似于一本字典,字典中的正文按照字母顺序排列,与字典的索引顺序一致。

聚集索引对于那些经常要搜索范围值的列特别有效。使用聚集索引找到包含第一个值的行后,便可以确保包含后续索引值的行在物理相邻。例如,如果应用程序执行的一个查询经常检索某一日期范围内的记录,则使用聚集索引可以迅速找到包含开始日期的行,然后检索表中所有相邻的行,直到到达结束日期。这样有助于提高此类查询的性能。

注意

数据表只能有一个聚集索引。主键适合聚集索引。

2. 非聚集索引

非聚集索引与聚集索引不同,非聚集索引中的顺序并不等同于表中行的物理顺序。索引仅仅记录指向表中行的位置的指针,这些指针本身是有序的,通过这些指针可以在表中快速地定位数据。

注意

一个表可有多个非聚集索引。为一个表建立索引默认都是非聚集索引。在一列上设置唯一性约束时也自动在该列上创建非聚集索引。

3. 唯一索引

唯一索引可以确保索引列不包含重复的值。在多列唯一索引的情况下,该索引可以确保索引列中每个值组合都是唯一的。例如，若在 last_name，first_name 和 middle_initial 列的组合上创建了唯一索引 full_name，则该表中任何两个人都不可以具有相同的全名。

聚集索引和非聚集索引都可以是唯一的。因此，只要列中的数据是唯一的，就可以在同一个表上创建一个唯一的聚集索引和多个唯一的非聚集索引。

创建 PRIMARY KEY 或 UNIQUE 约束会在表中指定的列上自动创建唯一索引。

注意

只有当唯一性是数据本身的特征时，指定唯一索引才有意义。如果必须实施唯一性以确保数据的完整性，则应在列上创建 UNIQUE 或 PRIMARY KEY 约束，而不要创建唯一索引。例如，若打算经常查询雇员表（主键为 emp_id）中的社会安全号码（ssn）列，并希望确保社会安全号码的唯一性，则在 ssn 列上创建 UNIQUE 约束。如果用户为一个以上的雇员输入了同一个社会安全号码，则会提示错误。

7.2 创建索引

索引能加快检索速度，但是否有必要为表中的所有列都建立索引，答案是否定的。因为，建立索引虽加快了检索速度，却减慢了数据修改速度。因为每当执行一次数据修改（包括插入、删除和更新），系统都要维护索引，修改的数据越多，维护索引的开销也就越大。所以，在修改数据时，对建立了索引的列执行修改操作要比未建立索引的列执行修改操作所花的时间要长。

通常，在下列情况下需要为表的一列或多列建立索引：

1）主键。一般而言，存取表的最常用的方法是通过主键来进行。因此，应该在主键上建立索引。

2）外键。在表连接时，通常靠外键进行。若为外键建立了索引，系统可以很快执行连接。

3）频繁作查询条件的列。

4）在 ORDER BY 中经常使用的列。

5）值是唯一的列。

在下列情况下，不考虑创建索引：

1）很少在查询条件中出现的列。

2）列的取值范围很小或包含太多重复值。例如，性别的取值只能是男或女。

3）表中的数据很少，一般也没有必要创建索引。

7.2.1 使用 CREATE INDEX 创建索引

创建索引可以使用 CREATE INDEX 语句建立索引，语法格式如下：

```
CREATE [UNIQUE][CLUSTERED | NONCLUSTERED]
INDEX index_name ON table_name(column_name [ASC | DESC][,…n])
```

命令说明：

UNIQUE：创建唯一索引。

CLUSTERED：创建聚集索引。

NONCLUSTERED：创建非聚集索引。

Index_name：定义索引名

Table_name：创建索引的表名

column_name：创建索引的列名。ASC 表示升序，DESC 表示降序。

【例 7-1】 在表 Products 的产品名称上创建非聚集索引，索引名称为 Products_ProductName_index。

代码如下：

```
USE Northwind
GO
CREATE NONCLUSTERED
INDEX  Products_ProductsName_index ON  Products (ProductName)
```

7.2.2 通过企业管理器创建索引

如果希望一次创建多个索引并在创建索引的过程中对更多的索引选项进行设置，则应当使用企业管理器来创建索引。

操作步骤如下：

1）在企业管理器中依次展开服务器组、服务器、数据库节点，然后选中一个数据库。

2）单击所选数据库下的“表”节点，在详细信息窗口中右击目标表，然后在弹出的快捷菜单中选择“所有任务”选项下的“管理索引”命令，此时出现“管理索引”对话框，如图 7-1 所示。在该对话框中给出了当前已存在索引的信息。

3）如果要在当前表中创建一个新的索引，单击“新建”按钮，此时出现“新建索引”对话框，如图 7-2 所示。

4）在“索引名称”文本框中输入要创建的索引名称。在字段列表中单击字段名左边的复选框，以选择包含在索引中的字段，可以是一个字段或多个字段的组合。

5）如果要改变顺序，单击“向上”按钮，以使所选择的字段向上移动一行，或者单击“向下”按钮，使所选择的字段向下移动一行。如果要将索引设置为唯一性索引，选取“唯一值”复选框。

6）如果希望唯一性索引设置为聚集索引，选取“聚集索引”复选框。如果表中已经有了一个聚集索引，则这个复选框将被禁止。

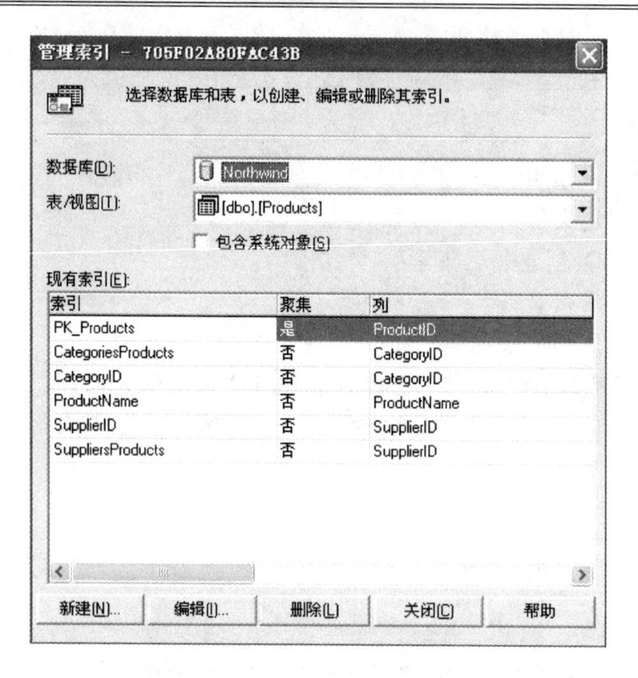

图 7-1 “管理索引”对话框

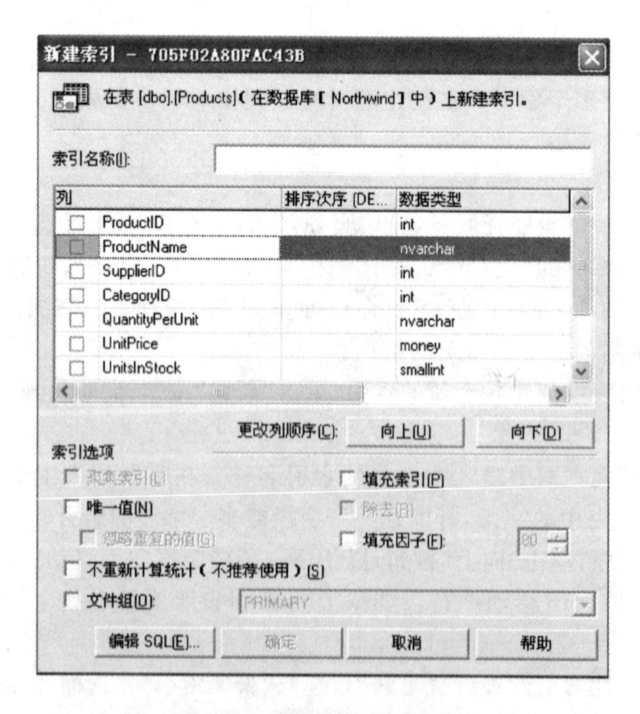

图 7-2 “新建索引”对话框

7）如果希望唯一性索引忽略重复的键值，则选取“忽略重复的值”复选框，以设置选项 IGNORE_DUP_KEY。若选择此选项，则使用 INSERT 语句添加记录并出现索引键值重复的情况时，SQL Server 将忽略这一行具有重复键值的记录并发出一个警告信息。而其他行则被正常插入。如果未选择此复选框，则 SQL Server 将取消 INSERT 语句的执行并发出一个提示错误的信息。

8）如果不希望 SQL Server 自动重构索引的统计信息，选取“不重新计算统计”复选框，以设置索引选项 STATISTICS_NORECOMPUTE，这样检索记录时就不能达到最高的效率。为了在索引更新时自动重新计算统计数据，建议不要选此复选框。

9）如果要改变索引所在的文件组，可选择“文件组”复选框，然后在右边的下拉列表中选择一个文件组。默认时，索引与表存放在同一文件组中。

10）如果希望通过手动方式来设定填充因子，选取“填充因子”复选框，然后在右边的微调框中键入或选择一个介于 0～100 的百分比数。若取 60 表示叶级索引页面填充到 60%时开始分页，在索引页面中保留一定空间，可存储以后插入新行的索引值，而避免重新分页。

11）在原有的索引字段上重建同名索引时，如果想用新的索引取代现存的同名索引，选取“除去”复选框。

12）在指定填充因子的情况下，可以选择“填充索引”复选框，以设置相应的索引选项 PAD_INDEX，从而决定中间节点索引页的填充率。

13）如果希望查看或编辑创建索引的 Transact - SQL 代码，可以单击“编辑 SQL”按钮，这是学习 CREATE INDEX 语句的一种好办法。

14）完成索引选项设置后，单击“确定”按钮，关闭“新建索引”对话框，返回“管理索引”对话框。此时可以看到，在“现有索引”列表中刚刚建立的索引。单击“关闭”按钮，结束索引创建过程。

7.2.3 通过向导创建立索引

一般情况下，创建索引由用户自己动手完成，使用向导则是建立索引的一种较为简单的方法。下面以 Products 表为例介绍使用向导创建索引的方法。

操作步骤如下：

1）在企业管理器中展开服务器组，然后展开一个服务器。

2）选择“工具”/“向导”命令。

3）在“选择向导”对话框中单击“数据库”左边的加号图标，然后单击“创建索引向导”项，再单击“确定”按钮。

4）在弹出的“创建索引向导”的欢迎界面中单击“下一步”按钮。此时出现“选择数据库和表”界面，如图 7 - 4 所示。

5）从“选择数据库和表”界面的“数据库名称”下拉列表中选择相应的数据库，如 Northwind 数据库。从“对象名”下拉列表中选择相应的表(如选择 Products 表)。然后单击“下一步”按钮。此时出现“当前的索引信息”界面,如图 7-5 所示。

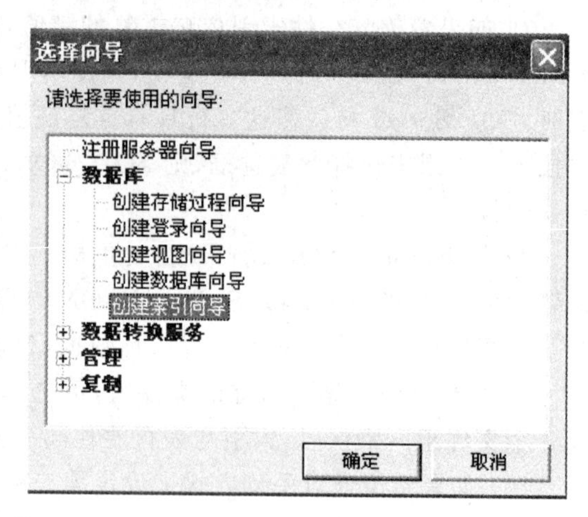

图 7-3　“选择向导”对话框

6) 选择所需索引,单击“下一步”按钮,弹出如图 7-6 所示的“选择列”界面。其中列出了所选表中的所有字段,如果要选择一个字段作为索引键,可以单击该字段在“包含在索引中”列中的复选框,也可以从表中选择两个或多个字段。此外,还可以单击“排序次序(DESC)”列中的复选框,将排序次序更改为递减顺序。在本例中选择“ProductName”(产品名称)字段作为索引键,然后单击“下一步”按钮。

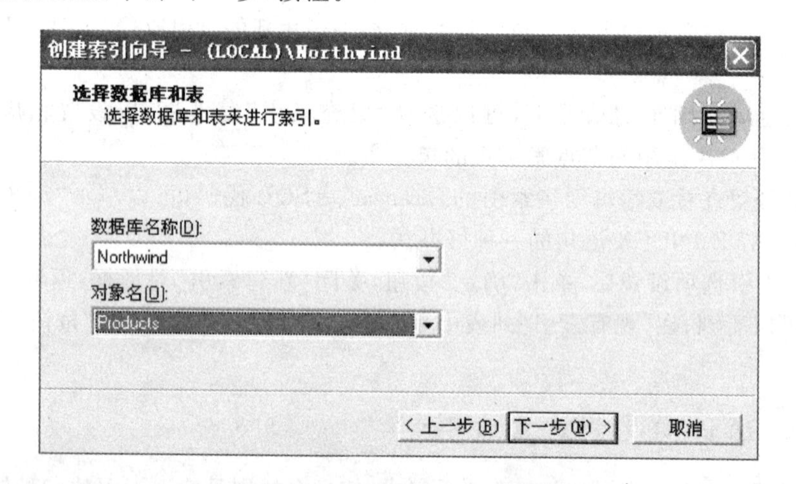

图 7-4　“创建索引向导—选择数据和表”界面

7) 此时,出现“指定索引选项”界面,如图 7-7 所示。可执行以下操作:

欲使所建索引成为一个聚集索引,可以选中“使其成为聚集索引”复选框。此时,须注意的是,由于一个表中只能有一个聚集索引,如果表中已经有一个聚集索引,则此复选框将不能被选取,此时将看到“该对象已有一个聚集索引”这样一行提示信息。

欲使所建索引成为一个唯一性索引,可以选择“使其成为唯一性索引”复选框。

设置“填充因子”。该选项告诉 SQL Server 在最初建立索引时,其索引页的填充程序是多少。如果要让 SQL Server 决定填充因子并将性能调整到最佳化,可以选择“最佳”选项。如果要手动设置填充因子,可以选择“固定”选项,并在右边的微调框中输入或选择一个百分数,取值范围为(0～100)%。除非不再需要对表进行插入或修改操作,通常不要将填充因子指定为 100%。

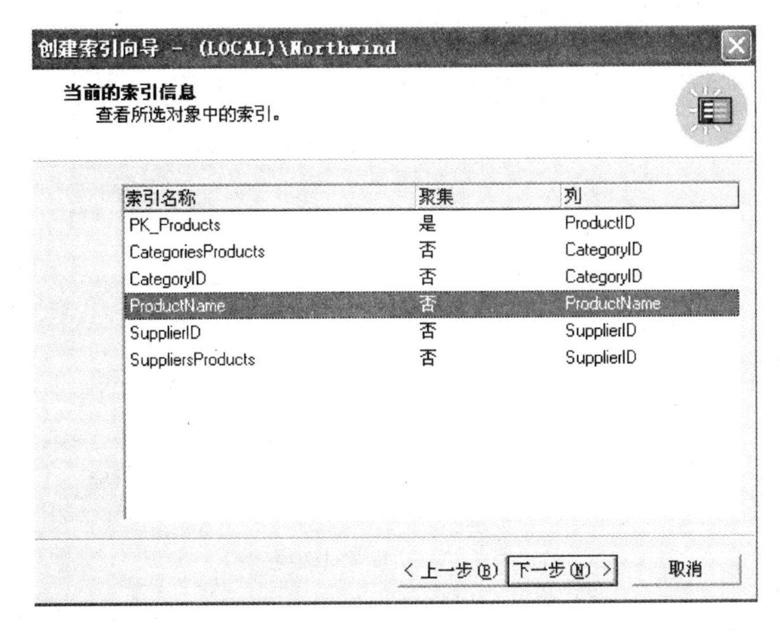

图 7-5　“创建索引向导—当前的索引信息”界面

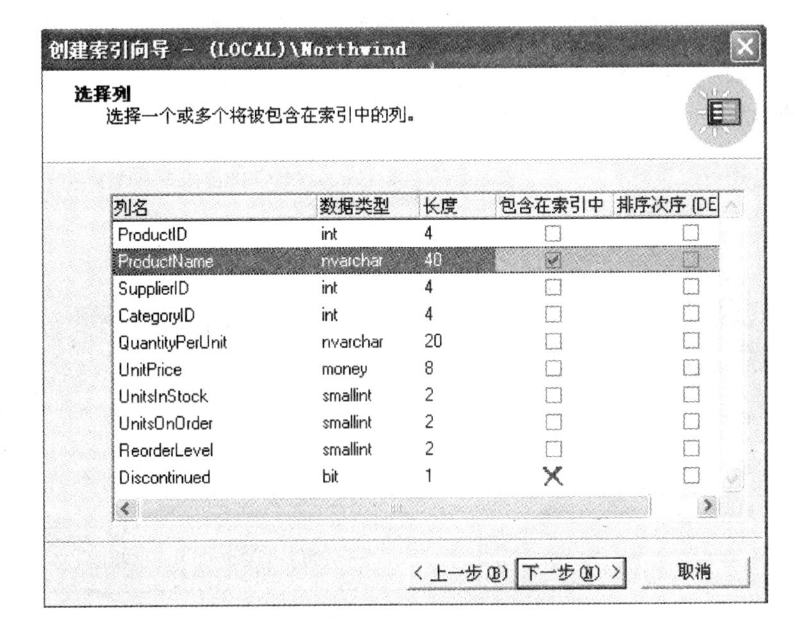

图 7-6　选择索引列

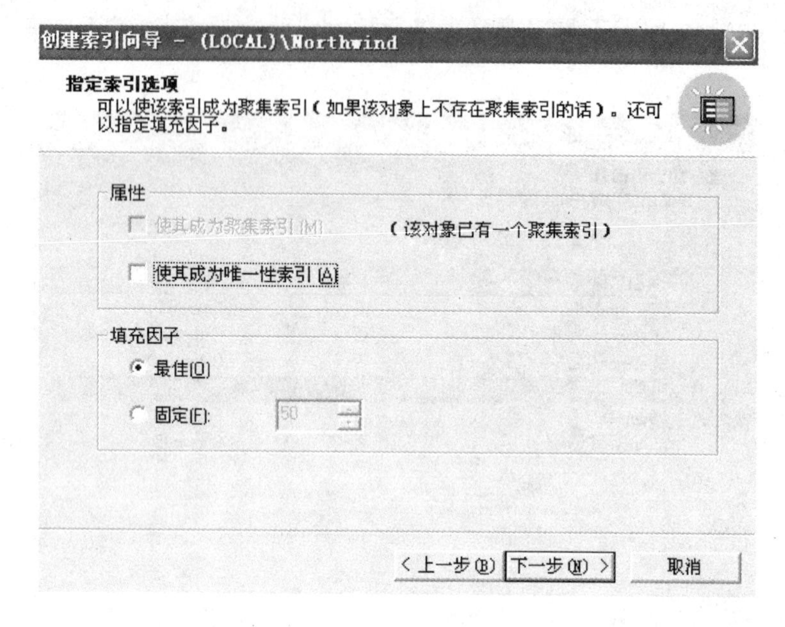

图 7－7　指定索引选项

8）指定索引选项以后，单击“下一步”按钮。此时，将出现“正在完成创建索引向导”界面，如图 7－8 所示：

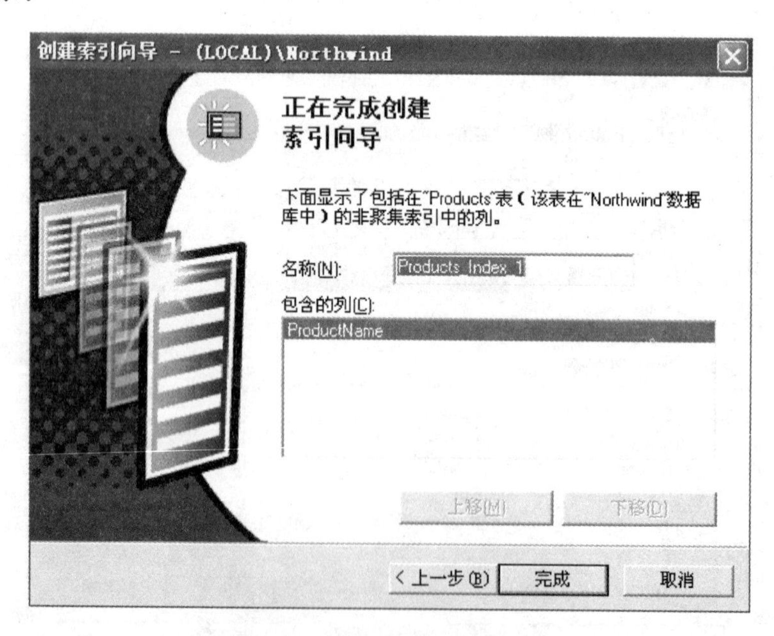

图 7－8　正在完成索引向导

在如图7-8所示的界面中列出了要加入到索引中的字段。在“名称”文本框中为所建索引指定一个名称,然后单击“完成”按钮,SQL Server开始建立索引,此时弹出一个消息框,提示已经成功创建了索引。单击“确定”按钮,结束创建索引的操作过程。

7.3 维护索引

7.3.1 查看索引信息

(1) 使用企业管理器查看

操作步骤如下:

1) 在企业管理器中展开服务器组,然后展开一个服务器。

2) 展开数据库节点,选中相应的数据库,单击数据库下方的表节点。

3) 右击要查看索引信息的表,从弹出的快捷菜单中选择“所有任务”选项下的“管理索引”命令,弹出“管理索引”对话框,如图7-9所示。

图7-9 “管理索引”对话框

4) 在“管理索引”对话框中可以查看表中所有的索引信息。在该对话框中显示了数据库名称和相应表的名称，在“索引”列中显示了相应表中存在的索引名称，同时还显示了相应的索引是否为聚集索引和索引的字段名称。在对话框中还可以单击“编辑”按钮，对已存在的索引进行编辑修改。

5）单击“关闭”按钮，关闭“管理索引”对话框。

(2) 使用系统存储过程查看

使用系统存储过程 sp_helpindex 语句可以查看特定表上的索引信息。例如，要查看数据库中 Books 表的索引信息，可以使用以下代码：

```
USE Northwind
EXECUTE sp_helpindex Products
```

执行上述语句后，将显示索引表的索引名称、是否聚集索引及索引字段名称等信息。

7.3.2 删除索引

通过建立有效的索引可以提高检索的效率，但也不是表中的每个字段都需要建立索引。在表中建立的索引越多，修改或删除记录时服务器用于维护索引所花费的时间就越长。当不需要某些索引时，就应当及时把它们从表中删除。可以使用企业管理器或在查询分析器中执行 DROP INDEX 语句来删除数据库中相应表上的索引。

(1) 使用企业管理器删除

操作步骤如下：

1）在企业管理器中展开服务器组，然后展开一个服务器。

2）展开数据库节点，选中相应的数据库，单击数据库下方的表节点。

3）右击要查看索引信息的表，从弹出的快捷菜单中选择“所有任务”选项下的“管理索引”命令，以显示“管理索引”对话框。

4）在对话框的“现在索引”列表中选中相应的索引，然后单击“删除”按钮，弹出如图 7-10 所示的对话框中，单击“是”按钮，确认删除索引。

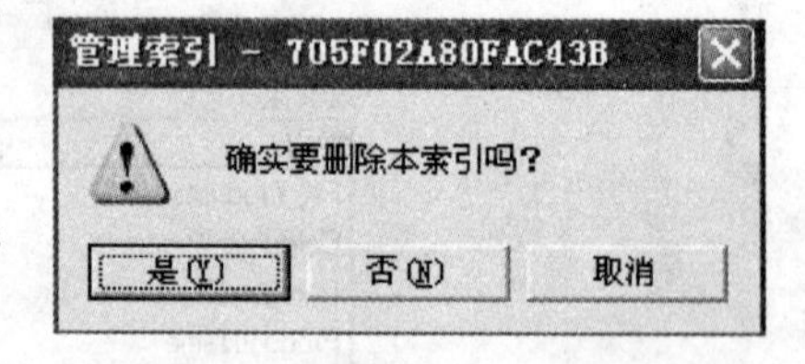

图 7-10 确认删除索引

(2) 执行 SQL 语句删除

DROP INDEX 语句用于删除数据库中相应表上的索引，语法格式为：

```
DROP INDEC 表名.索引名[,…n]
```

例如，下面的语句分别从表 product1 和表 product2 中各删除一个索引。

```
DROP INDEX product1.index_name, product2.index_1
```

7.3.3　设置索引的选项

在管理索引的过程中，可以通过设置索引选项等内容对相关索引进行进一步的管理。

在图7-9中，选择需要管理的索引，单击“编辑”按钮，在弹出的图7-11中通过设置不同的选项进行管理。

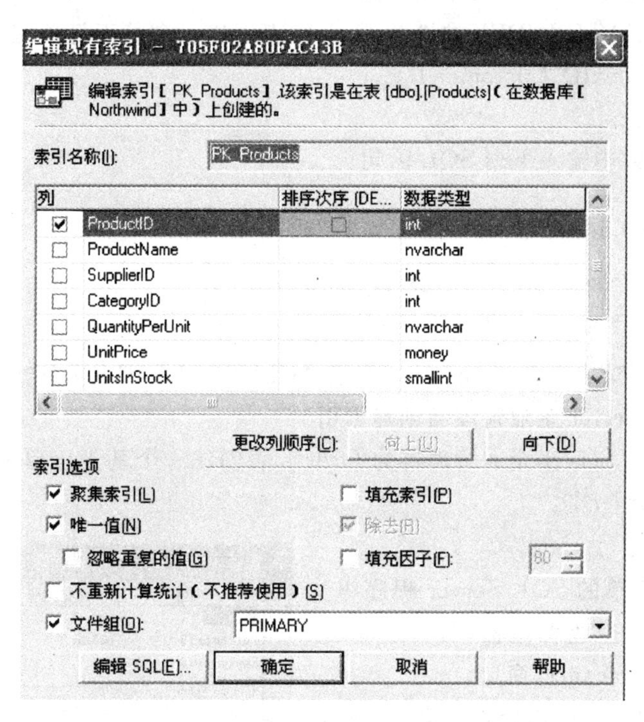

图7-11　设置索引选项

索引选项说明：

聚集索引：指定一个聚集索引。

唯一值：指定用唯一值建立列的索引。

忽略重复的值：指定忽略重复的值。

不重新计算统计(不推荐使用)：指定不重新计算索引统计。不推荐使用本选项。

文件组：指定索引的文件组。

填充索引：指定填充索引。填充索引在索引的每个内部节点上留出空格。

除去：指定在创建新索引之前删除任何现有的同名索引。

填充因子：指定 SQL Server 在创建索引过程中，对各索引页的叶级所进行填充的程度。

7.4 上机练习

1. 创建索引

(1) 使用 CREATE INDEX 命令创建索引

例如，使用 CREATE INDEX 命令为 Orders 表创建一个基于订单编号、客户编号列的唯一聚集索引"PK_OrdexID_Customer ID"。

操作步骤如下：

在"查询分析器"中输入下列 SQL 语句：

```
USE Northwind
GO
CREATE UNIQUE CLUSTERED INDEX PK_OrderID_CustomerID
ON Readers(OrderID、CustomerID)
```

说明："UNIQUE"表示创建的是唯一索引，"CLUSTERED"表示创建的是聚集索引。

(2) 使用 SQL Server 企业管理器创建索引

例如，使用 SQL Server 企业管理器为 Orders 表创建一个基于定单编号列的按升序排列的普通索引 PK_ OrderID。

操作步骤如下：

1) 从"开始"菜单的 SQL Server 程序组中启动 SQL Server 企业管理器，打开"SQL Server Enterprise Manager"窗口。

2) 在左边的目录树中选择要创建索引的数据库文件夹，如"Northwind"文件夹，并在右边的对象窗口中选择并打开其中的"表"对象。

3) 选择所要创建索引的表，如 Orders 表，并从"操作"菜单中选择"设计表"命令，打开 SQL Server 的表编辑器窗口，如图 7-12 所示。

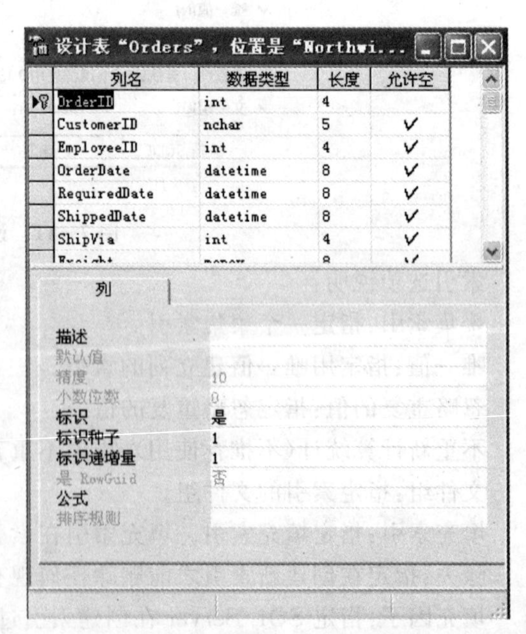

图 7-12 SQL Server 的表编辑器窗口

4) 单击工具栏上的"[按钮图标]"按钮，打开"属性"对话框的"管理索引/键"选项卡。此时在该选项卡上显示的是已创建索引的一些信息，如图 7-13 所示。

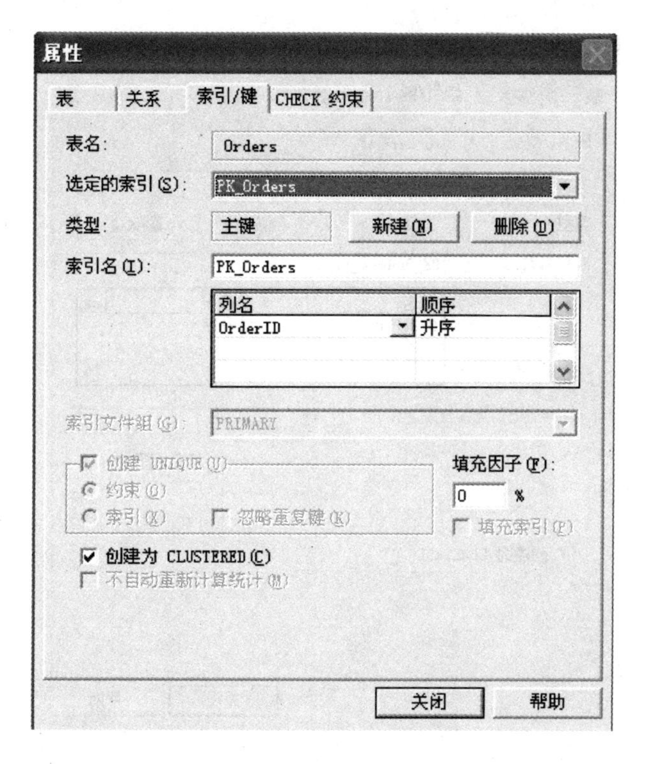

图 7-13 “属性”对话框的“索引/键”选项卡

5）单击其中的“新建”按钮，创建新索引，并为其设置相应属性。单击“新建”按钮后，系统自动为某些属性设置了默认值。

6）在“列名”列表框的第一行下拉列表中选择“OrderID”项，并在“顺序”列表框的第一行下拉列表中选择排序顺序为“升序”。

7）选中“创建 UNIQUE”复选框，并设置其为“索引”单选项。由于该表已有一个聚集索引 PK_Orders，因此不能再为当前索引设置 CLUSTERED 选项，不然系统会给出提示信息，要求取消原聚集索引的 CLUSTERED 属性。如果确定要创建聚集索引，或要修改某个非聚集索引为聚集索引，则选中“创建为 CLUSTERED”复选框。

8）设置“填充因子”为 10，使得索引叶级页只填充 10%，填满了就换新页面，并选中其下的“填充索引”复选框，即选择 PAD_INDEX 选项，使索引中间页具有与叶级页相同的填充程度。

9）将索引名改为 PK_Orders_type。最终的属性设置情况如图 7-14 所示。

10）设置完相关信息后，最后单击“关闭”按钮。至此，完成了索引的创建。单击工具栏上的“保存”按钮，保存对表所作的修改，最后关闭表编辑器窗口。

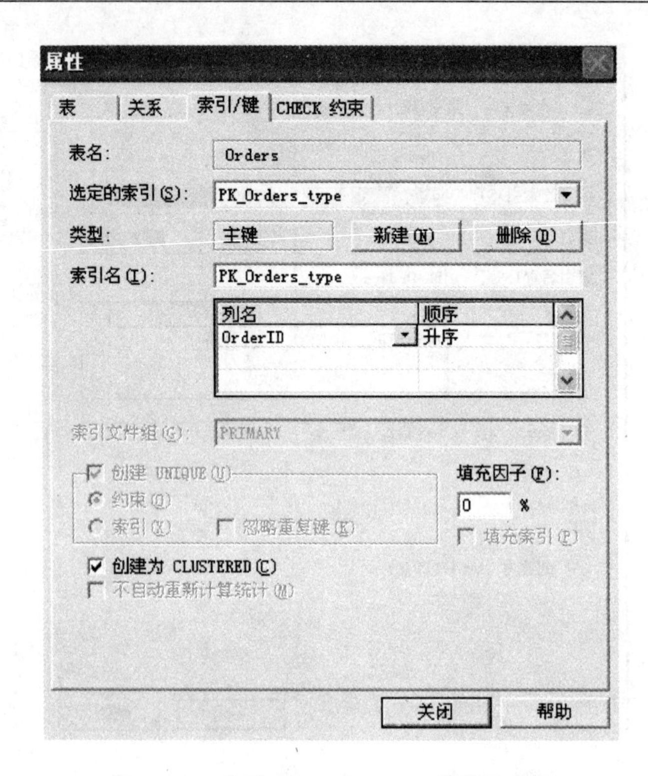

图 7-14　索引 PK_Orders_type 的属性设置

2. 查看索引

可在查询分析器或企业管理器查看表的索引信息。

3. 删除索引

删除索引可以使用以下两种方法。

(1) 使用 DROP INDEX 命令删除索引

例如,使用 DROP INDEX 命令删除上面创建的索引 PK_Orders_type。

在"查询分析器"中输入下列 SQL 语句:

```
USE Northwind
GO
DROP INDEX Orders.PK_Orders_type
```

(2)使用 SQL Server 的企业管理器删除索引

例如,使用 SQL Server 的企业管理器删除上面创建的索引 PK_Orders_type。

1) 在"开始"菜单的 SQL Server 程序组中启动 SQL Server 企业管理器,打开"SQL Server Enterprise Manager"窗口。

2）在左边的目录树中选择要删除索引的数据库文件夹，如“Northwind”文件夹，在右边的对象窗口中选择并打开其中的“表”对象。

3）选择所要删除索引的表，如 Orders 表，并从“操作”菜单中选择“设计表”命令，打开 SQL Server 的表编辑器窗口，如图 7-12 所示。

4）单击工具栏上的“ ”按钮，打开“属性”对话框的“索引/键”选项卡，如图 7-13 所示。

5）从“选定的索引”下拉列表中选择要删除的索引 PK_Orders_type，然后单击其下的“删除”按钮，删除所选择的索引。

6）最后单击“关闭”按钮，关闭“属性”对话框。

7）单击工具栏上的“保存”按钮，保存对表所作的修改，最后关闭表编辑器窗口。

4. 使用 T-SQL 创建聚集索引和非聚集索引

创建表 empTable：

```
create table empTable
(
    empID int,
    empName varchar(20),
    empAddress varchar(50) default '成都市科技一条街'
)
```

适当添加记录，完成后查看，记录将按添加的顺序存放。

(1) 创建非聚集索引

```
create nonclustered index idxempID on empTable(empID)
```

查看索引信息：

```
sp_helpindex empTable
```

查询表中内容，数据排列顺序没有变化：

```
select * from empTable
```

(2) 创建聚集索引

```
create clustered index idxempID on empTable(empID)
```

查看索引信息：

```
sp_helpindex empTable
```

查询表中内容，数据已经物理地按顺序从小到大进行排列：

```
select * from empTable
```

删除索引：

```
drop index emp.idxempID
```

5. 查看索引信息

```
sp_helpindex emp
```

7.5 习 题

在 Northwind 数据库中，完成如下各题：

(1) 在 Customers 表中创建名为 N_CustID 的非聚集索引，该索引在 CustomerID 列上创建。

(2) 在 Customers 表中创建名为 CustID 的聚集索引，该索引在 CustomerID 列上创建。

(3) 在 Customers 表中创建名为 U_CustID 的唯一索引，该索引在 CustomerID 列上创建。对于表中的每一行来说，CustomerID 列中的值必须唯一。

第 8 章　Transact - SQL 语言编程

本章要点

本章介绍程序的批处理概念、变量的定义、流程控制语句，并对常用系统函数和用户定义函数进行描述，还讨论游标的声明、打开、使用、关闭和释放。最后介绍事务与锁的概念和使用。

学习目标

☑ 理解 Transact - SQL 的语法概念

☑ 掌握常用系统函数的使用方法，能够完成用户定义函数的定义和使用

☑ 会使用游标

☑ 理解如何管理事务和锁

8.1　批处理、脚本和注释

8.1.1　批处理

批处理就是一个或多个 Transact - SQL 语句的集合，从应用程序一次性发送到 SQL Server 并由 SQL Server 编译成一个可执行单元，此单元称为执行计划。执行计划中的语句每次执行一条。

建立批处理时，使用 GO 语句作为批处理的结束标记。在一个 GO 语句行中不能包含其他 Transact - SQL 语句，但可以使用注释文字。如果在一个批处理中包含任何语法错误，如引用了一个并不存在的对象，则整个批处理就不能被成功编译和执行。如果一个批处理中某句有执行错误，如违反了约束，它仅影响该句的执行，并不影响批处理中其他语句的执行。

在 SQL Server 2008 中，可以利用 isql 实用程序、osql 实用程序及 isqlw 实用程序执行批处理。isql 实用程序和 osql 实用程序需要在 DOS 命令提示符下运行，这里不再介绍；isqlw 实用程序在查询分析器中执行。查询分析器是一个图形界面的查询工具。

建立批处理时，应当注意以下几点：

- CREATE DEFAULT，CREATE PROCEDURE，CREATE RULE，CREATE TRIGGER 及 CREATE VIEW 语句不能与其他语句放在一个批处理中。
- 不能在一个批处理中引用其他批处理中所定义的变量。
- 不能在把规则和默认绑定到表字段或用户自定义数据类型上之后，立即在同一个批处理中使用它们。

- 不能在定义一个 CHECK 约束之后，立即在同一个批处理中使用该约束。
- 不能在修改表中的一个字段名之后，立即在同一个批处理中引用新字段名。
- 如果一个批处理中的第一个语句是执行某个存储过程的 EXECUTE 语句，则 EXECUTE 关键字可以省略；如果该语句不是第一个语句，则必须使用 EXECUTE 关键字或简写为“EXEC”。

【例 8-1】 利用查询分析器执行两个批处理，以显示 Products 表中顾客信息及记录个数。

代码如下：

```
USE Northwind
GO
PRINT '产品表包含产品信息如下：'
SELECT * FROM Products
PRINT '产品表记录个数为：'
SELECT COUNT( * ) FROM Products
GO
```

该例子中包含两个批处理，前者仅包含一个语句，后者包含四个语句，其中 PRINT 语句用于显示 char 类型、varchar 类型，或可自动转换为字符串类型的数据。运行结果如图 8-1 所示。

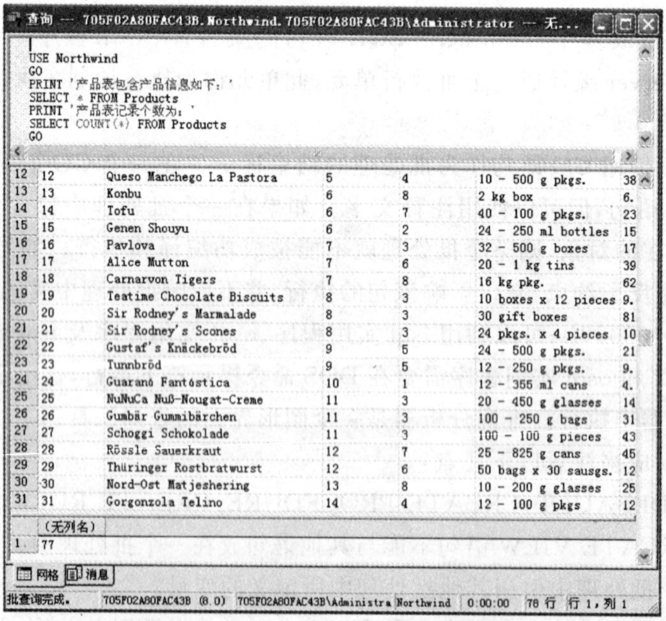

查询 — 705F02A80FAC43B.Northwind.705F02A80FAC43B\Administrator — 无...

```
USE Northwind
GO
PRINT '产品表包含产品信息如下：'
SELECT * FROM Products
PRINT '产品表记录个数为：'
SELECT COUNT(*) FROM Products
GO
```

12	12	Queso Manchego La Pastora	5	4	10 - 500 g pkgs.	38
13	13	Konbu	6	8	2 kg box	6.
14	14	Tofu	6	7	40 - 100 g pkgs.	23
15	15	Genen Shouyu	6	2	24 - 250 ml bottles	15
16	16	Pavlova	7	3	32 - 500 g boxes	17
17	17	Alice Mutton	7	6	20 - 1 kg tins	39
18	18	Carnarvon Tigers	7	8	16 kg pkg.	62
19	19	Teatime Chocolate Biscuits	8	3	10 boxes x 12 pieces	9.
20	20	Sir Rodney's Marmalade	8	3	30 gift boxes	81
21	21	Sir Rodney's Scones	8	3	24 pkgs. x 4 pieces	10
22	22	Gustaf's Knäckebröd	9	5	24 - 500 g pkgs.	21
23	23	Tunnbröd	9	5	12 - 250 g pkgs.	9.
24	24	Guaranó Fantóstica	10	1	12 - 355 ml cans	4.
25	25	NuNuCa Nuß-Nougat-Creme	11	3	20 - 450 g glasses	14
26	26	Gumbär Gummibärchen	11	3	100 - 250 g bags	31
27	27	Schoggi Schokolade	11	3	100 - 100 g pieces	43
28	28	Rössle Sauerkraut	12	7	25 - 825 g cans	45
29	29	Thüringer Rostbratwurst	12	6	50 bags x 30 sausgs.	12
30	30	Nord-Ost Matjeshering	13	8	10 - 200 g glasses	25
31	31	Gorgonzola Telino	14	4	12 - 100 g pkgs	12

	(无列名)
1	77

网格 消息

批查询完成。 705F02A80FAC43B (8.0) 705F02A80FAC43B\Administra Northwind 0:00:00 78 行 行 1，列 1

图 8-1 在查询分析器中执行批处理

8.1.2 脚 本

脚本是存储在文件中的一系列 SQL 语句，即一系列按顺序提交的批处理。

Transact-SQL 脚本中包含一个或多个批处理。GO 语句作为批处理结束的标志。如果没有 GO 语句，则将它作为单个批处理执行。使用脚本可以将创建和维护数据库时的操作步骤保存为一个磁盘文件。将 Transact-SQL 语句保存为脚本文件，不仅可以建立起可再用的模块化代码，还可以在不同计算机之间传送 Transact-SQL 语句，使两台计算机执行同样的操作。

脚本可以在查询体中执行，也可以在 isql 或 osql 实用程序中执行。查询分析器是建立、编辑和使用脚本的一个最好的环境。在查询分析器中，不仅可以新建、保存、打开脚本文件，而且可以输入和修改 Transact-SQL 语句，还可以通过 Transact-SQL 语句来查看脚本的运行结果，从而检验脚本内容的正确性。

8.1.3 注 释

注释是语句中不能执行的字符串，用于描述语句正在做的动作或禁用一行或多行语句。注释语句有两种形式，即行内注释和块注释语句。

(1) 行内注释

如果整行都是注释而并非所要执行的程序行，则该行可用行内注释，语法格式为：

```
--注释文本
```

这些文本可以与要执行的代码处在同一行，也可以另起一行。从双连字符(——)开始到行尾均为注释。对于多行注释，必须在每个注释行的开始使用双连字符。

(2) 块注释

如果要给程序所加的注释文本较长，则可使用块注释，语法格式为：

```
/*注释文本*/
```

这些注释文本可以与要执行的代码处在同一行，也可以另起一行，甚至放在可执行代码内。从开始注释字符对(/*)到结束注释字符对(*/)之间的全部内容均视为注释部分。对于多行注释，必须使用"/*"开始注释，使用"*/"结束注释。注释行上不应该出现其他注释字符。

注意

多行注释(/* */)不能跨越批处理，整个注释必须包含在一个批处理内。

【例 8-2】 演示两种注释语句的使用方法。

```
/*本例演示
两种注释语句的
使用方法*/
USE Northwind    --打开数据库 Northwind
GO
SELECT ProductID, ProductName, UnitPrice, UnitsInStock FROM Products
--查询产品信息
```

在该例中放在/*和*/内的文本为块注释，以--开始的文本为行内注释。

8.2 变 量

8.2.1 局部变量

在批处理或脚本中，局部变量可以作为计数器计算循环执行的次数或控制循环执行的次数，也可以保存由存储过程代码返回的数据值。此外，还允许使用 Table 数据类型的局部变量来代替临时表。

1. 声明局部变量

使用一个局部变量之前，必须使用 DECLARE 语句来声明这个局部变量，给它指定一个变量名和数据类型，对于数值变量，还需要指定其精度和小数位数。DECLARE 语句的语法格式为：

```
DECLARE@局部变量 数据类型[,…n]
```

局部变量名总是以@符号开头，变量名最多可以包含 128 个字符。局部变量名必须符合标识符命名规则。局部变量的数据类型可以是系统数据类型，也可以是用户自定义数据类型，但不能把局部变量指定为 text，ntext 或 image 数据类型。在一个 DECLARE 语句中可以定义多个局部变量，只需用逗号(,)分隔即可。

【例 8-3】 声明 product_name，product_id，product_price 等局部变量。

代码如下：

```
DECLARE @product_name nvarchar(40)
DECLARE @product_id int
DECLARE @product_price money
```

某些数据类型不需要指定长度，如 datetime 数据类型；某些数据类型需要指定长度，如 char 数据类型；而某些数据类型还需要指定精度和小数位数，如 decimal 数据类型。

2. 给局部变量赋值

使用 DECLARE 语句声明一个局部变量之后，该变量的值将被初始化 NULL，可以使用一个 SET 语句对它进行赋值。SET 语句的语法格式为：

```
SET @局部变量 = 表达式[,…n]
```

SET 语句的功能是将数据值赋给一个局部变量名，而表达式则是所要赋的数据值，是 SQL Server 中任何有效的表达式。

使用 SET 语句是局部变量赋值的首选方法。除此之外，也可以使用 SELECT 语句对局部变量赋值，即通过在 SELECT 子句的选择列表中引用一个局部变量而使它获得一个值，语法格式为：

```
SET @局部变量 = 表达式[,…n]
```

如果使用一个 SELECT 语句对一个局部变量赋值时，这个语句返回了多个值，则这个局部变量将取得 SELECT 语句所返回的最后一个值。此外，使用 SELECT 语句时，如果省略赋值号(=)及其后面的表达式，则可以将局部变量的值显示出来。PRINT 语句也可以完成显示功能。

【例 8 - 4】 声明两个局部变量，并给它们赋值，然后将变量的值显示出来。

代码如下：

```
DECLARE @currentdate CHAR(6), @print VARCHAR(30)
- - 声明两个局部变量
Set @currentdate = GETDATE()
SET @print = '现在的日期为:'    - - 给局部变量赋值
PRINT @print + @currentdate      - - 显示局部变量的值
```

上述代码的运行结果如图 8 - 2 所示。

3. 局部变量的作用域

局部变量的作用域指可以引用该变量的范围，局部变量的作用域从声明它们的地方始，到声明它们的批处理或存储过程的结尾。也就是说，局部变量只能在声明它的批处理、存储过程或触发器中使用，一旦这些批处理或存储过程结束，局部变量将自行清除。

【例 8 - 5】 声明一个局部变量，把产品信息表 Products 中产品的数量赋给局部变量，并输出结果。

代码如下：

```
USE Northwind
GO
DECLARE @productsum int      - - 声明局部变量
```

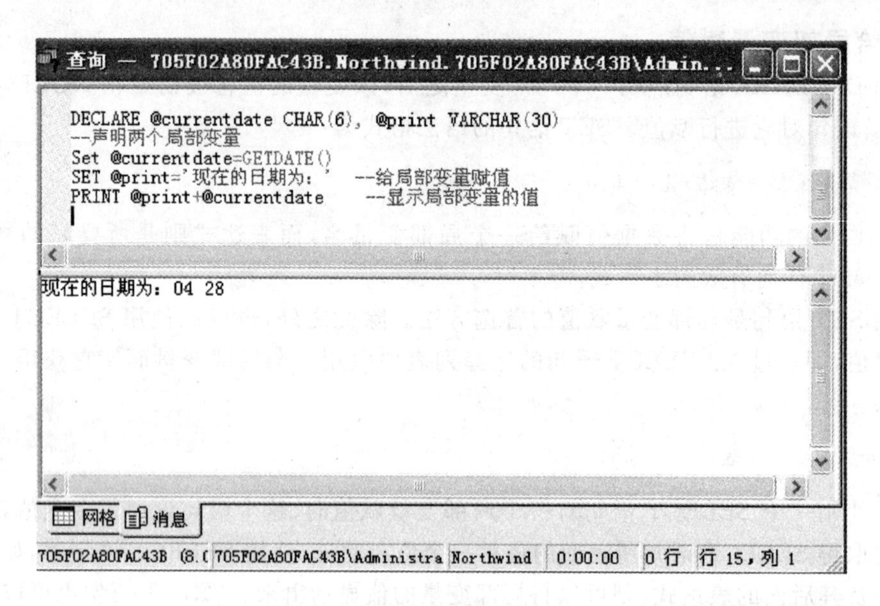

图 8-2 使用局部变量示例 1

```
    SELECT @productsum = count( * ) from products    - - 将查询结果存储到局部变量中
    PRINT '产品信息表中收录了' + convert(varchar(2), @productsum) + '产品名'
- - 输出字符串,convert()为转换函数
    GO
    - - 该批处理结束,局部变量 @productsnum 自动清除
    PRINT '如果继续引用该变量,将会出现声明局部变量的错误提示'
    GO
    PRINT '产品信息表中产品数量为:' + convert(varchar(2), @productsnum)
    GO
```

在查询分析器中执行上述批处理,结果如图 8-3 所示。局部变量@productsnum 的作用域只在第二个批处理中,在第四个批处理中引用该变量时,出现"必须声明变量"的错误提示信息。

```
USE Northwind
GO
DECLARE @productsnum int      - - 声明局部变量
SELECT @productsnum = count( * ) from products
- - 将查询结果存储到局部变量中
PRINT '产品信息表中收录了' + convert(varchar(2), @productsnum) + '产品名'
- - 输出字符串,convert()为转换函数
GO
```

```
- - 该批处理结束,局部变量 @ productsnum 自动清除
PRINT '如果继续引用该变量,将会出现声明局部变量的错误提示'
GO
PRINT '产品信息表中产品数量为:' + convert(varchar(2), @productsnum)
GO'
```

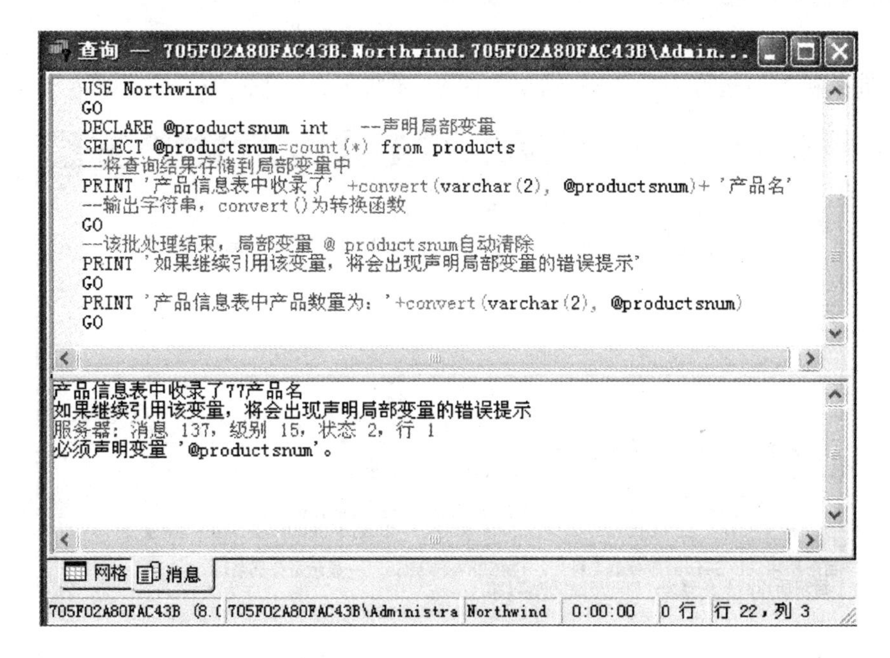

图 8 - 3　使用局部变量示例 2

8.2.2　全局变量

全局变量是 SQL Server 系统提供并赋值的变量。用户不能建立全局变量,也不能用 SET 语句来修改全局变量。通常可以将全局变量的值赋给局部变量,以便保存和处理。在 SQL Server 2008 中,全局变量是一组特殊的函数,它们的名称以@@开头,而且不需要任何参数,在调用时无需在函数名后面加上一对圆括号,这些函数也称为无参函数。

例如,@@ERROR 保存最近执行操作的错误状态,即返回最后一次执行 Transact - SQL 语句的错误代码;@@MAX_CONNECTIONS 返回 SQL Server 上允许用户同时连接的最大数;@ @MAX_CONNECTIONS 返回 SQL Server 最近一次启动后连接或尝试连接的次数。还有其他的全局变量或特殊函数,请参阅联机丛书。

【例 8 - 6】　利用全局变量查看 SQL Server 的版本、当前所使用的 SQL Server 服务器名称及所使用的服务名称等信息。

代码如下：

```
PRINT '目前使用 SQL Server 的版本信息如下：'
PRINT @@VERSION        --显示版本信息
PRINT '目前所用 SQL Server 服务器名称为：+ @@SERVERNAME     --显示服务器名称'
PRINT '目前所用的服务器为：'+ @@SERVERNAME
GO
```

在查询分析器中运行上述代码，结果如图 8-4 所示。

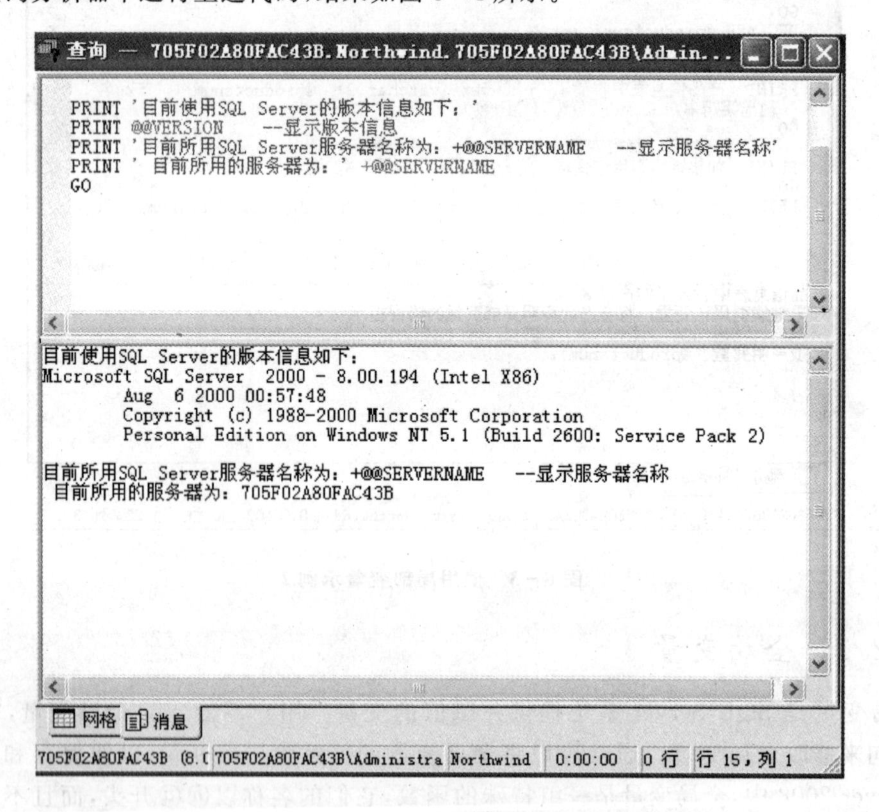

图 8-4　全局变量的使用示例

8.3　流程控制语句

流程控制语句是用来控制程序执行和流程分支的命令。这些命令包括条件控制语句、无条件转移语句和循环语句。使用这些命令，可以使程序更具结构性和逻辑性，并可完成较复杂的操作。

8.3.1　BEGIN…END 语句块

在条件语句和循环等流程控制语句中，当要执行两个或两个以上的 Transact - SQL 语句时，就需要使用 BEGIN…END 语句。这些语句可以作为一个单元来执行。即 BEGIN…END 语句用于将多个 Transact - SQL 语句组合成一个语句块，将它们视为一个整体来处理。

BEGIN…END 语句的语法格式为：

```
BEGIN
语句 1
语句 2
……
END
```

BEGIN…END 语句用于下列情况：

- WHILE 循环需要包含语句块。
- CASE 函数的元素需要包含语句块。
- IF 或 ELSE 子句需要包含语句块。

位于 BEGIN 和 END 之间的各个，语句既可以是单个的 Transact - SQL 语句，也可以是使用 BEGIN 和 END 定义的语句块，即 BEGIN…END 语句块可以嵌套。BEGIN 和 END 语句必须成对使用，不能单独使用。

【例 8 - 7】　使用 BEGIN…END 语句示例。

代码如下：

```
USE Northwind
IF (SELECT count( * ) from OrderDetails where discount is not null)>0
BEGIN
DECLARE @num int
SET @num = (SELECT count( * ) from OrderDetails where discount is not null)
PRINT '目前打折的记录条数：'+ '    ' + CONVERT(char(2),@num)
END
```

8.3.2　IF…ELSE 语句

在程序中，经常需要根据特定条件指示 SQL Server 执行不同的操作和运算，也就是必须进行所谓的流程控制。SQL Server 利用 IF…ELSE 命令使得程序能够有不同的条件分支，从而完成执行各种不同条件环境下的功能操作。

IF…ELSE 语句的语法格式为：

```
IF 布尔表达式
语句 1
[ELSE
语句 2]
```

其中,布尔表达式表示一个测试条件,其取值为 TRUE 或 FALSE。如果布尔表达式中包含一个 SELECT 语句,则必须使用圆括号把这个 SELECT 语句括起来。语句 1 和语句 2 可以是单个的 Transact-SQL 语句,也可以是用语句 BEGIN…END 定义的语句块。该语句的执行流程是:如果 IF 后面的测试条件成立,即布尔表达式返回 TRUE,则执行语句 1,否则执行语句 2;若无 ELSE,如果测试条件成立,则执行语句 1,否则执行 IF 语句后的其他语句。

【例 8-8】 演示 IF…ELSE 语句的用法。

代码如下:

```
USE Northwind
IF (SELECT AVG(UnitPrice) FROM Products WHERE CategoryID = 2 ) < $20
BEGIN
   PRINT '以下是 Condiments 类别产品平均价格低于 $20 的产品:'
   SELECT SUBSTRING(ProductName, 1, 35)
   FROM Products
   WHERE  CategoryID = 2
END
ELSE
   IF (SELECT AVG(UnitPrice) FROM Products WHERE CategoryID = 2) > $20
BEGIN
   PRINT '以下是 Condiments 类别产品平均价格高于 $20 的产品:'
   SELECT SUBSTRING(ProductName, 1, 35)
   FROM Products
   WHERE  CategoryID = 2
END
```

例 8-8 使用了两个 IF 块。如果 Condiments 类别产品平均价格低于 \$20,那么就显示文本:Condiments 类别产品平均价格低于 \$20;如果 Condiments 类别产品的平均价格高于 \$20,则显示 Condiments 类别平均价格高于 \$20 的语句。其运行结果如图 8-5 所示。

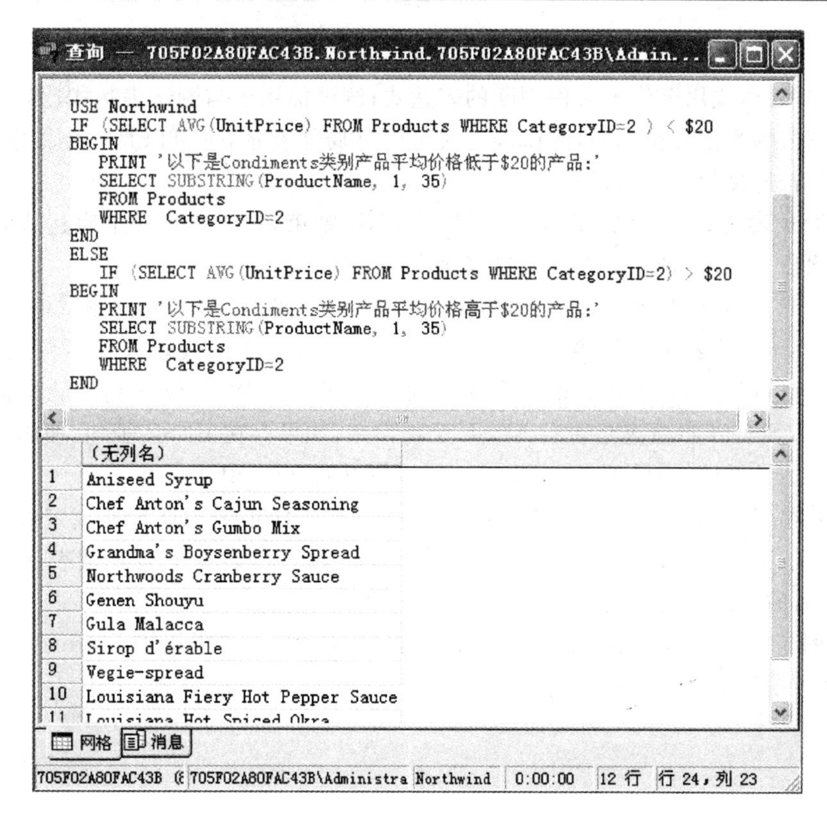

图 8 - 5　IF …ELSE 的使用示例

8.3.3　CASE 语句

CASE 表达式用于简化 SQL 表达式，它可以用在任何允许使用表达式的地方并根据条件的不同而返回不同的值。CASE 表达式不同于一个 Transact - SQL 语句，它不能单独执行，而只能作为一个可以单独执行的语句的一部分来使用。CASE 表达式分为简单 CASE 表达式和搜索 CASE 表达式两种类型。

1. 简单 CASE 表达式

简单 CASE 表达式将一个测试表达式与一组简单表达式进行比较，如果某个简单表达式与测试表达式的值相等，则返回相应结果表达式的值。简单 CASE 表达式的语法格式如下：

```
CASE 测试表达式
WHEN 测试值 1 THEN 结果表达式 1
[WHEN 测试值 1 THEN 结果表达式 2
[,…n]]
[ELSE 结果表达式 n]
```

```
END
```

其中,测试表达式用于作为条件判断的表达式;测试值用于与测试表达式比较。测试表达式必须与测试值的数据类型相同,测试表达式可以是局部变量,也可以是表中的字段变量,还可以是用运算符连接起来的表达式。

简单 CASE 表达式必须以 CASE 开头并以 END 结束,它能够将一个表达式和一系列的测试值进行比较,并返回符合条件的结果表达式。

执行 CASE 表达式时,测试表达式的值依次与每一个 WHEN 子句的测试值相比较,直到它发现第一个与测试表达式的值完全相同的测试值时,即测试表达式等于测试值,便将该 WHEN 子句所指定的结果表达式返回。如果没有任何一个 WHEN 子句的测试值和测试表达式相同,SQL Server 将检查是否有 ELSE 子句存在,如果存在 ELSE 子句,便将 ELSE 子句之后的结果表达式返回;如果不存在 ELSE 子句,便返回一个 NULL 值。

在一个简单 CASE 函数中,一次只会有一个 WHEN 子句的 THEN 所指定的结果表达式返回,若同时有多个测试值与测试表达式的值相同,则只有第一个与测试表达式值相同的 WHEN 子句后的结果表达式返回。

【例 8-9】 使用 CASE 表达式示例。在数据库 Northwind 中检查 Products 表中的种类编号,添加种类编号所代表的种类名称。

代码如下:

```
USE Northwind
GO
SELECT ProductName,UnitPrice,CategoryID =
CASE CategoryID
WHEN 1 THEN ' Beverages'
WHEN 2 THEN ' Condiments'
WHEN 3 THEN ' Confections'
END
FROM Products
```

上述脚本中,在"产品种类"字段中含有 CASE 表达式时,用表中的种类编号列值与 WHEN 子句后的值相比较,找出相匹配的表达式后,输出相应的结果表达式。运行结果如图8-6 所示。

【例 8-10】 使用 CASE 函数判断 Products 表中"discontinued"字段中的数据为 1 或 0。如果是 1,则以中文文字"断货"来显示;如果是 0,则以中文文字"有货"来显示。

代码如下:

```
USE Northwind
GO
```

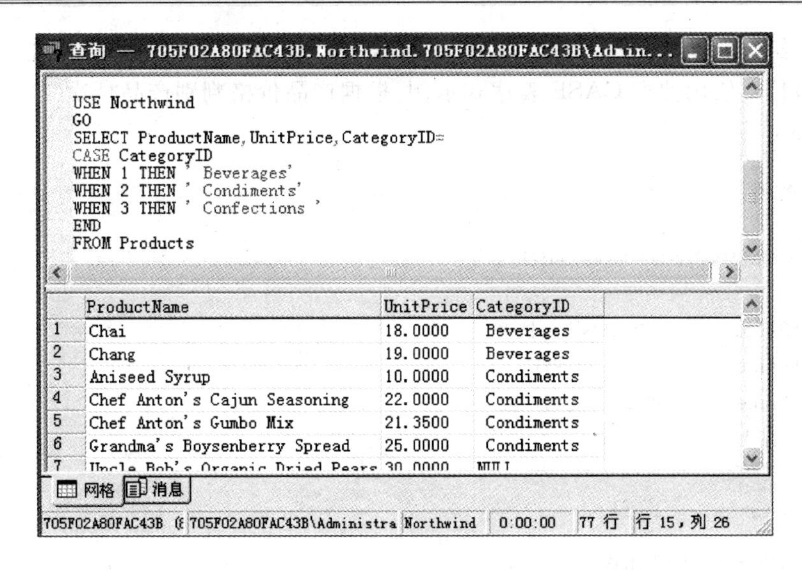

图 8-6　使用 CASE 表达式示例

```
SELECT ProductID,ProductName,UnitPrice,discontinued =
CASE discontinued
WHEN 0 THEN '有货'
WHEN 1 THEN '断货'
END
FROM Products
```

2. 搜索 CASE 表达式

与简单 CASE 表达式相比较，在搜索 CASE 表达式中，CASE 关键字后不跟任何表达式，在各个 WHEN 关键字后面跟的都是布尔表达式。搜索 CASE 表达式的语法格式如下：

```
CASE
WHEN 布尔表达式 1 THEN 结果表达式 1
[WHEN 布尔表达式 2 THEN 结果表达式 2
[,…n]]
[ELSE 结果表达式 n]
END
```

执行搜索 CASE 表达式时，它将测试每个 WHEN 子句后的布尔表达式。如果结果为 TRUE，则返回相应的结果表达式，否则检查是否有 ELSE 子句存在；如果存在 ELSE 子句，便将 ELSE 子句之后的结果表达式返回；如果不存在 ELSE 子句，便返回一个 NULL 值。

注意

在一个搜索 CASE 表达式中，一次只能有一个 WHEN 子句的 THEN 指定的结果表达式返回，如果有多个比较结果为 TRUE，则只返回第一个为 TRUE 的结果表达式。

【例 8－11】 使用搜索 CASE 表达式示例：根据产品价格判别产品档次。

代码如下：

```
USE Northwind
GO
SELECT ProductID,ProductName,UnitPrice =
CASE
WHEN(UnitPrice >= 100) THEN '高档产品'
WHEN(UnitPrice>= 50)THEN '中档产品'
WHEN(UnitPrice>= 10)THEN '低档产品'
ELSE '小商品'
END
FROM Products
```

上述代码的运行结果如图 8－7 所示。

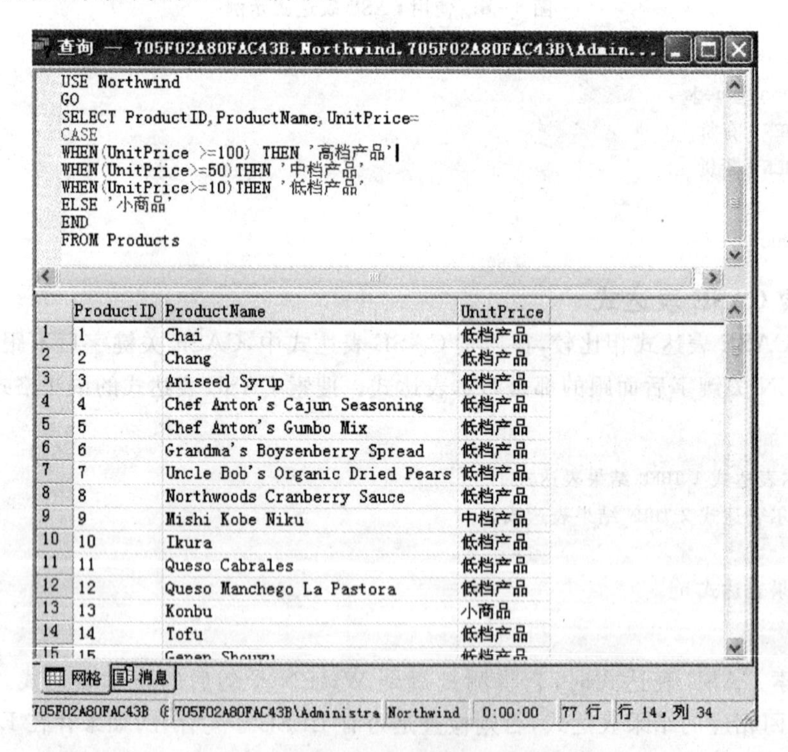

图 8－7　使用搜索 CASE 表达式示例

8.3.4　WAITFOR 语句

WAITFOR 语句可以暂停执行程序一段时间之后再继续执行，也可以暂停执行程序到所指定的时间后再继续执行。WAITFOR 语句的语法格式为：

```
WAITFOR DELAY '时间' | TIME '时间'
```

其中，DELAY 指定一段时间间隔过去之后执行一个操作；TIME 表示从某个时刻开始执行一个操作。时间参数必须为可接受的 datetime 数据格式。在 datetime 数据中不允许有日期部分，即采用 hh:mm:ss 的格式。

【例 8-12】 WAITFOR 语句的用法。

代码如下：

```
SELECT '执行 Waitfor 语句之前，秒数为：' = DATEPART(SECOND,GETDATE()),'执行 Waitfor 语句之前，时间为：' = GETDATE()
GO
WAITFOR DELAY '00:00:20' --延时 20 秒
SELECT '执行 Waitfor 语句之后，秒数为：' = DATEPART(SECOND,GETDATE()),'执行 Waitfor 语句之后，时间为：' = GETDATE()
```

上述代码中，DATEPART 函数返回代表指定日期中指定部分的整数，这里返回的是当前系统时间中的秒数。在查询分析器中执行上述代码的结果如图 8-8 所示。

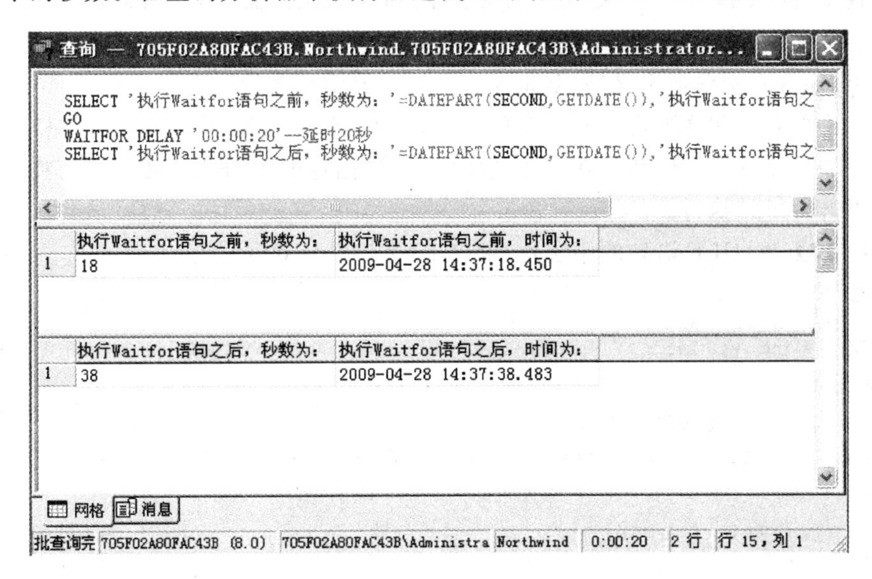

图 8-8　使用 WAITFOR 语句示例

8.3.5 WHILE 语句

在程序中，当需要多次重复处理某项工作时，就需使用 WHILE 循环语句。WHILE 语句通过布尔表达式来设置一个循环条件，当条件为真时，重复执行一个 SQL 语句或语句块；否则，退出循环，继续执行后面的语句。

WHILE 语句的语法格式为：

```
WHILE 布尔表达式
BEGIN
语句序列 1
[BREAK]
语句序列 2
[CONTINUE]
语句序列 3
END
```

在上述语法格式中，布尔表达式参数的取值为 TRUE 或 FALSE，用来设置循环执行的条件，以控制循环执行的次数。当表达式的取值为 TRUE 时，循环将重复执行；取值为 FALSE 时，循环将停止执行。如果布尔表达式中包含一个 SELECT 语句，必须将该 SELECT 语句包含在一对小括号中。

可选择命令 CONTINUE 使程序直接跳回到 WHILE 命令行，重新执行循环，而忽略 CONTINUE 关键字之后的语句；可选择参数 BREAK 命令用在单层的 WHILE 循环中，其作用是使 SQL Server 提前退出循环，并将控制权转移给循环之后的语句。

循环体中的各语句序列可以是单个的 Transact - SQL 语句，也可以是用 BEGIN 和 END 定义的语句块。循环允许嵌套。在嵌套循环中，内层循环的 BREAK 命令将使控制权转移到外一层的循环并继续执行。

【例 8 - 13】(WHILE 语句的用法)　求出 1＋2＋…＋100 的值。

代码如下：

```
DECLARE @i int ,@s int
SET @i = 1
SET @s = 0    - - 定义两变量 i,s
while @i< = 100    - - 当 i 的值大于 100 时，结束循环
BEGIN
SET @s = @s + @i
SET @i = @i + 1
CONTINUE
END
```

```
PRINT '1 + 2 + … + 100 的值是：' + CONVERT(varchar,@s)
```

8.4　常用系统函数

每一个函数都有一个名称，名称之后是一对小括号，大部分函数在小括号中需要一个或多个参数。SQL Server 2008 提供了数百个内置函数，使用这些函数可以方便快捷地执行某些操作。SQL Server 2008 也允许用户自己定义所需要的函数。无论是内置函数，还是用户自己定义的函数，都可以用在 SELECT，WHERE，ORDER BY 等子句中，以修改查询的结果或改变数据格式和查询条件。一般来说，在允许使用变量、字段或表达式的地方都可以使用函数。

系统提供的内置函数可以分为字符串函数、数学函数、日期和时间函数、数据类型转换函数等。

1. 字符串函数

可以使用字符串函数对 char，nchar，varchar，nvarchar，binary 和 varbinary 等数据类型的数据进行各种不同的处理，并返回在字符数据操作中所需的数据值。大部分的字符串函数仅能用于 char，nchar，varchar 和 nvarchar 数据，或者能转换成这些数据类型。仅有少部分的字符串函数可以处理 binary，varbinary，text，ntext 与 image 数据类型的数据。SQL Server 2008 提供的部分字符串函数有：

ASCII()	CHAR()	CHARINDEX()	DIFFERENCE()	LEFT()
LEN()	LOWER()	LTRIM()	NACHAR()	PATINDEX()
REPLACE()	QUOTENAME()	REPLICATE()	REVERSE()	RIGHT()
RTRIM()	SOUNDEX()	SPACE()	STR()	STUFF()
SUBSTRING()	UNICODE()	UPPER()		

下面举例说明几个常用字符串函数的用法。

【例 8-14】 求字符串的长度使用 LEN()函数。其格式为：

```
LEN(字符串表达式)
```

该函数返回字符串的字符个数而不是字节数，而且它会先除去字符串表达式的尾随空格；如果是一个空串，其返回值为零。

```
SELECT LEN('这是一个例子')
DECLARE @mystr1 nchar(20),@mystr2 nchar(15)
DECLARE @mystr3 nchar (20)
SET @mystr1 = 'SQL Server 2008'
SET @mystr2 = '    '
```

```
SET @mystr3 = '程序设计'
SELECT LEN(@mystr1)
SELECT LEN(@mystr2)
SELECT LEN(@mystr3)
```

在查询分析中执行上述代码，四个字符串返回的值分别为 6,15,0,4

【例 8-15】 从字符类型的数据中获取某一部分的字符串并返回。使用 SUBSTRING()函数。其格式为：

```
SUBSTRING(s,n1,n2)
```

其中，参数 s 为给定的字符串表达式；n1 为取字符的开始位置；n2 为取字符的个数。

```
DECLARE @mystring1 nchar(20)
SET @mystring1 = '欢迎进入 SQL Server 程序设计'
SELECT SUBSTRING(@mystring1,3,17)
```

执行上述代码，返回结果为"进入 SQL Server 程序设计"，即从字符串中第三个字符开始取 17 个字符。

2. 数学函数

数学函数用于对 decimal,float,real,money,int 等数据类型的数值表达式进行各种不同的运算并返回计算结果。部分数学函数所返回数值的数据类型将与其参数的数值表达式数据类型相同，而部分数学函数则会自动将其参数的数值表达式转换成 float 数据类型，而且所返回的数值也将是 float 数据类型。SQL Server 2008 提供的部分数学函数有：

ABS() ACOS() ASIN() ATAN() ATN2() CEILING()
COS() COT() DEGREES() EXP() FLOOR() LOG()
LOG10() PI() POWER() RADIANS() RAND() ROUND()
SIGN() SIN() SQUARE() SQRT() TAN()

3. 日期和时间函数

SQL Server 提供的部分日期时间函数有：

DATEADD() DATEDIFF() DATEPART() DATENAME() DAY()
GETDATE() GETUTCDATE()MONTH() YEAR()

使用这些函数可对 datetime 和 small datetime 数据类型的数据进行各种不同的处理和运算。对日期和时间输入值执行操作并返回一个字符串、数字值或日期和时间值。

在使用各个日期和时间函数时，所指定的日期和时间表达式需符合当时 SET DATEFORMAT()命令所制定的格式。下面举例说明一些日期和时间函数的用法。

【例 8-16】 若取系统日期和时间，则使用 GETDATE()；若取日期中的年份，则使用 YEAR()；若求某一日期和时间值加上一特定单位的时间区间后所得的日期和时间，则使用

DATEADD()；若求两日期之差，则使用 DATEDIFF()。

```
PRINT'当前日期为'
SELECT GETDATE()
SELECT YEAR(GETDATE()),YEAR('2001-01-02')
PRINT'日期 2002-10-20 加上 20 天后所得日期为:'
SELECT DATEADD(dd,20,'2002-10-20')
PRINT'某人生日为 1982-10-20,则他的年龄为:'
SELECT DATEDIFF(yy, '1982-10-20',GETDATE())
```

4. 数据类型转换函数

要对不同数据类型的数据进行运算，必须将它们转换为相同的数据类型。在 SQL Server 中，有一些数据类型之间会自动地进行转换，有一些数据类型之间则必须显式地进行转换，还有一些数据类型之间是不允许转换的。如果希望将某种数据类型的表达式转换为另一种数据类型，可以使用 CAST 和 CONVERT 函数来实现。下面介绍这两个函数的使用方法。

(1) CAST 函数

CAST 函数的语法格式为：

```
CAST(表达式 AS 数据类型)
```

其中，表达式是需要转换其数据类型的表达式，可以是任何有效的 SQL Server 表达式；数据类型是转换后的数据类型，必须是 SQL Server 提供的系统数据类型，但不能使用用户定义的数据类型。

【例 8-17】 在数据库 Northwind 的表 Orders 中，给定的是产品预订日期，求出每个产品的预订年限并输出。

代码如下：

```
USE Northwind
SELECT 产品预订年限 = ProductName + '的预订年限是'
 + CAST(DATEDIFF(yy,OrderDate,GETDATE()) AS CHAR(2))
FROM Products
```

(2) CONVERT 函数

如果希望指定转换后数据的样式，则应使用 CONVERT 函数进行数据类型转换。

CONVERT 函数的语法格式为：

```
CONVERT(数据类型[(长度)],表达式[,style])
```

其中，表达式是要转换数据类型的表达式，可以是任何有效的 SQL Server 表达式；数据类型是转换后的数据类型，必须是 SQL Server 提供的系统数据类型，但不能使用用户定义的数据类型；长度是可选参数，用于指定 nchar，nvarchar，char，varchar 等字符串数据的长度；style 也是可选参数,用于指定将 datetime 或 smalldatetime 转换为字符串数据时所返回字符串的日期格式,也用于指定将 float,real 转换为字符串数据时所返回字符串的数字格式,或者用于指定将 money 或 smallmoney 转换为字符串数据所返回字符串的货币格式。

style 参数的一些典型取值在表 8-1 中列出。

表 8-1 style 参数的一些典型取值

style 参数的有效值		返回字符串的日期时间格式
两位数年份	四位数年份	
8	108	hh:mm:ss
11	111	yy/mm/dd
—	120	yyyy—mm—dd hh:mm:ss
stlye 参数的有效值		返回字符串的数学格式
0(默认值)		最大为 6 位数,必要时可以使用科学记数法表示
1		最大为 8 位数,而且务必使用科学记数法记表示
2		最大为 8 位数,而且务必使用科学记数法记表示
style 参数的所有值		返回字符串的货币格式
0(默认值)		小数点左侧每三位数字之间不以逗号分隔,小数点右侧取两位数
1		小数点左侧每三位数字之间以逗号分隔,小数点右侧取两位数
2		小数点左侧每三位数字之间不以逗号分隔,小数点右侧取两位数

【例 8-18】 CONVERT 函数的用法。

代码如下:

```
SET DATEFORMAT mdy    --设置日期格式
DECLARE @dd datetime, @rr real, @mn money
SET @dd = '8/20/2005 21:10:36 PM'
SET @rr = 268886
SET @mn = 1524125.2410
--返回日期中的时间,即为 21:10:36
SELECT CONVERT(varchar(30), @dd,108)
--返回日期中的年月日,即为 2005/8/20
SELECT CONVERT(varchar(30), @dd,111)
--返回日期中的年月日与时间,即为 2005-8-20 21:10:36
SELECT CONVERT(varchar(30), @dd,120)
--返回 6 位数,必要时使用科学记数法表示,即为 268886
SELECT CONVERT(varchar(20), @rr,0)
--返回结果用科学记数法表示,即为 2.6888600e+005
```

```
SELECT CONVERT(varchar(20), @rr,1)
- - 返回结果用科学记数法表示,即为 2.68886000000000e + 005
SELECT CONVERT(varchar(22), @rr,2)
- - 小数点左侧每三位数字之间不以逗号分隔,小数点右侧取两位数,即为 1524125.24
SELECT CONVERT(varchar(25), @mn,0)
- - 小数点左侧每三位数字之间以逗号分隔,小数点右侧取两位数,即为 1,524,125.24
SELECT CONVERT(varchar(25), @mn,1)
- - 小数点左侧每三位数字之间不以逗号分隔,小数点右侧取四位数,即为 1524125.2410
SELECT CONVERT(varchar(25),@mn,2)
```

8.5　用户定义函数

8.5.1　基本概念

1. 用户定义函数

用户定义函数是由一个或多个 Transact - SQL 语句组成的子程序,可用于封装代码以便重新使用。SQL Server 2008 并不将用户限制在定义为 Transact - SQL 语言一部分的内置函数上,而是允许用户创建自己的用户定义函数。

可使用 CREATE FUNCTION 语句创建,使用 ALTER FUNCTION 语句修改,以及使用 DROP FUNCTION 语句删除用户定义函数。每个完全合法的用户定义函数名(database_name. owner_name. function_name)必须唯一。

必须被授予 CREATE FUNCTION 权限才能创建、修改或删除用户定义函数。不是所有者的用户在 Transact - SQL 语句中使用某个函数之前,必须先被所有者用户授予该函数的适当权限。若要创建或更改在 CHECK 约束、DEFAULT 子句或计算列定义中引用用户定义函数的表,还必须具有函数的 REFERENCES 权限。

在函数中,区别处理导致删除语句并且继续在诸如触发器或存储过程等模式中的下一语句的 Transact - SQL 错误。在函数中,上述错误会导致停止执行函数。接下来该操作导致停止唤醒调用该函数的语句。

2. 用户定义函数的类型

SQL Server 2008 支持三种用户定义函数:标量函数、内嵌表值函数和多语句表值函数。

用户定义函数采用零个或更多的输入参数并返回标量值或表。函数最多可以有 1024 个输入参数。当函数的参数有默认值时,调用该函数时必须指定默认 DEFAULT 关键字才能获取默认值。该行为不同于在存储过程中含有默认值的参数,而在这些存储过程中省略该函数也意味着省略默认值。用户定义函数不支持输出参数。

标量函数返回在 RETURNS 子句中定义的类型的单个数据值。可以使用所有标量数据类型，包括 bigint 和 sql_variant。不支持 timestamp 数据类型、用户定义数据类型和非标量类型（如 table 或 cursor）。在 BEGIN…END 块中定义的函数主体包含返回该值的 Transact - SQL 语句系列。返回类型可以是除 text，ntext，image，cursor 和 timestamp 之外的任何数据类型。

表值函数返回 table。对于内嵌表值函数，没有函数主体；表是单个 SELECT 语句的结果集。对于多语句表值函数，在 BEGIN…END 块中定义的函数主体包含 TRANSACT - SQL 语句，这些语句可生成行并将行插入将返回的表中。

8.5.2 创建用户定义函数

SQL Server 2008 支持的三种用户定义函数各有其特点，在使用 CREATE FUNCTION 语句创建时格式也有所不同。这里介绍标量函数的建立。

用于建立标量函数时，CREATE FUNCTION 语句的语法格式如下：

```
CREATE FUNCTION[所有者名称.]函数名称
[({@参数名称 [AS]标量数据类型[ = 默认值]}[,…n]})
RETURNS 标量数据类型
[AS]
BEGIN
函数体
RETURN 标量表达式
END
```

其中，函数名称必须符合标识符的规则，对其所有者来说，该名称在数据库中必须是唯一的；参数名称也必须符合标识符的规则，而且必须使用@符号作为第一个字符，对于每个参数，必须指定一种标量数据类型，还可以根据需要设置一个默认值；RETURNS 子句为用户定义函数返回值指定一种标量数据类型；函数体位于 BEGIN 和 END 之间，由一系列 Transact - SQL 语句组成；RETURN 子句指定标量函数返回的标量值。

【例 8 - 19】 在数据库 Northwind 中创建一个名为 fn_DateFormat 的用户定义函数。

代码如下：

```
USE Northwind
GO
CREATE FUNCTION fn_DateFormat
(@indate datetime,@separator char(1))
RETURNS nchar(20)
AS
BEGIN
RETURN
```

```
CONVERT(nvarchar(20),datepart(mm,@indate))
 + @separator
 + CONVERT(nvarchar(20),datepart(dd,@indate))
 + @separator
 + CONVERT(nvarchar(20),datepart(yy,@indate))
END
GO
SELECT dbo.fn_DateFormat(getdate(),':')
GO
```

在例 8-19 中，创建了一个用户定义函数，该函数以日期和列分隔符作为变量，将日期格式转换为字串格式。在查询分析器中执行上述语句，结果如图 8-9 所示。

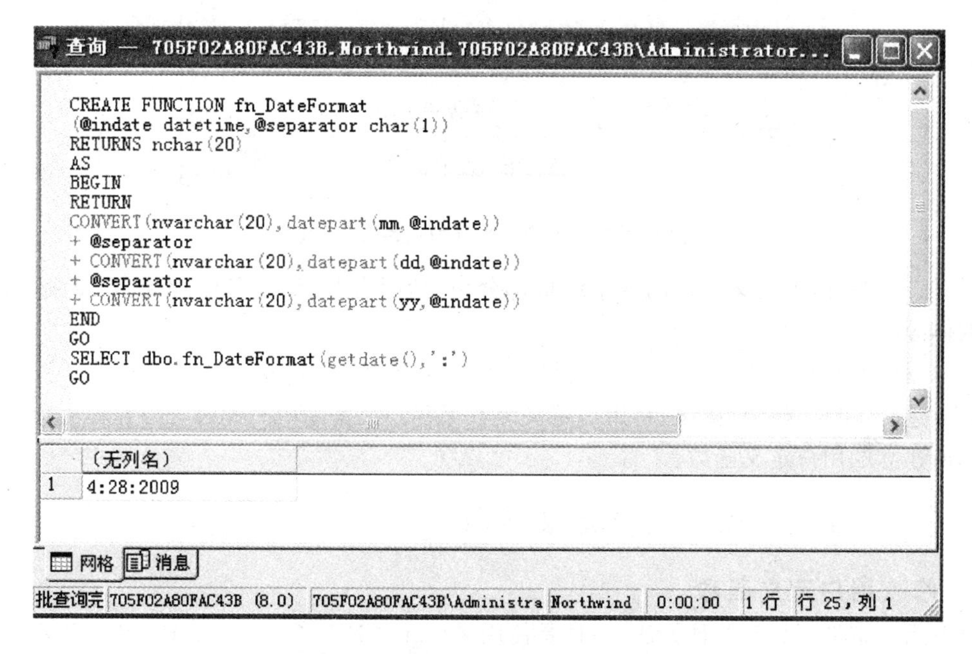

图 8-9 建立和调用用户定义函数示例

除使用 CREATE FUNCTION 语句建立用户定义函数以外，也可以在企业管理器中建立用户定义函数。

操作步骤如下：

1) 在企业管理器中展开服务器组，然后展开一个服务器。

2) 展开“数据库”文件夹，然后展开目标数据库并在该数据库下面单击“用户定义函数”节点。

3) 从“操作”菜单中选择“新建用户定义的函数”命令，此时出现“用户定义函数属性”对话框，并在“文本”框中给出了 CREATE FUNCTION 语句的框架，如图 8－10 所示。

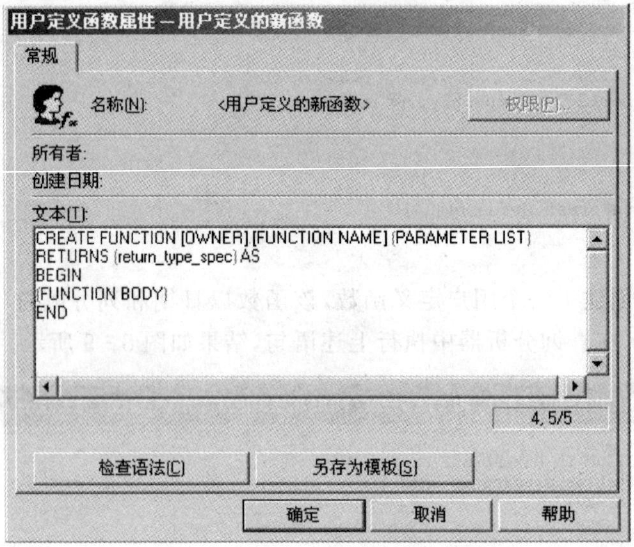

图 8－10　“用户定义函数属性”对话框

4）在“文本”框中定义函数的各个组成部分，包括所有者、函数名称、参数列表、返回类型及函数体等。

5）单击“检查语法”按钮，检查用于创建用户定义函数的 Transact－SQL 脚本语法。当语法检查通过时，单击“确定”按钮，将用户定义函数保存到数据库中。此时可以在详细信息窗格中看到所建立的用户定义函数。

8.5.3　修改和删除用户定义函数

1. 修改用户定义函数

修改用户定义函数有两种方法：一种是使用 ALTER FUNCTION 语句；另一种是使用企业管理器。下面只介绍使用企业管理器修改用户定义函数的方法。

操作步骤如下：

1）在企业管理器中，展开服务器组，然后展开一个服务器。

2）展开“数据库”文件夹，然后展开目标数据库并在该数据库下面单击“用户定义函数”节点。

3）在详细信息窗格中右击要修改的用户定义函数，然后选择“属性”命令。当出现“用户定义函数属性”对话框时，在“文本”框中编辑用户定义的相应语句内容，如图 8－11 所示。编辑完成，单击“确定”按钮，将所做的修改保存到数据库中。

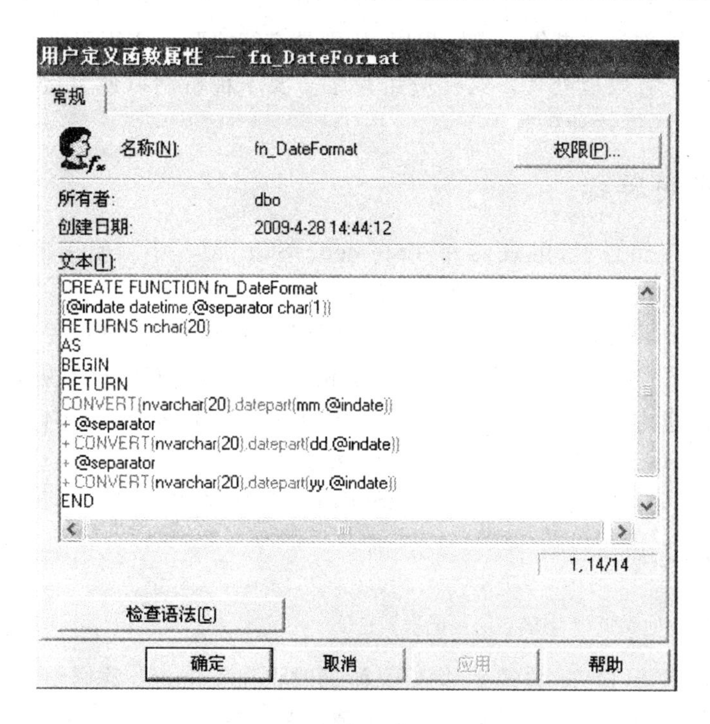

图 8 - 11　修改用户定义函数

2. 删除用户定义函数

删除用户定义函数也有两种方法：一种是在企业管理器中进行；另一种是用 DROP FUNCTION 语句进行。

使用企业管理器删除一个或多个用户定义函数，先选取相应的用户定义函数，然后右击，从快捷菜单中选取“删除”命令，接着再单击“除去对象”对话框中的“全部删除”按钮。

使用 DROP FUNCTION 语句进行删除用户定义函数时，遵循以下语法格式：

```
DROP FUNCTION[所有者名称.]函数名称[,…n]
```

例如，从数据库 Northwind 中删除用户定义函数：

```
USE Northwind
GO
DROP FUNCTION dbo.fn_DateFormat
GO
```

8.6　游　标

由 SELECT 语句返回的行集包括所有满足 WHERE 子句中条件的记录，由该语句返回的这一完整的行集被称为结果集。应用程序，特别是交互式联机应用程序，并不总能将整个结果集作为一个单元来有效地处理。这些应用程序需要一种机制以便每次处理一条或多条记录，使用游标就能够提供这种机制。

8.6.1 声明游标

游标主要用在存储过程、触发器和 Transact - SQL 脚本中。使用游标，可以对由 SELECT 语句所返回的结果集记录进行逐行处理。

与局部变量一样，游标也必须先声明后使用。声明游标通过 DECLARE CURSOR 语句来实现。DECLARE CURSOR 语句有两种语法格式，即基于 SQL - 92 标准的语法和使用一组 Transact - SQL 扩展的语法。Transact - SQL 扩展语法较复杂，需要时查阅相关资料，这里以基于 SQL - 92 标准的语法为例进行简单介绍。

基于 SQL - 92 标准的 DECLARE CURSOR 语句的语法格式为：

```
DECLARE 游标名称[INSENSITIVE][SCROLL]CURSOR
FOR SELECT 语句
[FOR{READ ONLY | UPDATE[OF 字段名[,…n]]}]
```

如果使用 INSENSITIVE 关键字，则定义游标时将在 Tempdb 数据库中创建一个临时表，用于存储由该游标使用的数据。对游标的所有请求都从这个临时表中得到应答。因此，在对该游标进行提取操作时，返回的数据中并不反映对基表所作的修改，并且该游标不允许修改。如果省略 INSENSITIVE 关键字，则任何用户对基表提交的删除和更新都反映在后面的提取(FETCH)中。

如果使用 SCROLL 关键字，则所有的提取选项(FIRST，LAST，PRIOR，NEXT，RELATIVE 和 ABSOLUTE)均可使用。如果未指定 SCROLL 关键字，则 FETCH NEXT 是唯一支持的提取选项。

SELECT 语句用来定义游标结果集，这是一个标准的 SELECT 语句，其中不允许使用 COMPUTE，COMPUTE BY 和 INTO 关键字。

使用 READ ONLY 关键字时，不能通过该游标更新数据。在 UPDATE 或 DELETE 语句中的 WHERE CURRENT OF 子句中不能引用游标。

UPDATE 子句用于定义游标内可更新的字段。如果指定了 OF 字段名参数，则只允许修改所列出的字段。如果在 UPDATE 子句中未指定字段列表，则可以更新所有字段。

【例 8 - 20】 声明一个游标，用于访问数据库 Northwind 中的 Orders 表。

代码如下：

```
USE Northwind
DECLARE Orders_vursor CURSOR FOR SELECT * FROM Orders
--声明游标
```

```
OPEN Orders_vursor
- - 打开游标
FETCH NEXT FROM Orders_vursor
- - 从游标中提取一行记录
CLOSE Orders_vursor
- - 关闭游标
DEALLOCATE Orders_vursor
- - 删除游标
```

上述代码中，声明游标时在 SELECT 语句中未用 WHERE 子句，故此游标所返回的结果集是由 books 表中的所有记录构成的。但是，使用 FETCH 语句每次能提取一行记录，结果如图 8 - 12 所示。

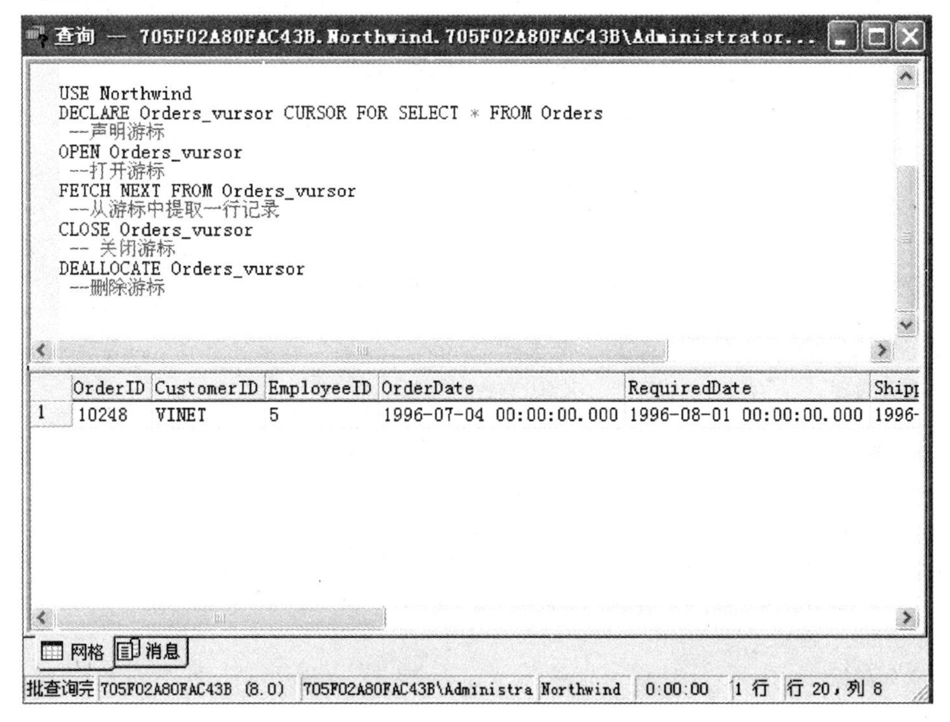

图 8 - 12　使用游标访问数据库中的记录

8.6.2　打开游标

在声明游标后，必须先打开游标，才能使用游标进行处理记录结果集。打开游标使用 OPEN 语句。OPEN 语句的语法格式为：

```
OPEN [GLOBAL]游标
```

其中,GLOBAL 参数表示要打开的是全局游标。如果全局和局部游标使用了相同的名称,则指定 GLOBAL 时表示全局游标;否则,表示局部游标。

打开一个游标以后,可以使用无参函数@@ERROR 来判断打开操作是否成功。如果这个函数的返回值为 0,则表示游标打开成功;否则,表示游标打开失败。当游标打开成功之后,可以使用无参函数@@CURSOR_ROWS 来获取这个游标中当前存在的记录行数。无参函数@@CURSOR_ROWS 有四种可能的取值。

n:该 CURSOR 所定义的数据已完全从表中读入,n 为全部的数据行。

－m:该 CURSOR 所定义的数据未完全从表中读入,m 为目前 CURSOR 数据子集内的数据行。

0:无符合条件的数据或该 CURSOR 已被关闭或释放。

－1:该游标为动态的,数据行经常变动无法确定。

【例 8-21】 使用游标查看数据库 Northwind 中的定单资料 Orders 表中的记录个数。

代码如下:

```
USE Northwind
GO
DECLARE Orders_cursor CURSOR Keyset FOR SELECT * FROM Orders
--声明游标
OPEN Orders_cursor
--打开游标
IF @@ERROR = 0
BEGIN
PRINT '游标打开成功'
IF @@CURSOR_ROWS>0
PRINT '游标结果集内记录数为:' + CONVERT(VARCHAR(3), @@CURSOR_ROWS)
END
CLOSE Orders_cursor
--关闭游标
DEALLOCATE Orders_cursor
--释放游标
GO
```

在查询分析器中运行上述程序代码,结果如图 8-13 所示。

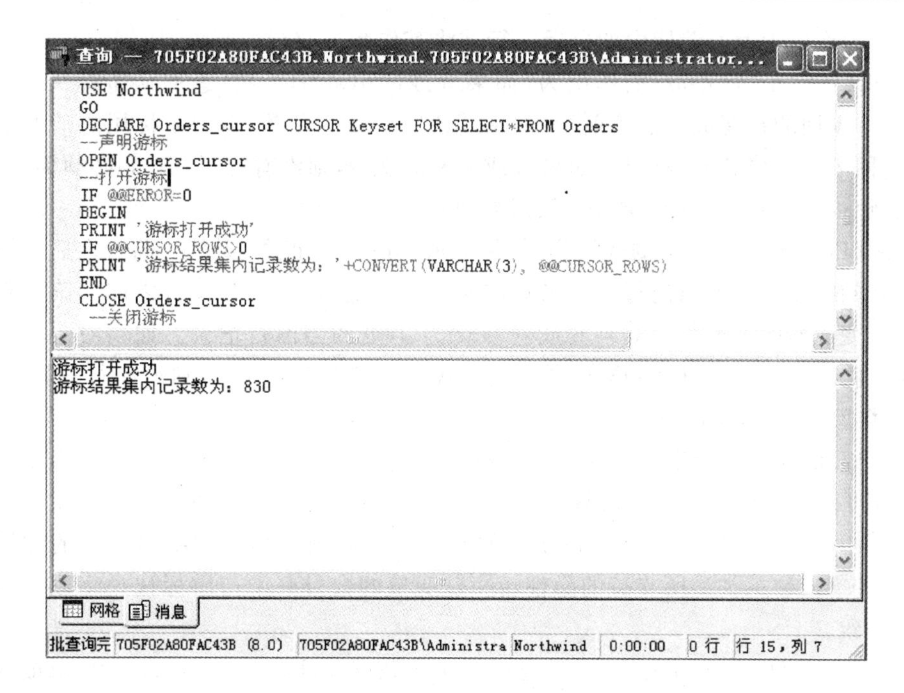

图 8-13 使用游标示例

8.6.3 从游标中获取数据

声明一个游标并成功打开该游标之后，就可以使用 FETCH 语句从该游标中提取一行特定的记录，其语法格式如下：

```
FETCH[NEXT | PRIOR | FIRST | LAST | ABSOLUTE{N | @nvar} | RELATIVE{N | @nvar}]
FROM [GLOBAL]游标名称
[INTO @变量名[,…n]]
```

使用 FETCH 语句从游标中提取记录时，各参数项的意义如下：

NEXT 的作用为返回紧跟当前行之后的结果行，并且当前行递增为结果行。如果 FETCH NEXT 为对游标的第一次提取操作，则返回结果集中的第一行。NEXT 为默认的游标提取选项。当 CURSOR 已指向最后一行数据时，如果再执行 FETCH NEXT 命令，则 FETCH 语句执行的最后游标的状态@ @FETCH_STATUS 值会变为－1；如果再执行 FETCH PRIOR 命令，则读取到最后一行数据。

PRIOR 的作用为返回紧临当前行前面的结果行，并且当前行递减为结果行。如果 FETCH PRIOR 为对游标的第一次提取操作，则没有行返回并且游标置于第一行之前。

FIRST 的作用为返回游标中的第一行并将其作为当前行。

LAST 的作用为返回游标中的最后一行并将其作为当前行。

ABSOLUTE{n | @nvar}的作用为：如果 n 或@nvar 为正数，返回从游标头开始的第 n 行记录，并将返回的行变成新的当前行；如果 n 或@nvar 为负数，返回游标尾之前的第 n 行记录，并将返回的行变成新的当前行；如果 n 或@nvar 为 0，则没有行返回。n 必须为整型常量，@nvar 必须为 smallint，tinyint 或 int 数据类型。

RELATIVE{n | @nvar}的作用为：如果 n 或@nvar 为正数，返回当前行之后的第 n 行记录并将返回的行变成新的当前行。如果 n 或@nvar 为负数，返回当前行之前的第 n 行记录并将返回的行变成新的当前行。如果 n 或@nvar 为 0，返回当前行记录。如果对游标的第一次提取操作时将 FETCH RELATIVE 的 n 或@nvar 指定为负数或 0，则没有行返回。参数 n，@nvar 的类型同 ABSOLUTE。

GLOBAL 的作用为指定游标为全局游标。

INTO 可以将提取操作的字段数据放到局部变量中。字段列表中的各个变量从左到右与游标结果集中的相应字段相关联。各变量的数据类型必须与相应的结果字段的数据类型匹配，或者这些字段数据类型所支持的隐性转换。变量的数目必须与游标选择字段列表中的字段的数目一致。

执行一个 FETCH 语句之后，可以通过系统函数@ @FETCH_STATUS 来报告游标的当前状态。该函数有以下三个取值：0 表示 FETCH 语句执行成功；－1 表示 FETCH 语句执行失败或此记录不在结果集内；－2 表示被提取的记录不存在。

【例 8 - 22】 使用游标查看数据库 Northwind 中的订单信息表 Orders 中的记录。

代码如下：

```
USE Northwind
GO
DECLARE Orders_cursor CURSOR FOR SELECT * FROM Orders --声明游标
OPEN Orders_cursor
FETCH NEXT FROM Orders_cursor    --执行第一次提取,得到结果集内的首记录
WHILE @@FETCH_STATUS = 0      --检测全局变量@@FETCH_STATUS,如果仍有记录,则继续循环
BEGIN
FETCH NEXT FROM Orders_cursor
END
CLOSE Orders_cursor
DEALLOCATE Orders_cursor
GO
```

执行上述程序代码的结果如图 8 - 14 所示。

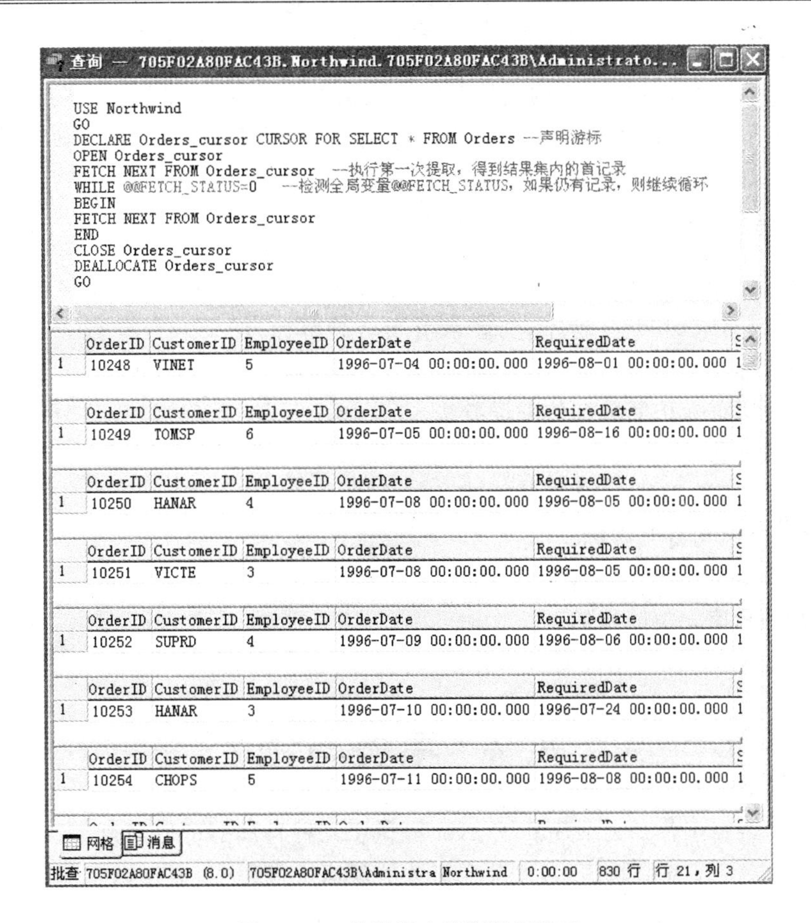

图 8 - 14 从游标中获取数据记录

8.6.4 关闭和释放游标

1. 关闭游标

通过一个游标完成提取记录的操作之后，应当使用 CLOSE 语句关闭该游标，以释放当前的结果集，并解除定位于该游标的记录行上的游标锁定。使用 CLOSE 语句关闭游标以后，该游标的数据结构仍然存储在系统中，但不允许进行提取和定位更新，直到通过 OPEN 语句重新打开游标。CLOSE 语句必须在一个打开的游标上执行，而不允许在一个仅仅声明的游标或一个已经关闭的游标上执行。CLOSE 语句的语法格式为：

```
CLOSE[GLOBAL]游标名称
```

其中，游标名称为一个已经打开游标的名称；参数 GLOBAL 表示游标为全局游标。

2. 释放游标

关闭一个游标之后，其数据结构仍然存储在系统中，为了将该游标占用的资源全部归还给系统，还需要使用 DEALLOCATE 语句来删除游标引用，让 SQL Server 释放组成该游标的数据结构。DEALLOCATE 语句的语法格式为：

```
DEALLOCATE[GLOBAL]游标名称
```

其中，游标名称是用 DECLARE 语句声明的游标名称。当全局游标和局部游标以相同的名称存在时，如果指定 GLOBAL 关键字，则表示引用全局游标；如果未指定 GLOBAL 关键字，则表示引用局部游标。

下面总结使用游标访问数据的一般方法。

游标的使用步骤如下：

1）用 DECLARE CURSOR 语句声明游标。

2）用 OPEN 语句打开游标。

3）用 FETCH 语句从游标中提取记录。

4）用 CLOSE 语句关闭游标。

5）用 DEALLOCATE 语句释放游标。

8.7 事务与锁

事务是一个逻辑工作单元。SQL Server 提供了几种自动的可以通过编程来完成的机制，包括事务日志、SQL 事务控制语句，以及在事务处理运行过程中，通过锁定保证数据完整性的机制。通过事务，能将逻辑相关的操作绑定在一起，允许服务器保持数据的完整性。在编写包含事务控制的应用程序时，要特别注意如何编写触发器和存储过程，如何让触发器和存储过程既有分工，又能协同工作。

事务是一系列要么全部完成，要么什么都不做的逻辑工作单元。事务作为一个重要的数据库技术基本概念，在保护数据库的可恢复性的多用户、多事务方面具有基础性的作用。一个事务就是一个单元的工作，该事务可能包括一条语句，也可能包括一百条语句，而这些语句的所有操作，要么都完成，要么都取消。在数据库备份和恢复过程中，事务也具有重要的作用，可以利用日志进行事务日志备份、增量备份，而不必每一次都执行耗费时间、精力和备份介质的完全备份。

锁是实现多用户、多事务等并发处理方式的手段。锁的类型和资源有多种。锁是由系统自动提供的，虽然用户也可以进行一些特殊定制，但一般情况下，用户不需要定制。在 SQL Server 2008 中，一个明显的特征是使用了行级锁。

8.7.1 事务的概念

事务是指一个单元的工作，这些工作要么全做，要么全不做。作为一个逻辑单元，必须具备四个 ACID 属性：原子性、一致性、独立性和持久性。

原子性：是指事务必须执行一个完整的工作，要么执行全部数据的修改，要么全部数据的修改都不执行。

一致性：是指当事务完成时，必须使所有数据都具有一致的状态。在关系数据库中，所有的规则都必须应用到事务的修改上，以便维护所有数据的完整性。所有的内部数据结构，例如树状的索引与数据之间的链接，在事务结束之后，必须保证正确。

独立性：是指并行事务的修改必须与其他并行事务的修改相互独立。一个事务看到的数据要么是另外一个事务修改之前的数据，要么是第二个事务已经修改完成的数据，但是这个事务不能看到其他事务正在修改的数据。这种特征也称为串行性。

持久性：是指当一个事务完成之后，它的影响永久性地存在于系统中，也就是这种修改写已到数据库中。

事务机制保证一组数据的修改要么全部执行，要么全部不执行。SQL Server 使用事务可以保证数据的一致性和确保在系统失败时的可恢复性。

事务是一个可以恢复的单元的工作，由一条或者多条 Transact - SQL 语句组成，可以影响到表中的一行或者多行数据。

事务打开以后，直到事务成功完成并提交为止，或者到事务执行失败全部取消或者回滚为止。

8.7.2 事务的工作原理

根据系统设置，可以把事务分成两种类型：一种是系统提供的事务；另一种是用户定义的事务。系统提供的事务是指在执行某些语句时，一条语句就是一个事务。这时，要明确一条语句的对象既可能是表中的一行数据，也可能是表中的多行数据，甚至是表中的全部数据。因此，只有一条语句构成的事务也可能包含了多行数据的处理。例如，执行下面的这条数据操纵语句：

```
UPDATE authors
SET state = 'CA'
```

这是一条语句，但本身就构成了一个事务。但由于没有使用条件限制，因此这条语句就是修改表中的全部数据。所以，这个事务的对象，就是修改表中的全部数据。如果 authors 表中有 1000 行数据，那么这 1000 行数据的修改要么全部成功，要么全部失败。

另外一种事务是用户明确定义的事务。在实际应用中，大多数的事务处理都是采用了用户定义的事务来处理。在开发应用程序时，可以使用 BEGIN TRANSACTION 语句来明确定义用户定义的事务。在使用用户定义的事务时，一定要注意两点：一是事务必须有明确的结束语句来结束。如果不使用明确的结束语句来结束，那么系统可能把从事务开始到用户关闭连接之间的全部操作都作为一个事务来对待。事务的明确结束可以使用 COMMIT 语句和 ROLLBACK 语句中的一个。COMMIT 语句是提交语句，将全部完成的语句明确地提交到数据库中；ROLLBACK 语句是取消语句，该语句将事务的操作全部取消，即表示事务操作失败。

还有一种特殊的用户定义的事务，就是分布式事务。前面提到的事务都是在一个服务器上的操作，其保证的数据完整性和一致性是指一个服务器上的完整性和一致性。但是，在一个比较复杂的环境中，可能有多台服务器，如果要保证在多服务环境中事务的完整性和一致性，就必须定义一个分布式事务。在这个分布式事务中，所有的操作都可以涉及对多个服务器的操作。当这些操作都成功时，则所有这些操作都提交到相应服务器的数据库中；如果这些操作中有一条操作失败，那么这个分布式事务中的全部操作都被取消。

8.7.3 事务的提交与回滚

1. 事务处理语句

所有的 SQL 都是内在的事务，包括从 GRANT 和 CREATE 语句到数据修改语句 INSERT、UPDATE 和 DELETE。现在我们来看一个 UPDATE 的例子：

```
UPDATE titles
SET price = price * 1.02
```

上述语句修改了 titles 表中的所有行。SQL Server 保证 titles 表无论有多大，所有的行要么全部处理，要么一行也不处理。如果修改了全部行的一半时，服务器出错了，那会如何呢？这时服务器返回到以前(但要是在数据库可供使用之前)未完成的事务的位置处，清除它已经修改过的数据，这就是恢复处理的内容。

SQL Server 还包括事务控制语法，将 SQL Server 语句集合分组后形成单个的逻辑工作单元。事务处理控制语句包括：

BEGIN TRANSACTION：开始一个工作单元。

COMMIT TRANSACTION：完成一个工作单元。

ROLLBACK TRANSACTION：回滚一个工作单元。

下面的例子是由两个独立的语句组成的单个事务：一个语句输入订单；另一个语句清空库存。

```
BEGIN TRANSACTION
UPDATE inventory
SET in_stock = in_stock - 5
```

```
WHERE item_num = '14141'
INSERT orders(cust_num,item_num,qty)
VALUSE('ABC151','14141',5)
COMMIT TRANSACTION
```

因为两个数据修改语句被一个 BEGIN TRANSACTION…COMMIT TRANSACTION 结构组装起来了,SQL Server 保证:除非是输入了订单,否则库存不会发生改变。

下面看一个同样的例子,但这次用的是 ROLLBACK TRANSACTION 语句,而不是 COMMIT TRANSACTION。

```
BEGIN TRANSACTION
UPDATE inventory
SET in_stock = in_stock - 5
WHERE item_num = '14141'
INSERT orders(cust_num,item_num,qty)
VALUES('ABC151','14141',5)
ROLLBACK TRANSACTION
```

当服务器遇到 ROLLBACK 语句时,就会抛弃在事务处理中的所有变化,把数据恢复到开始工作之前的状态。

2. 事务和批

在前面的例子中,用户希望或者整个操作完成,或者什么都不做。显然,解决这个问题的办法是把整个操作组织成一个简单的事务处理。例如:

```
BEGIN TRANSACTION
INSERT Categories(CategoryID, CategoryName, Description)
VALUES("9","books","science book")
UPDATE titles
SET CategoryID  = '9'
WHERE CategoryID  = '9'
DELETE picture
WHERE Description  = 'science book'
COMMIT TRANSACTION
```

当服务器遇到 ROLLBACK 语句时,就会抛弃在事务处理中的所有变化,把数据恢复到开始工作之前的状态。

现在,服务器把批处理中的全部三个操作看做一次修改。

对于批处理而言,没有内在的事务属性。就像前面已经看到的那样,除非在批中包含一个事务;否则,批处理中的每条语句都是一个独立的事务,每条语句要么彻底完成,要么完全失败。

事务还能跨越多个批处理。比如说，有一个应用程序要求在一个批处理中开始一个事务，随后要求用户在第二个批处理中给予验证。例如：

```
/*第一个批处理*/
BEGIN TRANSACTION
INSERT Categories(CategoryID, CategoryName, Description)
VALUES("8","books","science book")
IF@ @ ERROR=0
PRINT Categories INSERT was successful, Please go on.'
ELSE
PRINT Categories INSERT failed, Please roll back.'
/*第二个批处理*/
UPDATE titles
SET CategoryID = '9'
WHERE CategoryID = '9'
DELETE picture
WHERE Description = 'science book'
COMMIT TRANSACTION
```

8.7.4 锁定与并发控制

1. 锁的作用

锁就是防止其他事务访问指定资源的手段。锁是实现并发控制的主要方法，是多个用户能够同时操纵同一个数据库中的数据而不发生数据不一致现象的重要保障。一般来说，锁可以防止脏读、不可重复读和幻觉读。

(1) 脏读

脏读就是指当一个事务正在访问数据，并且对数据进行了修改，而这种修改还没有提交到数据库中，这时，另外一个事务也访问这个数据，并且使用了这个数据。因为这个数据是还没有提交的数据，那么另外一个事务读到的这个数据是脏数据，依据脏数据所做的操作可能是不正确的。

(2) 不可重复读

不可重复读是指在一个事务内，多次读同一数据。在这个事务还没有结束时，另外一个事务也访问该同一数据。那么，在第一个事务中的两次读数据之间，由于第二个事务的修改，第一个事务两次读到的数据可能是不一样的。这样就发生了在一个事务内两次读到的数据是不一样的，因此称为是不可重复读。

(3) 幻觉读

幻觉读是指当事务不是独立执行时发生的一种现象。例如，第一个事务对一个表中的数据进行了修改，这种修改涉及表中的全部数据行。同时，第二个事务也修改这个表中的数据，这种修改是向表中插入一行新数据。那么，以后就会发生操作第一个事务的用户发现表中还有未修改的数据行，就好像发生了幻觉一样。

2. 锁的模式

锁定资源的方式有两种基本形式：一种形式是操作要求的共享锁；另一种形式是写操作要求的排它锁。除了这两种基本类型的锁之外，还有一些特殊情况的锁，例如意图锁、修改锁和模式锁。在各种类型的锁中，有些类型的锁之间是可以兼容的，有些类型的锁之间是不兼容的。

(1) 共享锁

共享锁允许并行事务读取同一种资源，这时的事务不能修改访问的数据。当使用共享锁锁定资源时，不允许修改数据的事务访问数据。当读取数据的事务读完数据之后，立即释放所占用的资源。一般地，当 SELECT 语句访问数据时，系统自动对所访问的数据使用共享锁锁定。对于那些修改数据的事务，例如 INSERT，UPDATE 和 DELETE 语句，系统自动在所修改的事务上放置排它锁。

(2) 排它锁

排它锁是指在同一时间内只允许一个事务访问一种资源，其他事务都不能在有排它锁的资源上访问。在有排它锁的资源上，不能放置共享锁。也就是说，不允许可以产生共享锁的事务访问这些资源。只有当产生排它锁的事务结束之后，排它锁锁定的资源才能被其他事务使用。

(3) 特殊类型的锁

除了上面基本的锁以外，根据不同的 SQL Server，还可以使用一些其他类型的锁，这些特殊类型的锁包括意图锁、修改锁和模式锁。

1) 意图锁。系统使用意图锁来最小化锁之间的冲突。意图锁建立一个锁机制的分层结构，这种结构依据锁定的资源范围从低到高依次是行级锁层、页级锁层和表级锁层。意图锁表示系统希望在层次低的资源上获得共享锁或者排它锁。例如，放置在表级上的意图锁表示一个事务可以在表中的页或者行上放置共享锁。在表级上设置意图锁防止以后另外一个修改该表中页的事务在包含了该页的表上放置排它锁。意图锁可以提高性能，这是因为系统只需要在表级上检查意图锁，并且确定一个事务能否在哪个表上安全地获取一个锁，而不需要检查表上的每一个行锁或者页锁，还确定一个事务是否可以锁定整个表。

意图锁有意图共享锁、意图排它锁和使用意图排它的共享锁三种形式。

意图共享锁：表示读低层次资源的事务的意图，把共享锁放在这些单个的资源上。

意图排它锁：表示修改低层次的事务的意图，把排它锁放在这些单个资源上。意图排它锁包括意图共享锁，它是意图共享锁的超集。使用意图排它的共享锁表示允许并行读取顶层资源的事务的意图，并且修改一些低层次的资源，把意图排它锁放在这些单个资源上。例如，表上的一个使用意图排它的共享锁把共享锁放在表上，允许并行读取，并且把意图排它锁放在将要修改的页上，把排它锁放在修改的行上。每一个表一次只能有一个使用意图排它的共享锁，因为表级共享锁阻止对表的任何修改。使用意图排它的共享锁是共享锁和意图排它锁的组合。

2）修改锁。当系统将要修改一个页时，使用修改锁。在系统修改该页之前，系统自动地把这个修改页锁上升到排它页锁，防止锁之间发生冲突。当第一次读取页时，在修改操作的开始阶段，获得修改锁。修改锁与共享锁是兼容的，如果该页被修改了，那么修改锁上升到排它锁。

3）模式锁。模式锁保证当表或者索引被另外一个会话参考时，不能被删除或者修改其结构模式。SQL Server 系统提供了两种类型的模式锁：模式稳定锁和模式修改锁。模式稳定锁确保锁定的资源不能被删除；模式修改锁确保其他会话不能参考正在修改的资源。

3. 锁的信息

可以使用多种方法查看系统锁的信息，如使用当前活动窗口、系统存储过程 sp_lock，SQL Server Profiler，SQL Server Performance Monitor 等。

使用当前活动窗口可以查看到进程的信息、进程和锁的信息、对象和锁的信息等。

使用系统存储过程 sp_lock 也可以查看系统中锁的信息。系统存储过程 sp_lock 的语法格式为：

```
sp_lock[ [ @spid1 = ]'spid1'] [, [ @spid2 = ]' spid2']
```

其中，参数 spid1 是 Microsoft SQL Server 的进程标识号，可以使用 sp_who 获取有关该锁的进程信息；参数 spid2 是另外一个进程号，可以显示其他锁信息。如果 sp_lock 执行成功，那么返回值是 0，该存储过程返回的结果见表 8-2。

表 8-2 sp_lock 返回的结果集

例名称	列数据类型	描 述
Spid	Smallint	SQL Server 的进程 ID 号
Dbid	Smallint	请求锁的数据库标识号
Objid	Int	请求锁的数据库对象标识号
Indid	Smallint	索引标识号
Type	Nchar(4)	锁的类型如下： DB＝数据库 FIL＝文件 IDX＝索引 PG＝数据页或索引页

续表 8 - 2

例名称	列数据类型	描 述
Type	Nchar(4)	KEY=键 TAB=表 EXT=簇 RID=行标识号
Resource	Nchar(16)	锁的资源类型
Mode	Nvarchar(8)	锁请求者的锁模式,表示粒度模式、转换模式或等待模式
status	int	锁的状态: GRANT WAIT CNVRT

4. 死锁及处理

死锁是一个很重要的话题。在事务和锁的使用过程中,死锁是一个不可避免的现象。在两种情况下,可以发生死锁。

死锁的第一种情况是:当两个事务分别锁定了两个单独的对象,这时每一个事务都要求在另外一个事务锁定的对象上获得一个锁,因此每一个事务都必须等待另外一个事务释放占有的锁,这时,就发生了死锁。这种死锁是最典型的死锁形式。在同一时间内有两个事务 A 和 B,事务 A 有锁定表 part 和请求访问表 supplier 两个操作;事务 B 也有锁定表 supplier 和请求访问表 part 两个操作。结果,事务 A 和事务 B 之间就会发生死锁。

死锁的第二种情况是:当在一个数据库中时,有若干个长时间运行的事务,它们执行并行的操作,当查询分析器处理一种非常复杂的查询(如连接查询)时,就可能由于不能控制处理的顺序,而发生死锁现象。

当发生死锁现象时,系统可以自动检测,然后通过自动取消其中一个事务来结束死锁。在发生死锁的两个事务时,根据事务处理时间的长短作为规则来确定它们的优先级。处理时间长的事务具有较高的优先级,处理时间较短的事务具有较低的优先级。在发生冲突时,保留优先级高的事务,取消优先级低的事务。

8.8 上机练习

1. 流程控制语句

1) 若存在产品种类编号为“10”的产品种类,则显示已存在的信息;否则,插入该产品种类的记录。

提示：要查询产品种类编号为“10”的产品种类，可以使用 SELECT 语句和 EXISTS 函数完成，其实现语句为：

```
USE Northwind
GO
IF EXISTS(SELECT CategoryId FROM Orders
WHERE CategoryId = '10')
PRINT '已存在产品种类编号为 10 的种类'
ELSE
INSERT INTO Orders (CategoryId、CategoryName,discription)
VALUES('10','book','science book')
```

2）输出字符串“BeiJing”中每个字符的 ASCII 值和字符。

提示：要输出一个字符串中每个字符的 ASCII 值和字符，需要使用四个函数：ASCII，CHAR，DATALENGTH 和 SUBSTRING。其中 SUBSTRING 用于返回一个字符串。

具体实现语句为：

```
USE Northwind
GO
DECLARE @position int, @string char(15)
SET @position = 1
SET @string = 'BeiJing'
WHILE @position <= DATALENGTH(@string)
BEGIN
SELECT ASCII(SUBSTRING(@string,@position,1)) As ASCCode,
CHAR (ASCII(SUBSTRING(@string,@position,1))) As ASCChar
SET @position = @position + 1
END
GO
```

2. 用户定义函数的应用

要求：定义一个自定义函数，按产品的预订日期和发货日期计算该产品从预订到发货的时间。

1）自定义函数：

```
CREATE FUNCTION dbo.To_Year
(@Vardate datetime,@CurDate datetime)
RETURNS tinyint
AS
BEGIN
RETURN DATEDIFF(yyyy,@Vardate,@CurDate)
```

```
END
```

2）验证自定义函数：

```
USE Northwind
GO
SELECT OrderID,ProductID,UnitPrice,dbo.To_Year(Orderdate,GETDATE()) AS 从预订到发货的时间
FROM Orders
GO
```

3. SQL Server 中的事务处理

要求：分别以非事务方式和事务方式执行下列 SQL 语句，然后比较分析两者的执行结果（请事先做好数据库的备份）。

```
UPDATE Products SET CategoryID = 5
UPDATE Products SET CategoryID = 10
WHERE ProductID = '10'
```

说明：第一条 UPDATE 语句将 Products 表中的所有书的 CategoryID 修改为 5；第二条 UPDATE 语句将 Products 表中的 ProductID 为“10”的图书的 CategoryID 修改为“10”。由于该表与 Categories 表存在着关联关系，而 Categories 表中 CategoryID 只有 1～8，因此该 UPDATE 语句将引起操作失败。

操作步骤如下：

1）从“开始”菜单中的 SQL Server 程序组中启动 SQL Server 查询分析器，打开“SQL 查询分析器”窗口。

2）在其右上角的下拉列表框中选择要操作的数据库，如“Northwind”数据库。

3）在“查询”窗口中输入以下 SELECT 语句并执行，以查看处理前的数据表的情况。

```
SELECT * FROM Products
```

查询结果如图 8 - 15 所示。

4）在“查询”窗口中输入以下 SQL 语句，以非事务方式执行，并查看执行后的结果。

```
UPDATE Products SET CategoryID = 5
UPDATE Products SET CategoryID = 10
WHERE ProductID = '10'
```

SQL 语句的执行情况如图 8 - 16 所示。

5）将数据库还原到备份前的状态。

6）在“查询”窗口中输入以下 SQL 语句，以事务方式执行，并查看执行后的结果。

查询 — 705F02A80FAC43B.Northwind.705F02A80FAC43B\Administrato...

```
select * from Products
```

	ProductID	ProductName	SupplierID	CategoryID	QuantityPerUnit
1	1	Chai	1	1	10 boxes x 20 b
2	2	Chang	1	1	24 - 12 oz bott
3	3	Aniseed Syrup	1	2	12 - 550 ml bot
4	4	Chef Anton's Cajun Seasoning	2	2	48 - 6 oz jars
5	5	Chef Anton's Gumbo Mix	2	2	36 boxes
6	6	Grandma's Boysenberry Spread	3	2	12 - 8 oz jars
7	7	Uncle Bob's Organic Dried Pears	3	7	12 - 1 lb pkgs.
8	8	Northwoods Cranberry Sauce	3	2	12 - 12 oz jars
9	9	Mishi Kobe Niku	4	6	18 - 500 g pkgs
10	10	Ikura	4	8	12 - 200 ml jar
11	11	Queso Cabrales	5	4	1 kg pkg.
12	12	Queso Manchego La Pastora	5	4	10 - 500 g pkgs
13	13	Konbu	6	8	2 kg box
14	14	Tofu	6	7	40 - 100 g pkgs
15	15	Genen Shouyu	6	2	24 - 250 ml bot
16	16	Pavlova	7	3	32 - 500 g boxe

网格 消息

批查询 705F02A80FAC43B (8.0) 705F02A80FAC43B\Administra Northwind 0:00:00 77 行 行 19，列 1

图 8－15 处理前的数据表 Products 的数据情况

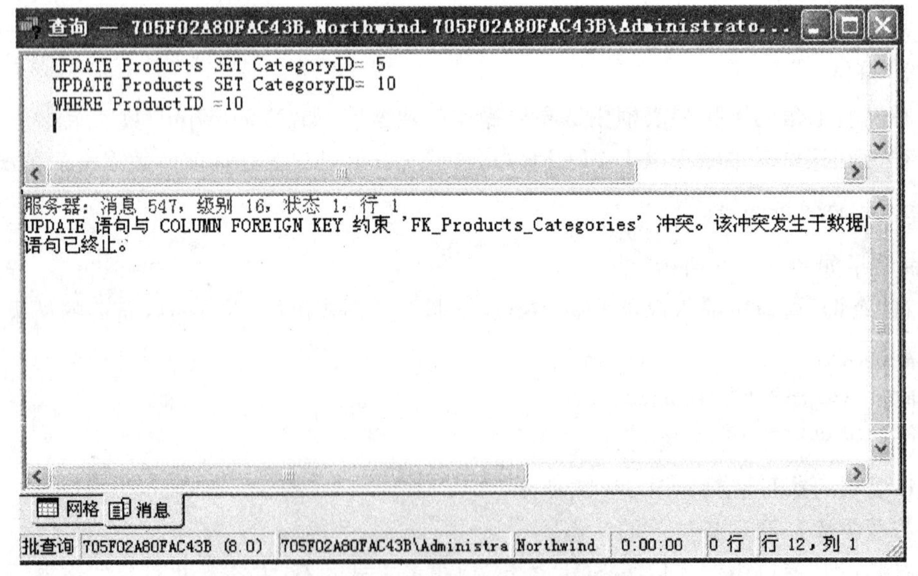

图 8－16 非事务方式的执行情况

```
BEGIN TRAN
UPDATE Products SET CategoryID = 5
UPDATE Products SET CategoryID = 10
WHERE ProductID = '10'
IF @@ERROR ! = 0
ROLLBACK TRAN
ELSE
COMMIT TRAN
```

SQL 语句的执行情况如图 8 - 17 所示。

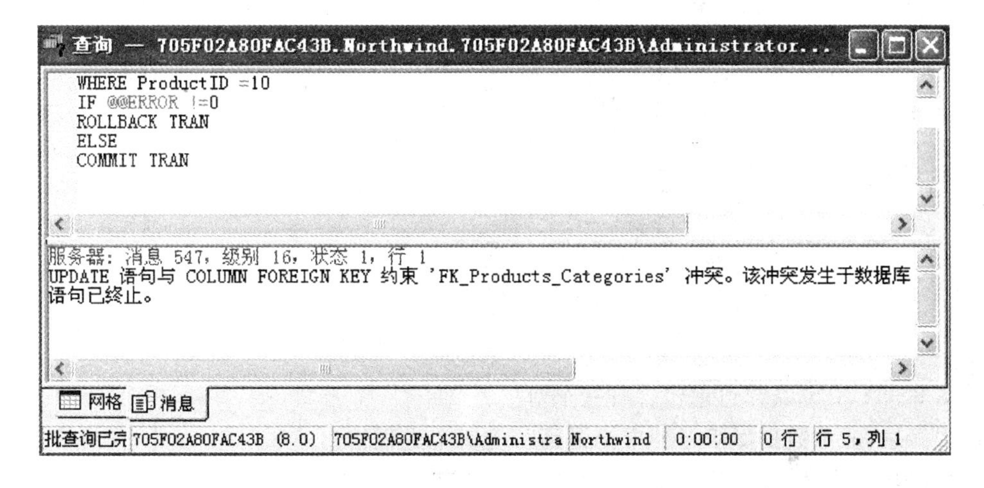

图 8 - 17　事务方式的执行情况

分析:从两种方式的执行情况和执行后的数据表结果可以看到,两种方式的执行情况相同,这是因为其执行的 SQL 语句是相同的;而两者执行后的数据表结果不同,这是因为前者是非事务方式,当有失败的操作发生时,系统停止执行余下的 SQL 语句,但先前的操作结果将被保留;后者是事务方式,其中的 SQL 语句是一个整体,要么全部操作成功,要么全部失败,因此当第二条 UPDATE 语句执行失败时,先前操作成功的结果也被一起撤销,最终回到操作前的状态。

4. 分别用 SQL Server 企业管理器和 Transact - SQL 命令查看数据库中所保持的锁信息

(1) 使用 SQL Server 企业管理器

操作步骤如下:

1) 在"开始"菜单的 SQL Server 程序组中启动 SQL Server 企业管理器,打开"SQL Server Enterprise Manager"窗口。

2) 展开服务器后,在左边的目录树中选择"管理"文件夹下的"当前活动"子文件夹,如图 8－18 所示。

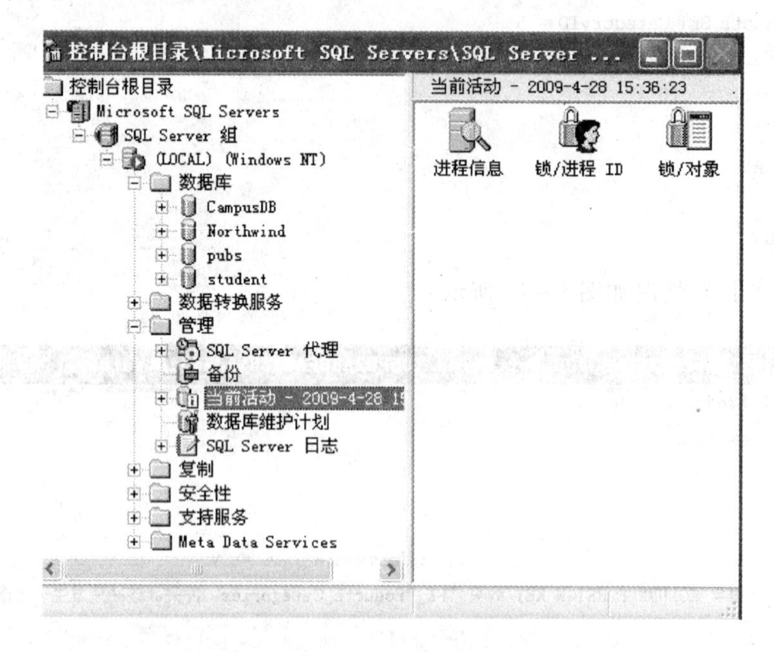

图 8－18 展开“当前活动”文件夹

从图 8－18 中可以看到它包含有三个对象：

进程信息：显示数据库服务器中当前运行的每个进程信息。

锁/进程 ID：显示数据库服务器上当前保持锁定的每个进程的信息。

锁/对象：显示数据库服务器上当前锁定的对象信息。

3）打开其中的“锁/进程 ID”，查看保持锁定的进程信息，如图 8－19 所示。

4）打开其中的“锁/对象”，查看保持锁定的对象信息，如图 8－20 所示。

(2) 使用 Transact－SQL 命令

操作步骤如下：

1）在“开始”菜单的 SQL Server 程序组中启动 SQL Server 查询分析器，打开“SQL 查询分析器”窗口。

2）在其右上角的下拉列表框中选择要操作的数据库，如“Northwind”数据库。

3）在“查询”窗口中输入以下 Transact－SQL 语句并执行，以查看数据库中的锁信息。

```
BEGIN TRAN
UPDATE Products SET UnitPrice = 20
WHERE  ProductName = 'Chang'
EXEC Sp_lock
ROLLBACK
```

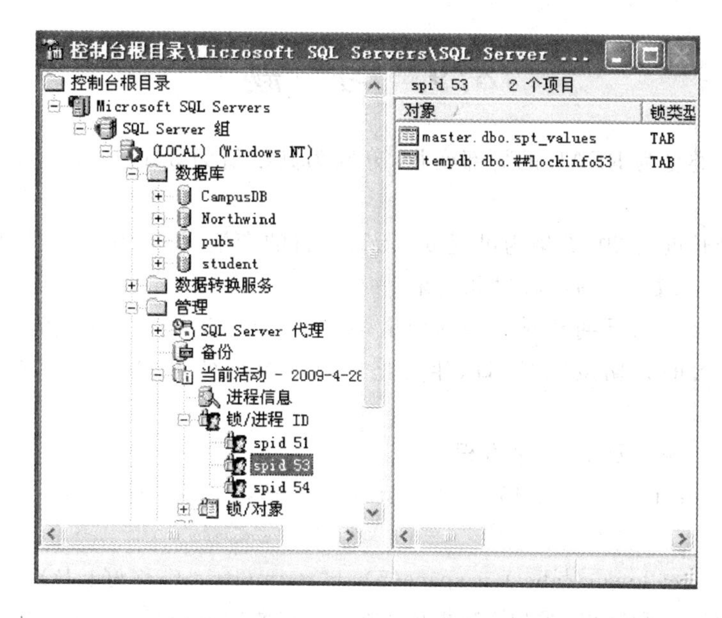

图 8 - 19 显示"锁/进程 ID"对象

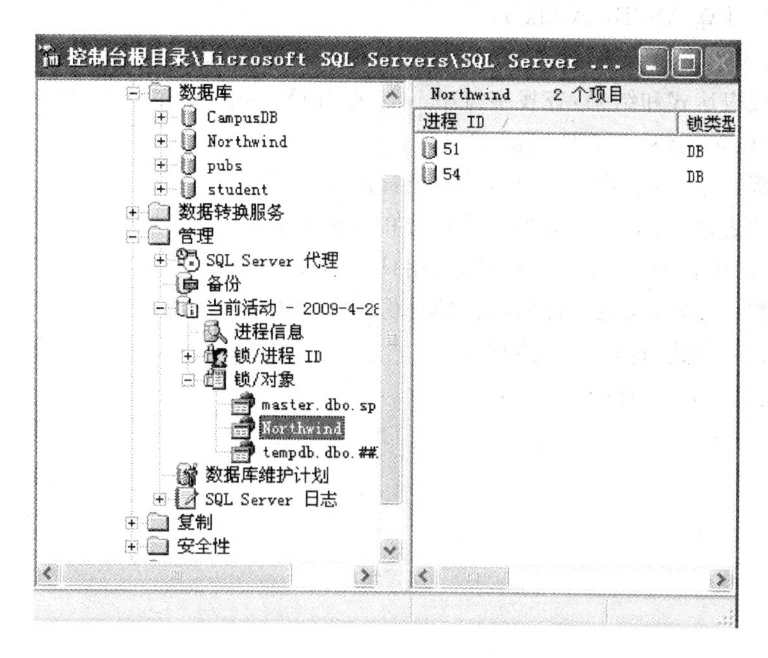

图 8 - 20 显示"锁/对象"对象

说明:这段 Transact - SQL 语句首先以显示事务方式执行 UPDATE 语句,然后使用系统存储过程 Sp_lock 来查看该语句引起的锁定信息,然后再撤销事务。

8.9 习 题

1. 声明一个类型为REAL的局部变量,分别为其赋值为321.12、87654321.456,求出其结果。

2. 声明一个长度为20,类型为可变unicode字符的变量,赋值为“荆州职业技术学院”,并显示其值及所占字节数。(写出程序和结果)

3. 声明一个类型为日期和时间型的变量,要求:(1)将今天的日期赋值给该变量,并显示其结果;(2)将今天的日期接照月、日、年的格式赋值给该变量,并显示其结果。(写出程序和结果)

4. 计算3的4次方及16的平方根。

5. 写结果:select str(123.45,6,1),str(123.45,2,2),str(floor(123.45),8,3),str(123.45,4,0)。

6. 写结果:select lower('abc') +space(5) + rtrim(ltrim(' 你好! '))。

7. 写函数表达式和结果:求出'数据库'在'大型数据库技术'中的位置。

8. 写结果:计算ASCII('Alklk')。

9. 写函数表达式和结果:计算字符串'SQL Server数据库管理系统'的长度。

10. 写函数表达式和结果:查找字符串'wo'在'MY wonderful'中的开始位置。

11. 写结果:select stuff('He rld',3,1,'llo wo')。

12. 写函数表达式:求服务器当前的系统日期与时间。

13. 写函数表达式:求出系统当前的月份和月份名字。

14. Mary的生日为1979/12/23日,请用日期函数计算Mary现在的年龄。

15. 写函数表达式:求某个日期所在的月份有多少天。

16. 写函数表达式:返回今天的日期。

17. 求$N!$(N的阶乘)。

第9章　存储过程

本章要点

本章介绍存储过程的概念、用途、创建方法，以及如何编写简单的存储过程。

学习目标

☑ 掌握使用 T-SQL 语句创建、修改和删除存储过程

☑ 掌握使用 SQL Server Management Studio 工具创建、修改和删除存储过程

9.1　存储过程概述

9.1.1　基本概念

存储过程是重要的数据库对象，通过将一组预编译的 T-SQL 语句以存储单元的形式存储在数据库而非单独的文件中，供用户调用，实现查询、添加、修改和删除记录等数据定义、操作和访问功能，提高代码的执行效率。

存储过程是 SQL Server 中应用最广泛、最灵活的技术。编写存储过程是 SQL Server 编程的核心，既允许使用变量、参数，也可以使用选择、循环结构。应用好存储过程，将使数据库的管理和应用更加方便和灵活。

在概念理解中要注意的是，存储过程不是单独的脚本文件，可以与数据库一起迁移。

9.1.2　存储过程的特点

在 SQL Server 中使用存储过程，是因为存储过程有如下特点：

(1) 预编译

存储过程只在创建时进行编译，以后每次执行存储过程都不需再重新编译，而一般 SQL 语句每执行一次就编译一次。存储过程"一次编译，多次执行"，可以提高数据库执行速度。

(2) 减少网络流量

一般情况下，多行 T-SQL 命令传送到 SQL Server，方可执行。而把它们编写为存储过程，由于存储在 SQL Server 数据库中，所以只要传送一行包含存储过程名的语句到 SQL Server，即可执行，减少了网络负荷。

(3) 提高系统安全性

管理员可以不授予用户访问存储过程中所涉及的表的权限，而只授予执行存储过程的权

限。这样，既可以保证用户通过存储过程操纵数据库中的数据，又可以保证用户不能直接访问存储过程中所涉及的表。用户通过存储过程来访问表，所能进行的操作是有限制的，从而保证了表中数据的安全性。

(4) 代码重用

存储过程是根据实际功能的需要创建的一个程序模块，并被存储在数据库中。以后用户要完成该功能，只要在程序中直接调用该存储过程即可，而无需再编写重复的程序代码。存储过程可以调用存储过程。存储过程由数据库编程人员创建，可独立于程序源代码而进行修改和扩展。

9.1.3 存储过程的类型

在 SQL Server 中存储过程分为系统存储过程、扩展存储过程和用户自定义存储过程三类。

1. 系统存储过程

系统存储过程(System Stored Procedure)是 SQL Server 系统自带的，名称以 sp_开头，具有执行系统存储过程权限的用户可直接调用系统存储过程。SQL Server 中许多管理工作是通过执行系统存储过程来完成的，许多系统信息也可以通过执行系统存储过程而获得。当新建一个数据库时，一些系统存储过程会在新建的数据库中自动创建，如图 9-1 所示。

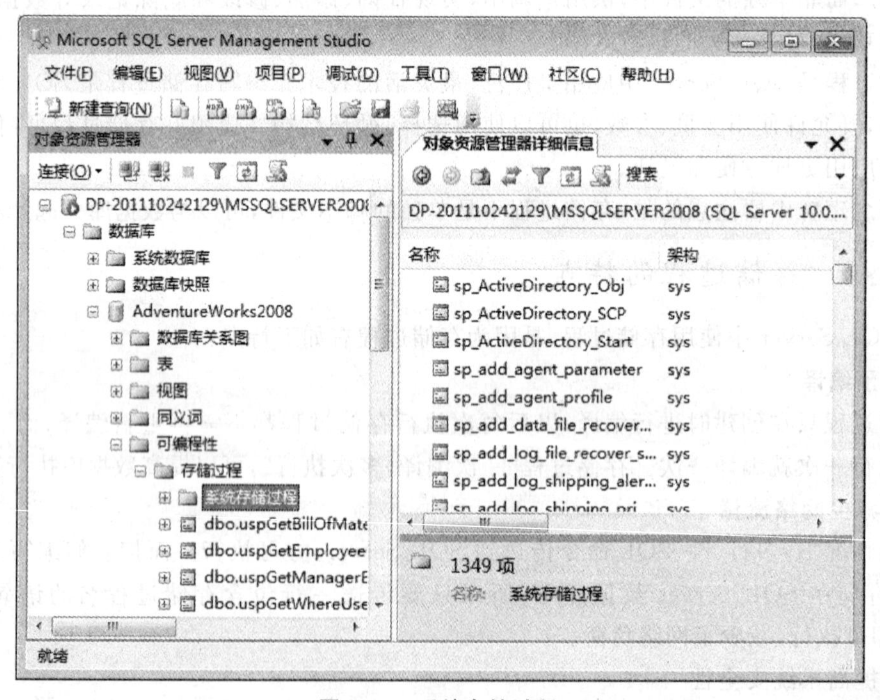

图 9-1 系统存储过程

以下是两个常用系统存储过程举例。

系统存储过程 sp_help 用于报告有关数据库对象(sys.sysobjects 兼容视图中列出的所有对象)、用户定义数据类型或 SQL Server 所提供的数据类型的信息。

【例 9-1】 列出有关当前数据库 Master 中每个对象的名称、所有者和类型。

代码如下:

```
USE Master;
GO
EXEC sp_help;
GO
```

sp_help 的执行结果如图 9-2 所示。

如果要返回数据库 AdventureWorks2008 中单个对象的信息,如客户联系 Contact 表的信息,可以用如下调用方法:

```
USE AdventureWorks2008;
GO
EXEC sp_help 'Person.Contact';
```

图 9-2　sp_help 的执行结果

GO 系统存储过程 sp_helptext 用于显示规则、默认值、未加密的存储过程、用户定义函数、触发器、计算列、CHECK 约束、视图或系统对象(如系统存储过程)的文本。

【例 9-2】 显示数据库 AdventureWorks 2008 中的用户自定义函数 ufnGetAccountingEndDate 的定义。

代码如下：

```
USE AdventureWorks2008;
GO
EXEC sp_helptext 'ufnGetAccountingEndDate';
GO
```

sp_helptext 的执行结果如图 9-3 所示。

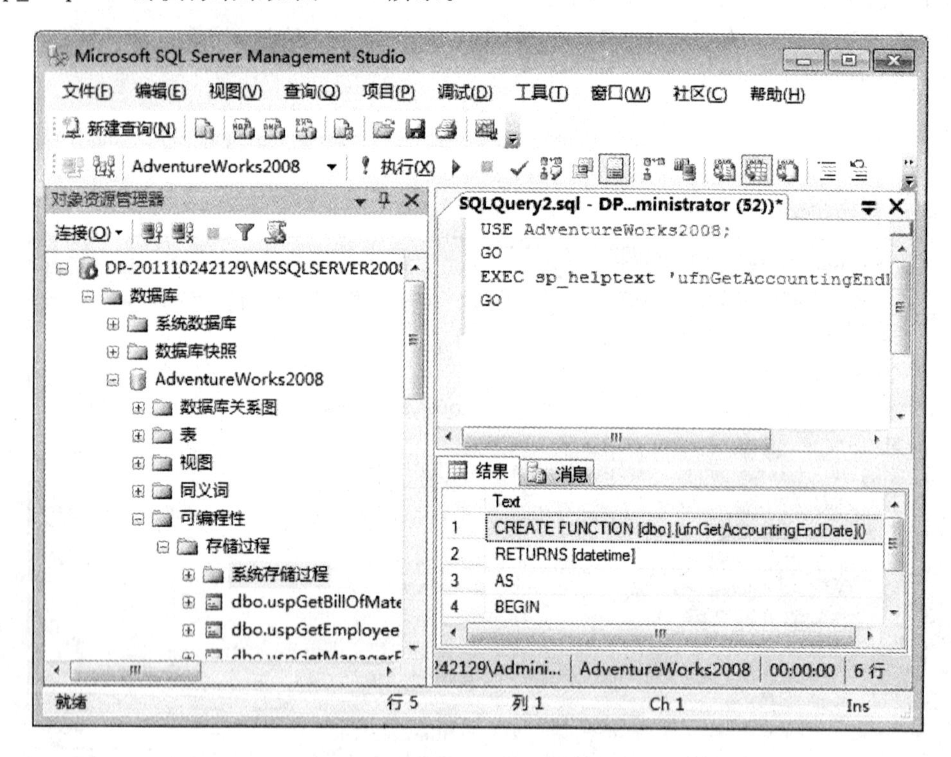

图 9-3 sp_helptext 的执行结果

如果要显示数据库 AdventureWorks2008 的销售订单 SalesOrderHeader 表中计算列 TotalDue 的定义,用如下调用方法：

```
USE AdventureWorks2008;
GO
sp_helptext @objname = N'AdventureWorks2008.Sales.SalesOrderHeader', @columnname = TotalDue;
```

```
GO
```

常用的系统存储过程还有：sp_depends 显示有关数据库对象相关性的信息；sp_rename 更改当前数据库中用户创建对象的名称。

2. 扩展存储过程

扩展存储过程(Extended Stored Procedure)是外挂程序，用于扩展 SQL Server 的功能，是可以动态装载并执行的动态链接库 (Dynamic - Link Libraries，DLL)。扩展存储过程直接在 SQL Server 的地址空间运行。扩展存储过程以 sp_或者 xp_开头，如图 9 - 4 所示。

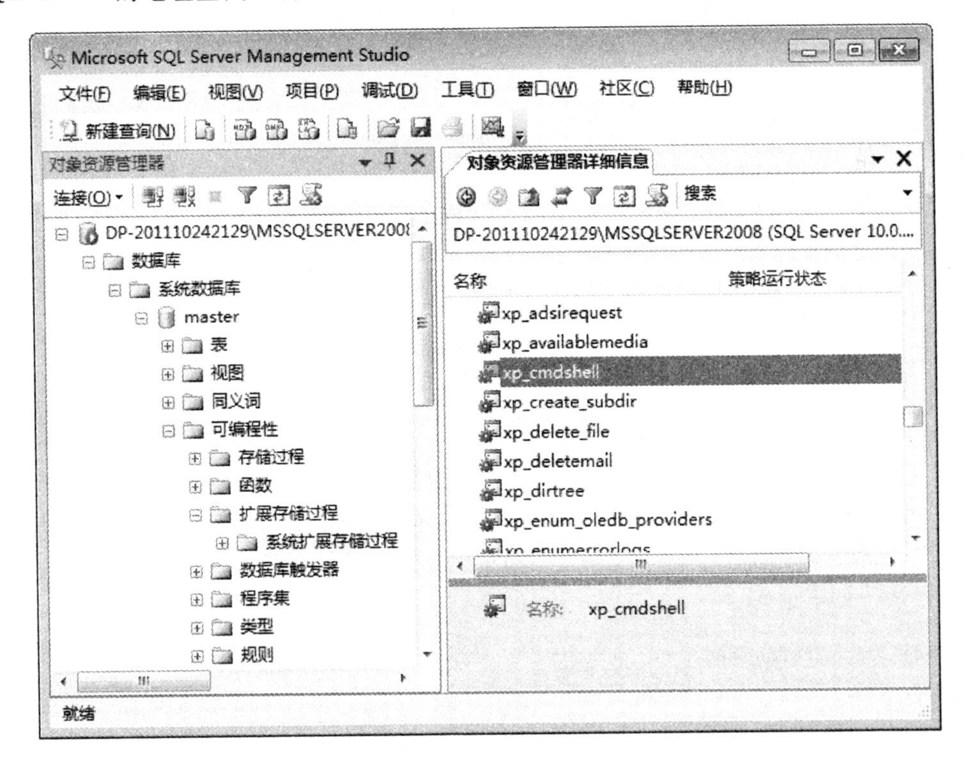

图 9 - 4 扩展存储过程

【例 9 - 3】 使用系统扩展存储过程 xp_cmdshell。

扩展存储过程 xp_cmdshell 可以让系统管理员以操作系统命令行解释器的方式执行特定的命令，并以文本行方式返回结果，功能非常强大。

在“查询”窗口，执行以下语句：

```
EXEC xp_cmdshell 'dir C:';
```

该语句是通过扩展存储过程 xp_cmdshell，执行操作系统命令 dir C:，列出当前操作系统所在 C 盘上的文件和文件夹清单，如图 9 - 5 所示。

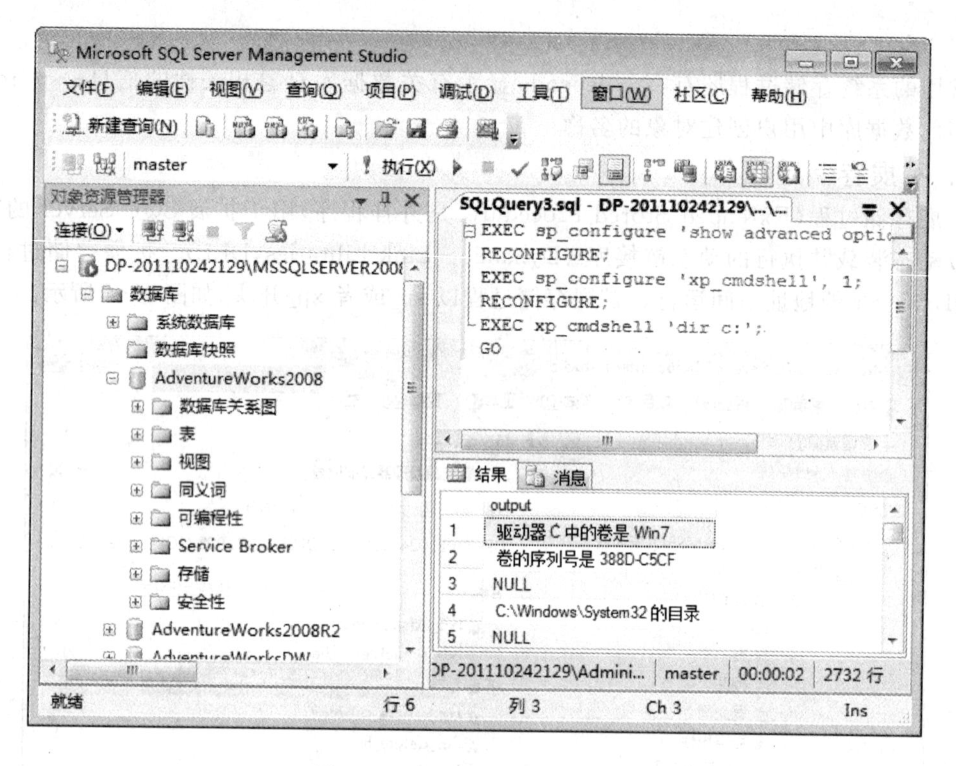

图 9-5 xp_cmdshell 执行结果

请读者注意，从安全的角度看，扩展存储过程 xp_cmdshell 只能被 SA 级别的用户调用，是 SQL Server 的安全隐患之一，实际中许多 DBA 都将其删除或者禁用。所以，如果出现错误信息，可以执行如下语句：

```
EXEC sp_configure 'show advanced options', 1;
RECONFIGURE;
EXEC sp_configure 'xp_cmdshell', 1;
RECONFIGURE;
```

再执行：

```
EXEC xp_cmdshell 'dir c:';
```

另外，由于.NET 的引入，扩展存储过程将逐渐被 SQL Server 摒弃。请不要在新的开发中使用扩展存储过程。

3. 用户定义存储过程

用户定义存储过程(User - defined Stored Procedure)是由用户根据实际需要创建的存储过程。在命名时不要以 sp_和 xp_开头，以区分系统存储过程和扩展存储过程。

下面主要讲解用户自定义存储过程。

9.2　创建和执行用户自定义存储过程

9.2.1　用户自定义存储过程的创建

在 SQL Server 中创建用户自定义存储过程有两种方法：用 T-SQL 命令和用 SQL Server Management Studio 工具。使用 SQL Server Management Studio 工具容易理解，较为简单；用 T-SQL 命令较为快捷。创建存储过程时，应该指定所有的输入参数、执行数据库操作的编程语句、返回至调用过程或批处理时以示成功或失败的状态值、捕获和处理潜在错误时的错误处理语句等。

下面按照从简单到复杂的顺序逐一讲解。

1. 用 CREATE PROCEDURE 命令创建存储过程

常用语法格式：

```
CREATE PROCEDURE procedure_name
[WITH
{RECOMPILE|ENCRYPTION|RECOMPILE, ENCRYPTION}]
AS
sql_statement[,...n]
```

其中：

procedure_name 为存储过程名。过程名称在架构中必须唯一，可在 procedure_name 前面使用一个数字符号“#”来创建局部临时过程，使用两个数字符号“#”来创建全局临时过程。对于 CLR 存储过程，不能指定临时名称。

WITH 子句指定一些选项。

RECOMPILE 表明 SQL Server 不会缓存该过程的计划，该过程将在每次运行时重新编译。

ENCRYPTION 表示 SQL Server 加密存储过程的文本。

sql_statement 为在存储过程中要执行的 T-SQL 语句。

n 表示此过程可以包含多条 T-SQL 语句。

【例 9-4】　在 AdventureWorks2008 数据库中，创建一个返回雇员信息表 HumanResources. Employee 中网络登录标识 LoginID、雇员行标识 EmployeeID 信息的存储过程 uspEmployee。

代码如下：

```
USE AdventureWorks2008;
GO
CREATE PROC uspEmployee
AS
SELECT EmployeeID,LoginID
FROM HumanResources.Employee;
```

2. 用 SQL Server Management Studio 工具创建存储过程

用 SQL Server Management Studio 工具创建存储过程的操作过程如下：

1）打开“Microsoft SQL Server Management Studio”窗口，连接到 AdventureWorks2008 数据库。

2）在“对象资源管理器”窗口中，依次展开要创建存储过程的服务器、数据库、AdventureWorks2008、可编程性、存储过程节点。这时可以看到已有的存储过程。

3）右击“存储过程”，在弹出的快捷菜单中选择“新建存储过程”，此时打开“查询”窗口，并给出一个通用模板，如图 9－6 所示。

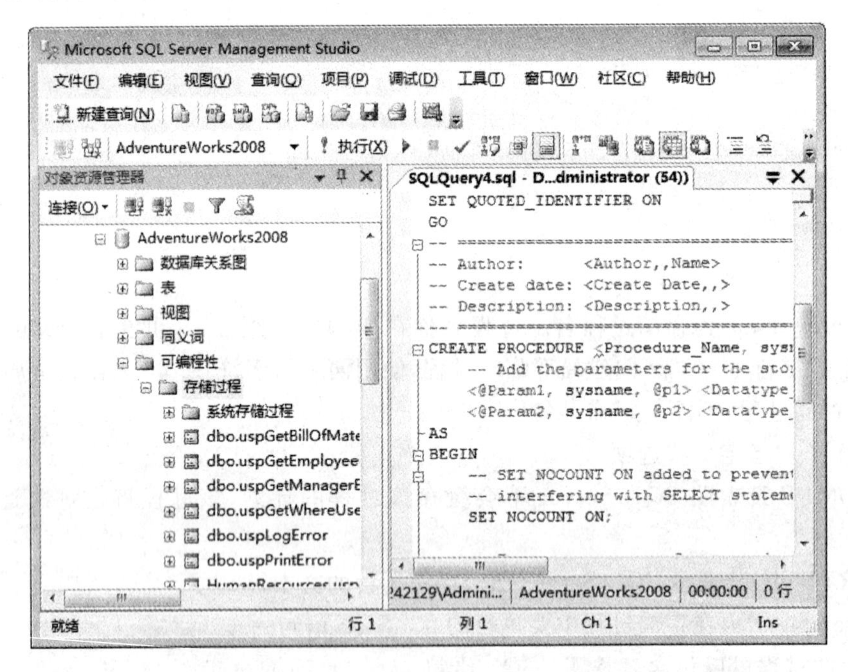

图 9－6 使用 SQL Server Management Studio 工具创建用户定义的存储过程

4）修改要创建的存储过程的名称，然后加入存储过程所包含的 SQL 语句。

5）修改完后，单击“执行”按钮即可创建一个存储过程。

详细使用可参考SQL Server 2008组合帮助集。

9.3.2 修改存储过程

存储过程在创建后，可对存储过程的定义进行修改或重新命名。

使用ALTER PROCEDURE命令可以修改已创建的存储过程，语法格式为：

```
ALTER PROCEDURE 已创建的存储过程名
AS
```

修改后的存储过程语句体

【例9-6】 修改例9-4中定义的存储过程uspEmployee。

代码如下：

```
USE AdventureWorks2008;
GO
ALTER PROC uspEmployee
AS
SELECT EmployeeID,LoginID
FROM HumanResources.Employee;
```

9.3.3 删除存储过程

(1) 用DROP PROC命令删除存储过程

【例9-7】 删除例9-4创建的存储过程uspEmploycc。

代码如下：

```
USE AdventureWorks2008;
GO
DROP PROC uspEmployee;
GO
```

(2) 用SQL Server Management Studio工具删除存储过程

操作步骤如下：

1) 在“对象资源管理器”窗口中展开要使用的服务器。

2) 在“对象资源管理器”窗口中，依次展开要创建存储过程的服务器、数据库、AdventureWorks2008、可编程性、存储过程节点。这时可以看到已有的存储过程。

3) 右击要删除的用户存储过程“uspEmployee”，在弹出的快捷菜单中选择“删除”命令，打开“删除对象”窗口，如图9-9所示。

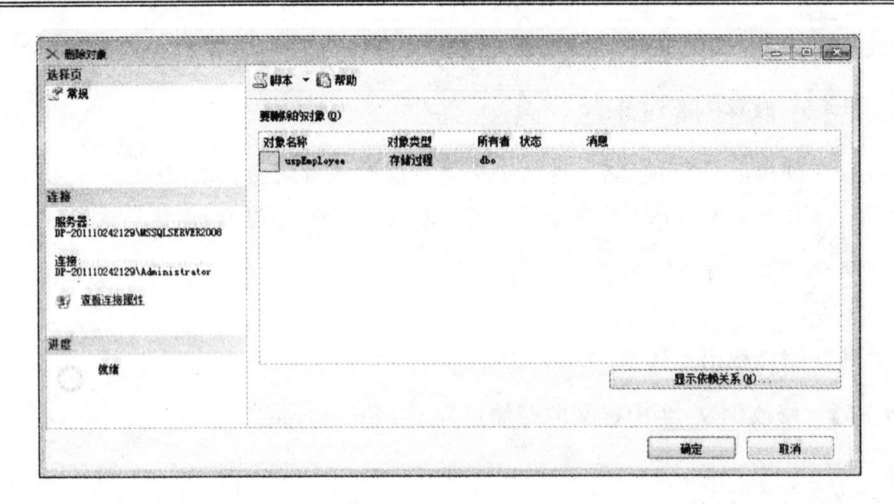

图 9-9 “删除对象”窗口

4）单击“显示依赖关系”按钮可以在删除前查看与该存储过程有依赖关系的其他数据库对象名称，如图 9-10 所示。

5）单击“确定”按钮，完成删除操作。

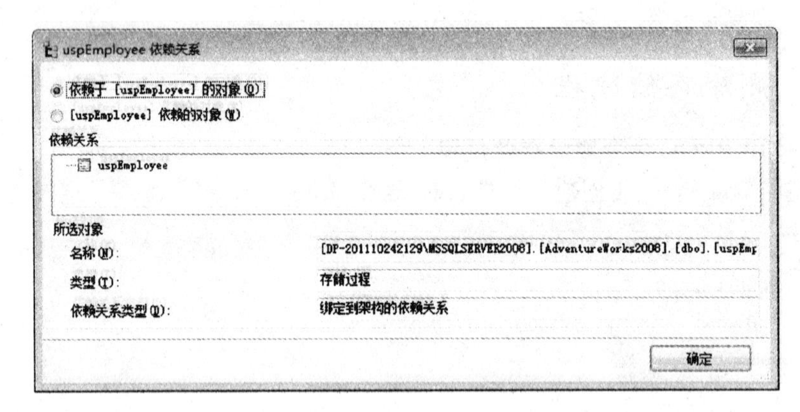

图 9-10 显示对象的相关性

9.4 存储过程中参数的使用

9.4.1 带参数的存储过程

存储过程通过参数与调用它的程序通信。在程序中调用存储过程时，可以通过输入参数将数据传给存储过程，通过输出参数和返回值将数据返回给调用它的程序。

存储过程的参数，在创建时，在 CREATE PROCEDURE 和 AS 关键字之间定义，每个参数都要指定参数名和数据类型。参数名以@符号为前缀。

可以为参数指定默认值。如果调用存储过程时，不为输入参数传入数据，系统就会将默认值传给输入参数。默认值必须是常量或 NULL。如果过程使用带 like 关键字的参数，则可包含通配符%、_、[]、[^]。

输出参数应用 OUTPUT 关键字描述，各个参数定义之间用逗号隔开。具体语法格式为：

```
@parameter_name data_type[ = default][OUTPUT]
```

1. 使用输入参数

【例 9-8】 根据雇员行标识 EmployeeID，查询身份证号码 NationalIDNumber、雇员行标识 LoginID。

代码如下：

```
USE AdventureWorks2008;
GO
IF OBJECT_ID ( 'uspEmployee', 'P' ) IS NOT NULL
    DROP PROCEDURE uspEmployee;
GO
CREATE PROC uspEmployee
    @EmployeeID int
AS
    SELECT EmployeeID,NationalIDNumber,LoginID
    FROM HumanResources.Employee
    WHERE EmployeeID = @EmployeeID;
GO
```

存储过程“uspEmployee”创建成功后，就可在程序中调用存储过程。执行带输入参数的存储过程时，SQL Server 提供了以下两种传递参数的方法。

(1) 按位置传递

这种方法是在执行存储过程的语句中直接给出参数的值。当有多个参数时，给出的参数值的顺序与创建存储过程的语句中的参数顺序相一致，即参数传递的顺序就是参数定义的顺序。例如，查询 EmployeeID(编号为 2)的 NationalIDNumber，LoginID 信息执行如下：

```
EXEC uspEmployee 2
```

(2) 通过参数名传递

这种方法是在执行存储过程的语句中，使用“参数名=参数值”的形式给出参数值。通过参数名传递参数的好处是，参数可以按任意顺序给出，例如：

```
EXEC uspEmployee @EmployeeID = 2
```

2. 使用输出参数

通过定义输出参数,可以从存储过程中返回一个或多个值。定义输出参数需要在参数定义后加 OUTPUT 关键字。除非是 CLR 过程,否则 text,ntext 和 image 参数不能用做 OUTPUT 参数。OUTPUT 关键字的输出参数可以为游标占位符,具体语法格式为:

```
@parameter_name data_type[ = default] OUTPUT
```

【例 9-9】 根据性别 Gender 统计人数。

代码如下:

```
USE AdventureWorks2008;
GO
IF OBJECT_ID ( 'uspEmployee', 'P' ) IS NOT NULL
    DROP PROCEDURE uspEmployee;
GO
CREATE PROC uspEmployee
    @Gender nchar(1),
    @Count int OUTPUT
AS
    SELECT   @Count = COUNT( * )
    FROM HumanResources.Employee
    WHERE Gender = @Gender;
GO
```

在程序中调用存储过程时,SQL Server 提供了以下两种传递参数的方法。

(1) 按位置传递参数

```
USE AdventureWorks2008;
GO
DECLARE   @counts int
EXEC  uspEmployee 'F', @counts OUTPUT;
SELECT @counts AS [Counts];
```

(2) 通过参数名传递

```
USE AdventureWorks2008;
GO
DECLARE   @counts int
EXEC  uspEmployee @Gender = 'F', @Count = @counts OUTPUT;
SELECT @counts AS [Counts];
```

9.4.2　通过 RETURN 返回参数

在存储过程中除了可以返回输出参数之外，还可以有返回值，用来显示存储过程的执行情况。

【例 9－10】 通过返回参数实现例 9－9。

代码如下：

```
USE AdventureWorks2008;
GO
IF OBJECT_ID ( 'uspEmployee', 'P' ) IS NOT NULL
    DROP PROCEDURE uspEmployee;
GO
CREATE PROC uspEmployee
    @Gender nchar(1)
AS
    DECLARE @Count int;
    SELECT   @Count = COUNT( * )
    FROM HumanResources.Employee
    WHERE Gender  =  @Gender;
    RETURN @Count;
GO
```

调用存储过程并获得返回值：

```
USE AdventureWorks2008;
GO
DECLARE   @counts int;
EXEC   @counts = uspEmployee @Gender = 'F';
SELECT @counts AS [Counts];
```

请注意，CREATE PROCEDURE 定义中不能出现 USE Database_name；CREATE（或 ALTER） PROCEDURE；CREATE（或 ALTER） FUNCTION；CREATE（或 ALTER） TRIGGER；CREATE（或 ALTER） VIEW；CREATE DEFAULT；CREATE SCHEMA 等语句。

9.5　上机练习

通过上机练习，在 AdventureWorks2008 数据库中创建按性别查询姓名等信息的存储过程。

创建存储过程 uspGetEmployeeByGender，根据输入的“性别”，输出姓名、身份证号、职位和进本单位日期等信息明细。

代码如下：

```
USE AdventureWorks2008;
GO
IF OBJECT_ID ( 'uspGetEmployeeByGender', 'P' ) IS NOT NULL
    DROP PROCEDURE uspGetEmployeeByGender;
GO
CREATE PROC uspGetEmployeeByGender
    @Gender nchar(1)
AS
    SELECT FirstName,LastName,E.NationalIDNumber,C.Title,E.HireDate
    FROM HumanResources.Employee E, Person.Contact C
    WHERE Gender = @Gender AND E.ContactID = C.ContactID;;
GO
```

调用存储过程：

```
USE AdventureWorks2008;
GO
EXEC uspEmployee 'F';
```

9.6 习　题

1. 在 AdventureWorks2008 数据库中，创建一个存储过程 InsertEmployee，通过输入参数，向 Employee 表中插入数据。

2. 在 AdventureWorks2008 数据库中，创建一个存储过程 GetStatistic，使用输出参数计算 Employee 表中职位为“Design Engineer”的人数。

3. 有表 A 和表 B 两个表(见表 9－1 和表 9－2)，结构分别如下，表 A 与表 B 通过 ID 字段建立了表间联系。

请创建一个带参数传递的存储过程，用于删除表 B 中满足指定 Number 值的记录(如删除 Number 为 20 的记录)，同时，表 A 中 ID 相同(如值为 5)的对应记录也被删除。

表 9－1　习题 3 表 A

ID	Name	Sex
1	John	M
2	Eric	F
3	Mary	F
4	Bitty	M
5	Lee	M

表 9－2　习题 3 表 B

BID	ID	Number
10	1	95
20	2	86
30	3	50
40	4	88
50	5	20

第10章 触 发 器

本章要点

本章介绍触发器的概念,如何创建、使用和维护触发器等内容。

学习目标

☑ 掌握创建触发器的方法

☑ 掌握删除触发器的方法

☑ 掌握更改触发器的方法

☑ 理解各种触发器的工作原理

☑ 会分析触发器的性能因素

10.1 触发器概述

SQL Server 提供了约束和触发器两种主要机制来强制实现业务规则和数据完整性。触发器是一种特殊类型的存储过程,它在指定的表中的数据发生变化时自动执行,以响应 INSERT,UPDATE 或 DELETE 语句。触发器可以查询其他表,并可以包含复杂的 T-SQL 语句。将触发器和触发它的语句作为单个事务对待,可在触发器内回滚。如果检测到严重错误(如磁盘空间不足),则整个事务即自动回滚。

10.1.1 基本概念

触发器实际就是语句集。当表格中某个数据发生变化时(添加、修改或删除),会引发触发器开始工作。它是控制插入、修改、删除等操作的一种方法;同时,它也能用来维护数据的完整性。

1. 触发器的概念

触发器是特殊类型的存储过程,它能在试图改变表中的数据时执行。触发器通过事件触发而自动执行,不像存储过程通过存储过程名称被直接调用执行。

请注意,触发器中也没有参数和返回值。

触发器定义依附于表(或视图),不能单独存在。触发器定义后,也可以删除。但是,当表(或视图)被删除时,与它关联的触发器也一同被删除。

2. 比较触发器与约束

(1) 约束和触发器在特殊情况下各有优势

触发器的主要优点在于它可以包含使用 T-SQL 代码的复杂处理逻辑。因此,触发器可以支持约束的所有功能，但在性能上会有损失。

在约束所支持的功能无法满足应用程序的功能要求时，下列情况可以用触发器：

- 除非 REFERENCES 子句定义了级联引用操作；否则，FOREIGN KEY 约束只能以与另一列中的值完全匹配的值来验证列值。
- CHECK 约束只能根据逻辑表达式或同一表中的另一列来验证列值。如果应用程序要求根据另一个表中的列验证列值，则必须使用触发器。
- 约束只能通过标准的系统错误信息传递错误信息。如果应用程序要求使用自定义信息和较为复杂的错误处理，则必须使用触发器。

(2)触发器可通过数据库中的相关表实现级联更改

- 触发器可以禁止或回滚违反引用完整性的更改。当更改外键且新值与主键不匹配时，触发器就可能发生作用。
- 如果触发器表(即在其上定义和执行触发器的表)上存在约束，则在 INSTEAD OF 触发器执行后，但在 AFTER 触发器执行前，检查这些约束。如果约束破坏，则回滚 INSTEAD OF 触发器操作，并且不执行 AFTER 触发器。

10.1.2 触发器的优点

触发器的优点如下：

- 触发器可通过数据库中的相关表实现级联更改。
- 触发器可以实现 CHECK 约束无法实现的复杂约束。
- 触发器可以引用其他表中的列，CHECK 约束不能。
- 触发器可以评估数据修改前后的表状态，并根据其差异采取对策。
- 一个表中的多个同类触发器(INSERT，UPDATE 或 DELETE)允许采取多个不同的对策以响应同一个修改语句。

10.1.3 触发器的种类

在 SQL Server 系统中，按照触发事件的不同可以把提供的触发器分成 DML 触发器和 DDL 触发器。

DDL 触发器：在服务器或者数据库中发生数据定义语言(DDL)事件时将被调用。

DML 触发器：在数据库服务器中发生数据操作语言(DML)事件时将被调用。本章重点讲解第二种。

触发器按照触发的时机分成 AFTER 触发器和 INSTEAD OF 触发器。

AFTER 触发器：在执行了 INSERT，UPDATE 或 DELETE 语句操作之后触发。指定 AFTER 与指定 FOR(SQL Server 早期版本中唯一可使用的选项)相同。AFTER 触发器只能定义在表上，不能定义在视图上。

INSTEAD OF 触发器：执行 INSTEAD OF 触发器代替通常的触发动作。INSTEAD OF 触发器还可在带有一个或多个基表的视图上定义、扩展视图可支持的更新类型。

AFTER 触发器和 INSTEAD OF 触发器的功能比较见表 10-1。

表 10-1 AFTER 触发器和 INSTEAD OF 触发器比较

触发器类型	AFTER 触发器	INSTEAD OF 触发器
适用范围	表	表和视图
每个表或视图所含触发器数量	每个触发动作（UPDATE，DELETE 和 INSERT）含多个触发器	每个触发动作（UPDATE，DELETE 和 INSERT）含一个触发器
级联引用	不应用任何限制	在作为级联引用完整性约束目标的表上限制应用
执行	晚于：约束处理、声明引用操作、INSERTED 和 DELETED 表的创建触发动作	早于：约束处理 代替：触发动作 晚于：INSERTED 和 DELETED 表的创建
执行顺序	可指定第一个和最后一个执行	不可用
在 INSERTED 和 DELETED 表中引用 text，ntext 和 image 列	不允许	允许

按照引起触发器执行的语句分为 INSERT 触发器、DELETE 触发器和 UPDATE 触发器三类。

INSERT 触发器：当向触发器表中插入数据时，INSERT 触发器被触发。

DELETE 触发器：当删除触发器表中的数据时，DELETE 触发器被触发。

UPDATE 触发器：当更新触发器表中的数据时，UPDATE 触发器被触发。

10.1.4 INSERTED 表和 DELETED 表

INSERT 触发器被触发时，新的记录会增加到触发器表和 INSERTED 表中。

DELETE 触发器被触发时，被删除的记录会存放到 DELETED 表中。

UPDATE 触发器被触发时，相当于删除一条旧记录和插入一条新记录，表中旧记录存放到 DELETED 表中，新记录插入到触发器表和 INSERTED 表中

INSERTED 表和 DELETED 表是两个逻辑表，表结构与触发器表的结构相同，由系统创建和维护，用户不能对它们进行修改。两个表存放于内存中，不存放在数据库中。当触发器结束后，与该触发器相关的这两个表也会被自动清除。

触发器主要在以下操作中使用这两个表：

- 扩展表间引用完整性。

- 在以视图为基础的基表中插入或更新数据。
- 检查错误并基于错误采取行动。
- 找到数据修改前后表状态的差异，并基于此差异采取行动。

进一步来看，INSERTED 表存储 INSERT 和 UPDATE 语句所影响的行。在一个插入或更新事务处理中，新行被添加到触发器表，再添加到 INSERTED 表中。INSERTED 表中的行是触发器表中新行的副本。

DELETED 表存储 DELETE 和 UPDATE 语句所影响的行。在执行 DELETE 或 UPDATE 语句时，行从触发器表中删除，并传输到 DELETED 表中。DELETED 表和触发器表通常没有相同的行。

10.2 触发器的使用

10.2.1 创建触发器

1. 用 CREATE TRIGGER 命令创建 AFTER 触发器

常用语法格式如下：

```
CREATE TRIGGER 触发器名
ON 表名或视图名
AFTER [DELETE][,][INSERT][,][UPDATE]
AS
触发器将要执行的 SQL 语句
```

【例 10-1】 使用 DML AFTER 触发器在采购订单 PurchaseOrderHeader 表上创建一个 DML 触发器。如果有人试图将一个新采购订单插入到 PurchaseOrderHeader 表中，此触发器将显示信息，并且不执行该插入操作。

代码如下：

```
USE AdventureWorks2008;
GO
IF OBJECT_ID ('Purchasing.RefuseInsert','TR') IS NOT NULL
   DROP TRIGGER Purchasing.RefuseInsert;
GO
CREATE TRIGGER RefuseInsert
ON Purchasing.PurchaseOrderHeader
AFTER INSERT
AS
```

```
BEGIN
    RAISERROR ('Refuse to accept new  purchase orders.', 16, 1)
    ROLLBACK TRANSACTION
END
GO
```

触发语句：

```
INSERT INTO Purchasing.PurchaseOrderHeader
(RevisionNumber,Status,EmployeeID,VendorID,ShipMethodID,OrderDate,ShipDate,SubTotal,TaxAmt,
Freight,ModifiedDate)
VALUES(6,2,231,22,3,2004-07-25,2004-08-19,54492.50,4359.40,1089.85,2005-09-12);
GO
SELECT *
FROM Purchasing.PurchaseOrderHeader;
```

结果如图 10-1 所示。

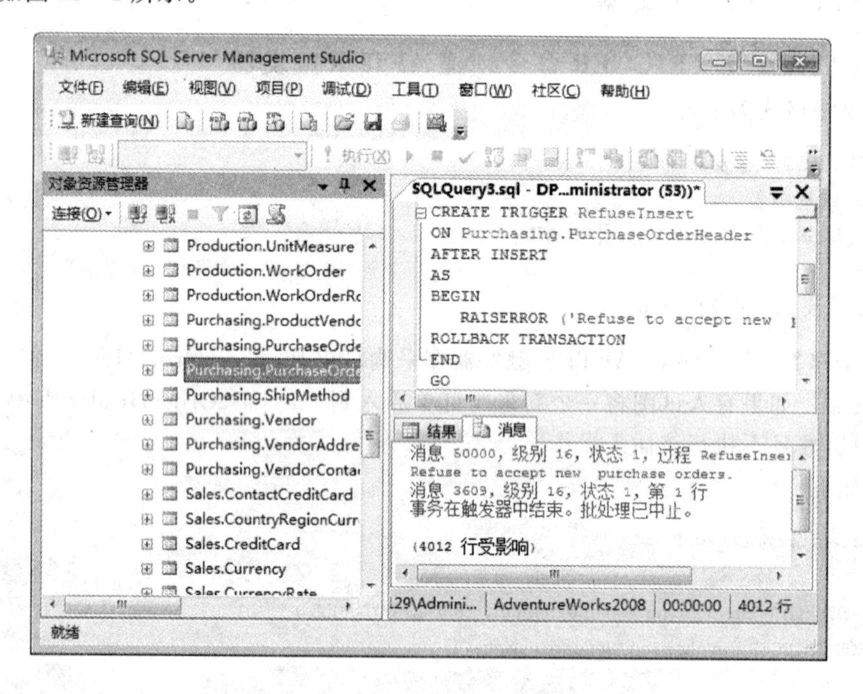

图 10-1 RefuseInsert 触发器

2. 用 CREATE TRIGGER 命令创建 INSTEAD OF 触发器

常用语法格式如下：

```
CREATE TRIGGER 触发器名
ON 表名或视图名
INSTEAD OF [DELETE][,][INSERT][,][UPDATE]
AS
触发器将要执行的 SQL 语句
```

【例 10－2】 在客户信息 Sales. Customer 表中创建一个名为“reminder”的触发器，当要更改数据时，触发器被触发，但使用触发语句来取代这个插入操作，向客户端显示一条消息。

代码如下：

```
USE AdventureWorks2008;
GO
IF OBJECT_ID ('Sales.reminder', 'TR') IS NOT NULL
   DROP TRIGGER Sales.reminder;
GO
CREATE TRIGGER reminder
ON Sales.Customer
INSTEAD OF INSERT, UPDATE , DELETE
AS
RAISERROR ('Notify Customer Relations', 16, 10);
GO
UPDATE Sales.Customer
SET ModifiedDate = 2004 - 10 - 14
WHERE CustomerID = 1
GO
SELECT *
FROM Sales.Customer
GO
```

当执行这条 UPDATE 修改记录语句的时候，被 Notify Customer Relations 所取代，最终并没有被执行，如图 10－2 所示。

本例也可以改为向指定人员(MaryM)发送电子邮件。

代码如下：

```
USE AdventureWorks2008;
GO
IF OBJECT_ID ('Sales.reminder', 'TR') IS NOT NULL
   DROP TRIGGER Sales.reminder;
GO
CREATE TRIGGER reminder
```

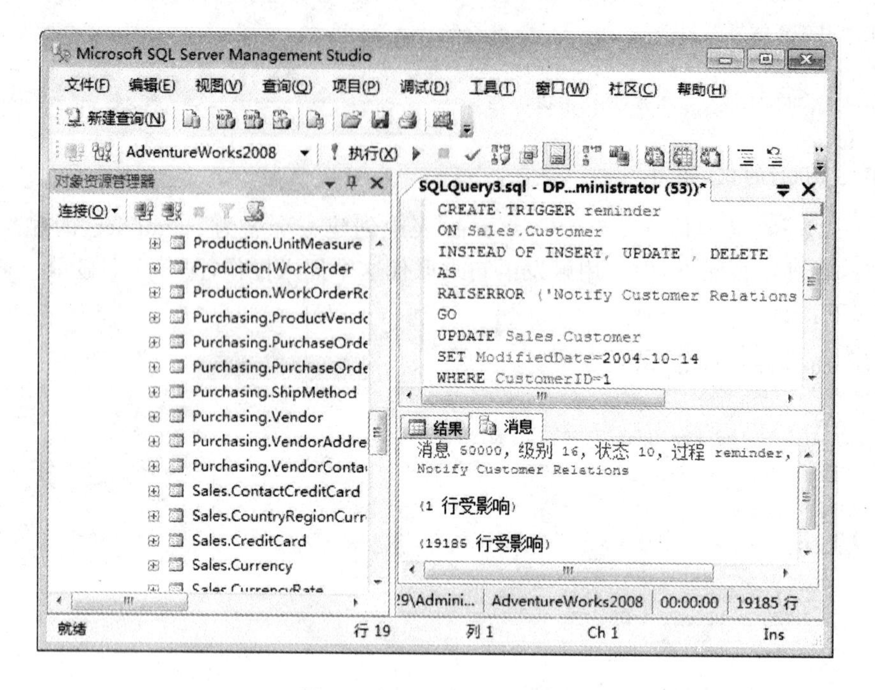

图 10 - 2　reminder 触发器

```
ON Sales.Customer
INSTEAD OF INSERT, UPDATE, DELETE
AS
   EXEC msdb.dbo.sp_send_dbmail
        @profile_name = 'AdventureWorks Administrator',
        @recipients = 'danw@Adventure - Works.com',
        @body = 'Don''t forget to print a report for the sales force.',
        @subject = 'Reminder';
GO
```

10.2.2　查看触发器的定义信息

1. 查看表中定义了哪些触发器

当我们不知道表中有没有定义触发器时，可以在“查询”窗口中执行系统存储过程 sp_helptrigger，查看指定表中定义了哪些触发器。例如，查询 Sales.Customer 表中定义的触发器。

代码如下：

```
USE AdventureWorks2008;
GO
EXEC sp_helptrigger 'Sales.Customer'
```

结果如图 10 - 3 所示。

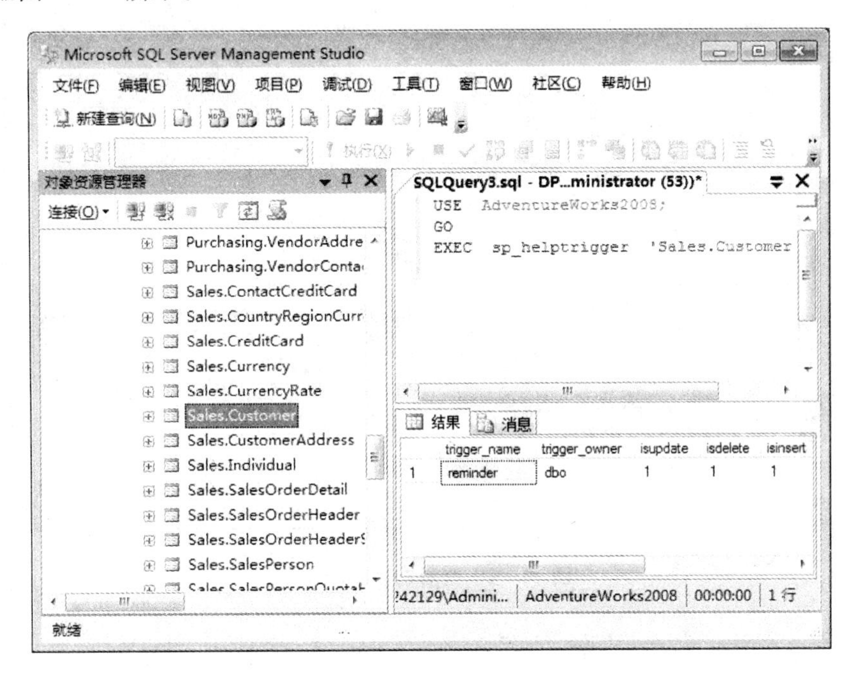

图 10 - 3　查看表中定义了哪些触发器

2. 查看触发器内容

通过系统存储过程 sp_helptext 查看指定触发器 Sales. reminder 的内容。

代码如下：

```
USE  AdventureWorks2008;
GO
EXEC  sp_helptrigger  'Sales.Customer'
GO
EXEC sp_helptext 'Sales.reminder'
```

结果如图 10 - 4 所示。

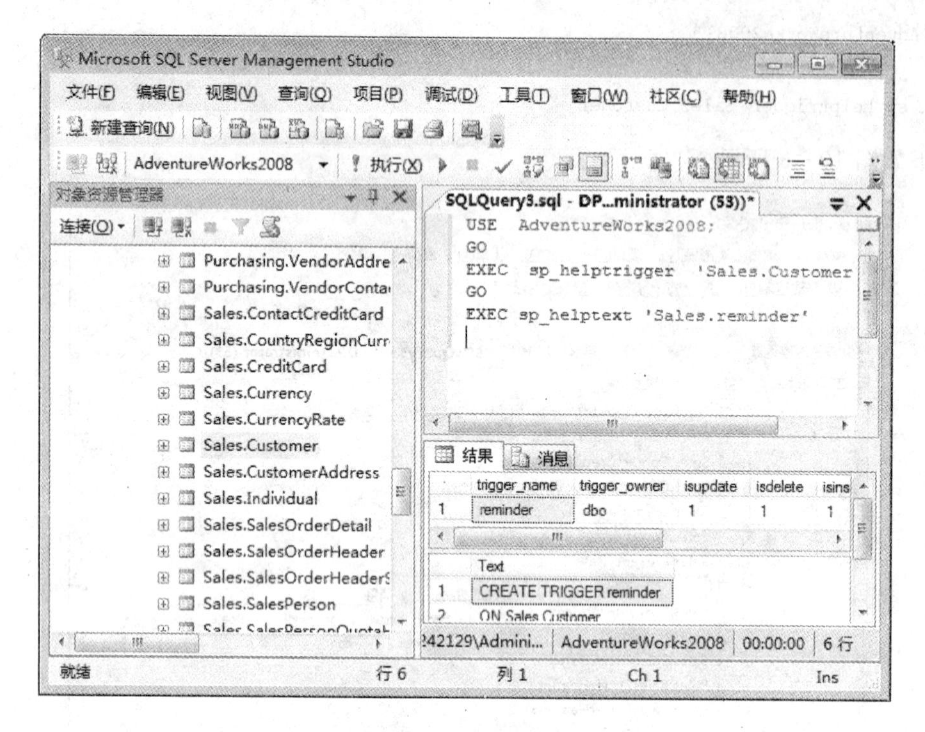

图 10-4 查看触发器内容

10.2.3 禁用或启用触发器

用户可以禁用、启用一个指定的触发器或者一个表的所有触发器。当禁用一个触发器后，它在表上的定义仍然存在。但是，当对表执行 INSERT，UPDATE 或者 DELETE 语句时，并不执行触发器的动作，直到重新启动触发器为止。

启用触发器并不是要重新创建它，启用触发器将导致在执行触发器最初编程时所针对的任何 T-SQL 语句时激发。

DISABLE TRIGGER 禁用触发器；ENABLE TRIGGER 启用触发器。

【例 10-3】 在 AdventureWorks2008 数据库中，使用语句禁用 Sales. Customer 表创建的触发器 Sales. reminder，然后再启用触发器。

代码如下：

```
USE AdventureWorks2008;
GO
DISABLE TRIGGER Sales.reminder ON Sales.Customer;
```

```
GO
ENABLE TRIGGER Sales.reminder ON Sales.Customer;
GO
```

也可以通过使用 ALTER TABLE 来禁用或启用为表所定义的 DML 触发器。

10.3 修改和删除触发器

10.3.1 修改触发器

修改触发器正文的操作步骤与创建触发器相似，用 ALTER TRIGGER 命令修改触发器正文。命令格式如下：

```
ALTER TRIGGER 触发器名
ON 表名或视图名
FOR [DELETE][,][INSERT][,][UPDATE]
AS
触发器将要执行的 SQL 语句
```

例如，修改数据库 AdventureWorks2008 中表 Sales.Customer 上的触发器 Sales.reminder，代码如下：

```
USE AdventureWorks2008;
GO
ALTER TRIGGER Sales.reminder
ON Sales.Customer
INSTEAD OF INSERT
AS
RAISERROR ('Notify Customer Relations', 16, 10);
```

结果如图 10－5 所示。

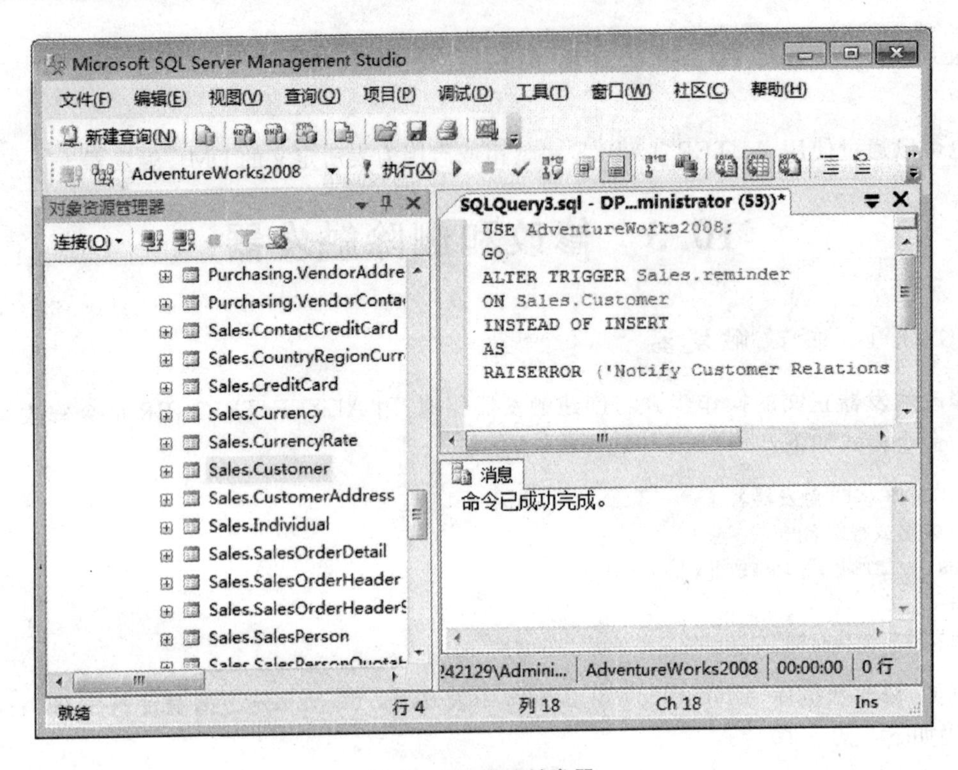

图 10-5 修改触发器

10.3.2 删除触发器

用户可以删除不再需要的触发器,而且触发器所在的表以及表中的数据不受影响。但是,如果删除表,则表中所有的触发器将被自动删除。

使用 DROP TRIGGER 删除触发器的语法为:

```
DROP TRIGGER 要删除的触发器名
```

例如,删除数据库 AdventureWorks2008 中表 Sales. Customer 上的触发器 Sales. reminder,代码如下:

```
USE AdventureWorks2008;
GO
IF OBJECT_ID ('Sales.reminder', 'TR') IS NOT NULL
   DROP TRIGGER Sales.reminder ;
GO
```

结果如图 10-6 所示。

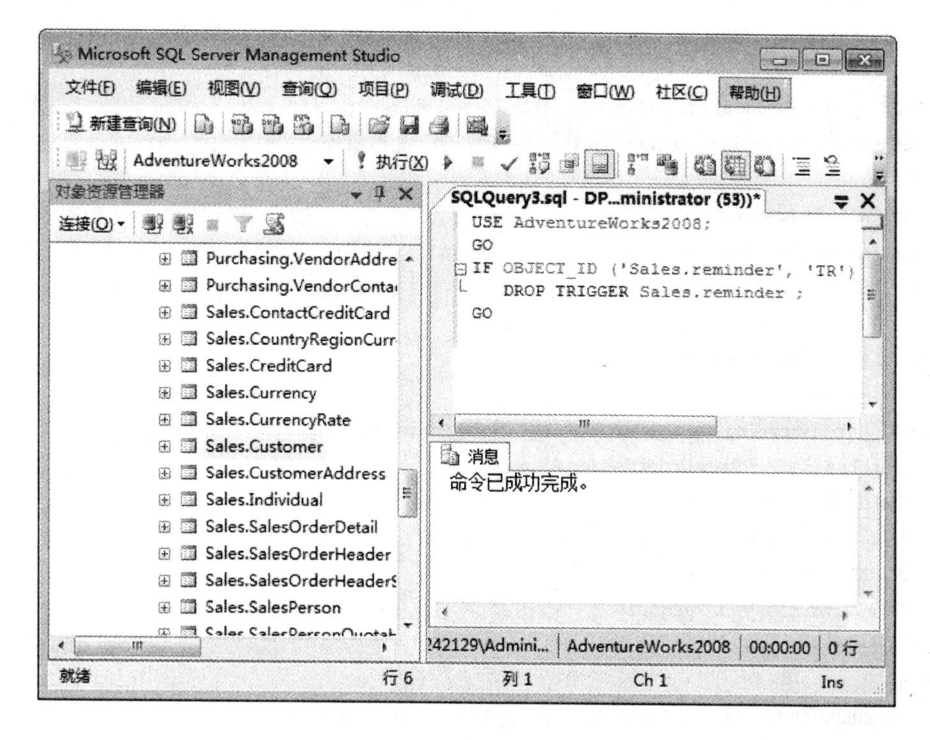

图 10-6 删除触发器

此外,SQL Server 中还有功能更强大的嵌套触发器和递归触发器。如果一个触发器在执行操作时引发了另一个触发器,而这个触发器又接着引发下一个触发器,那么这些触发器就是嵌套触发器。递归触发器是指,触发的语句在改变表中数据的同时又触发了自己。默认情况下,SQL Server 2008 允许嵌套触发器,但不允许递归触发器。

深入学习,请查询 SQL Server 2008 组合帮助集。

10.4 上机练习

为 AdventureWorks2008 数据库创建触发器:使用 DML AFTER 触发器在采购订单 PurchaseOrderHeader 表和供应商 Vendor 表之间强制实现业务规则。由于 CHECK 约束只能引用定义了列级或表级约束的列,表间的任何约束(在本例中是业务规则)都必须定义为触发器。

创建一个 DML 触发器。如果有人试图将一个新采购订单插入到 PurchaseOrderHeader 表中,此触发器将进行检查以确保供应商具有良好的信用等级。若要获取供应商的信用等级,必须引用 Vendor 表。如果信用等级太低,则显示信息,并且不执行该插入操作。

代码如下:

```
USE AdventureWorks2008;
GO
IF OBJECT_ID ('Purchasing.LowCredit','TR') IS NOT NULL
   DROP TRIGGER Purchasing.LowCredit;
GO
CREATE TRIGGER LowCredit
ON Purchasing.PurchaseOrderHeader
AFTER INSERT
AS
DECLARE @creditrating tinyint,
        @vendorid int
SELECT @creditrating = v.CreditRating, @vendorid = p.VendorID
FROM Purchasing.PurchaseOrderHeader AS p
    INNER JOIN inserted AS i
    ON p.PurchaseOrderID = i.PurchaseOrderID
    JOIN Purchasing.Vendor AS v
    ON v.VendorID = i.VendorID
IF @creditrating = 5
BEGIN
   RAISERROR ('This vendor''s credit rating is too low to accept new
      purchase orders.', 16, 1)
ROLLBACK TRANSACTION
END
GO
```

触发语句：

```
INSERT INTO Purchasing.PurchaseOrderHeader
(RevisionNumber,Status,EmployeeID,VendorID,ShipMethodID,OrderDate,ShipDate,SubTotal,TaxAmt,
Freight,ModifiedDate)
VALUES(6,2,231,22,3,2004-07-25,2004-08-19,54492.50,4359.40,1089.85,2005-09-12);
GO
SELECT *
FROM Purchasing.PurchaseOrderHeader;
```

结果如图 10-7 所示。

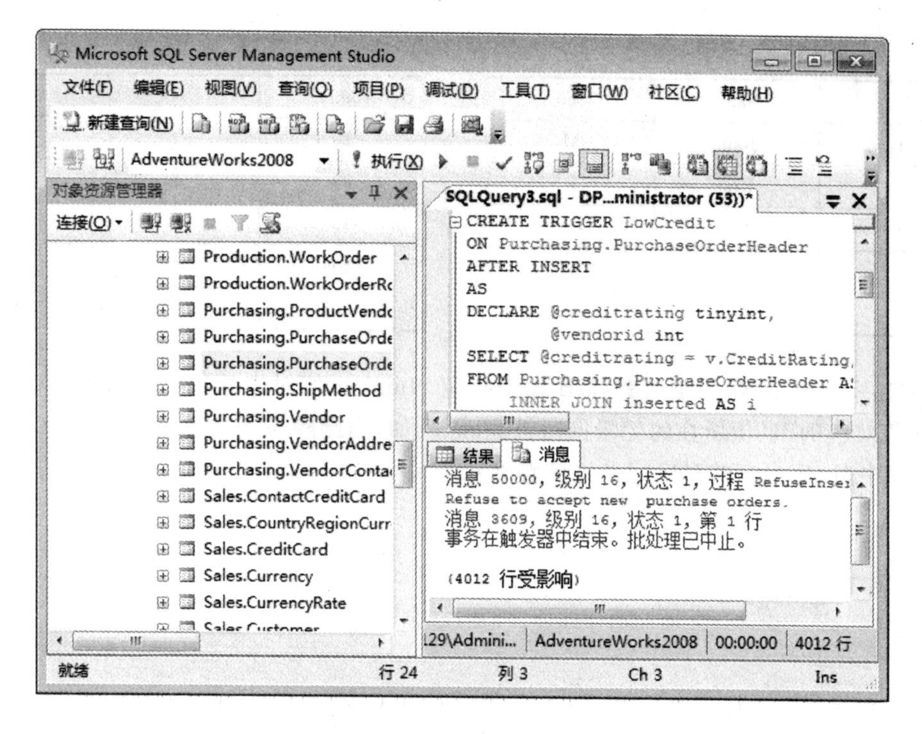

图 10-7　LowCredit 触发器

10.5　习　题

1. 在 AdventureWorks2008 数据库 Customer 表上，创建一个 INSTEAD OF 触发器 reminder，使得对该表的插入操作被 print'hello' 语句替代。

2. 在 AdventureWorks2008 数据库中，为 PurchaseOrderHeader 表创建一个 INSERT 触发器。一个采购订单可以订购多个产品。每个采购订单的常规或父级信息存储在 PurchaseOrderHeader 表中。每个订购的产品或子级信息存储在 PurchaseOrderDetail 表中。

新采购订单插入到 PurchaseOrderHeader 表中，INSERT 触发器将先对 PurchaseOrderDetail 表进行检查，如果在 PurchaseOrderDetail 表中已存在 PurchaseOrderID 记录，则显示信息，不执行该插入操作。

3. 在 AdventureWorks2008 数据库中，创建一个 DELETE 触发器，在 PurchaseOrderHeader 表中删除一个采购订单时，触发 PurchaseOrderDetail 表中所有该采购订单的产品或子级信息删除。

4. 有表 A 和表 B 两个(见表 10-2 和表 10-3)，结构分别如下，表 A 与表 B 通过 ID 字段建立了表间联系。

表 10－2　习题 4 表 A

ID	Name	Sex
1	John	M
2	Eric	F
3	Mary	F
4	Bitty	M
5	Lee	M

表 10－3　习题 4 表 B

Number	ID	Sex
10	1	95
20	2	86
30	3	50
40	4	88
50	5	67

请创建一个触发器，用于当删除 B 表中指定 Number 值对应的数据记录时，A 表中与该 Number 值对应的 ID 值所在的记录同时被删除(例如，当删除 B 表中 Number 为 20 的记录的同时，A 表中 ID 值为 2 的对应记录也被删除)。

第 11 章　数据库安全

本章要点

本章主要介绍 SQL Server 2008 的安全性管理问题，涉及服务器登录、数据库用户、角色、权限等。

学习目标

☑ 理解并掌握用企业管理器创建和管理数据库账号的方法

☑ 理解并掌握用 T-SQL 语句创建和管理数据库账号的方法

11.1　数据库的安全模型分析

11.1.1　访问控制

数据库是电子商务、金融以及 ERP 系统的基础，通常都保存着重要的商业伙伴和客户信息。大多数企业、组织以及政府部门的电子数据都保存在各种数据库中，还用这些数据库保存一些个人资料，如员工薪水、个人资料等。数据库服务器还掌握着敏感的金融数据，包括交易记录、商业事务和账号数据，战略上的或者专业的信息，如专利和工程数据，甚至市场计划，等等，应该保护起来防止竞争者和其他非法者获取的资料。数据完整性和合法存取会受到很多方面的安全威胁，包括密码策略、系统后门、数据库操作以及本身的安全方案。因此，数据库的安全性对数据库管理系统来说是至关重要的。SQL Server 使用以下安全机制进行访问控制。

(1) 使用安全的密码策略

我们把密码策略摆在所有安全配置的第一步，很多数据库账号的密码过于简单，这是一个不安全的因素。对于重要的数据库，应该养成定期修改密码的好习惯。数据库管理员应该定期查看是否有不符合密码要求的账号。比如使用下面的 SQL 语句：

```
Use Master
Select name,Password from syslogins where password is null
```

(2) 使用安全账号策略

对于任何要求访问 SQL Server 的用户，SQL Server 在 Master 数据库 sysxlogins 系统表中建立了登录账户和口令等数据。只有 SQL Server 的服务器为用户创建了登录(login)账号和口令，才能登录到 SQL Server 服务器。

用户的登录(login)账号被指定为 SQL Server 固定的服务器角色的成员，才拥有进行相应的服务器管理权限。

(3) 数据表(视图)的访问权限

SQL Server 能够对用户可访问的数据库中的数据表(视图)进行访问权限的设置:查询(SELECT)、插入(INSERT)、修改(UPDATE)、删除(DELETE)。

(4) 管理存储过程

对账号调用扩展存储过程的权限要慎重。其实在多数应用中根本用不到多少系统的存储过程,而 SQL Server 的这么多系统存储过程只是用来适应广大用户需求的,所以请删除不必要的存储过程,因为有些系统的存储过程能很容易地被人利用来提升权限或进行破坏。

11.1.2 身份验证模式

SQL Server 提供了身份验证和权限验证两种方式来保护其安全性。权限验证是在用户对数据库进行添加、查询、修改、删除时验证其是否有此权限;身份验证是根据用户提供的账号和密码来验证该用户是否是本 SQL Server 实例的用户。有以下两种身份验证:

(1) Windows 验证模式

只使用 Windows 身份验证模式,即用户使用已登录到的 Windows 操作系统的账号和密码来连接 SQL Server 数据库,同时 SQL Server 到 Windows 操作系统中验证账号和密码的正确性。

(2) 混合验证模式

用户提供登录账户和密码在 SQL Server 中验证,如果验证失败后,再去进行 Windows 身份验证。

用企业管理器查看或设置 SQL Server 安全验证模式的操作步骤如下:

1) 以系统管理员身份进入“企业管理器”。

2) 双击“服务器组”,右击“要查看或设置的服务器名”。

3) 单击“属性”命令,单击“安全性”。

4) 在“身份验证”中选择“仅 Windows”或“SQL Server 和 Windows”。

5) 在“审核级别”中选择“无”“成功”“失败”“全部”其中之一。

6) 在“启动服务账户”中选择“系统账户”或“本账户”。

7) 单击“确定”按钮,然后停止并重新启动 SQL Server,如图 11-1 所示。

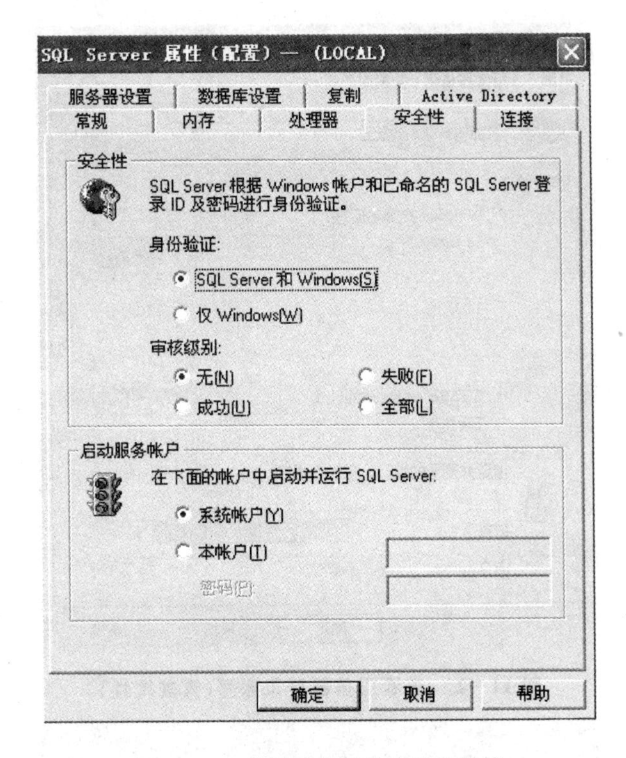

图 11-1 查看或设置安全验证模式

11.2 服务器的安全性

11.2.1 创建和管理登录账户

(1) 用企业管理器管理登录账户

【例 11-1】 创建登录账号"张三"。

操作步骤如下:

1) 展开"服务器组"节点,找到"安全性"节点并展开。

2) 右击"登录",单击"新建登录(L)…",弹出如图 11-2 所示的对话框。

3) 在"常规""服务器角色""数据库访问"选项卡中填写相关内容:

常规属性设置如下:

名称为张三、身份验证选 SQL Server 身份验证、密码为 111111、数据库为 Northwind 数据库。

数据库访问属性,如图 11-3 所示。

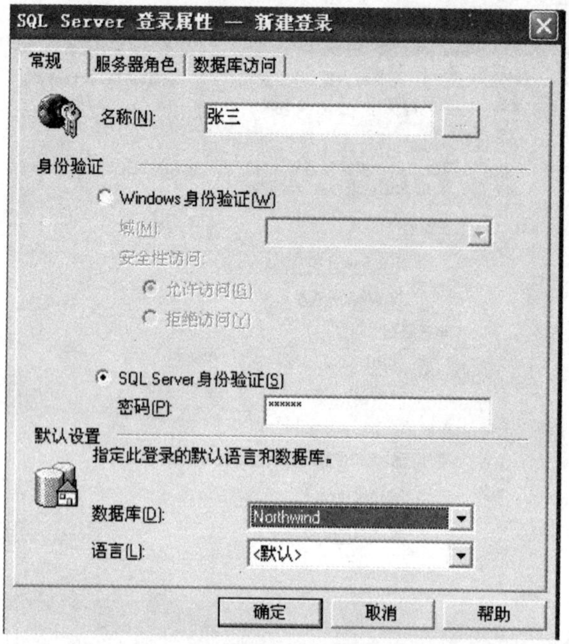

SQL Server 登录属性 — 新建登录

常规 | 服务器角色 | 数据库访问

名称(N): 张三

身份验证

Windows 身份验证(W)

域(M):

安全性访问:

允许访问(G)

拒绝访问(Y)

SQL Server 身份验证(S)

密码(P): ******

默认设置

指定此登录的默认语言和数据库。

数据库(D): Northwind

语言(L): <默认>

确定 取消 帮助

图 11-2　查看服务器登录账号(常规属性)

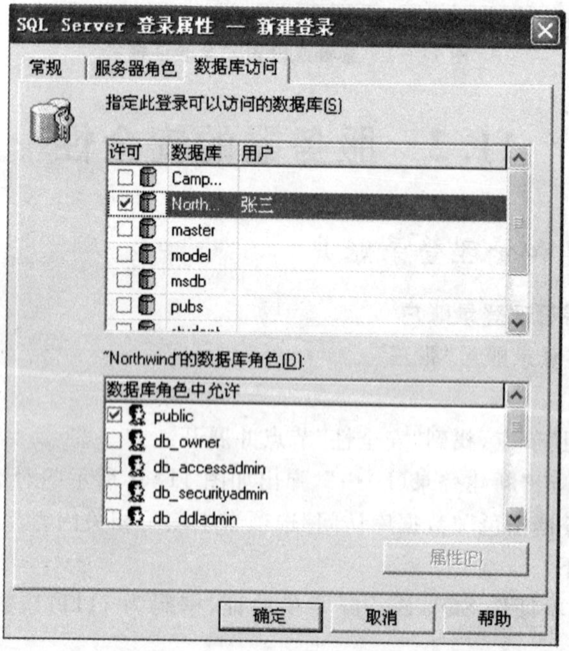

SQL Server 登录属性 — 新建登录

常规 | 服务器角色 | 数据库访问

指定此登录可以访问的数据库(S)

许可	数据库	用户
☐	Camp...	
☑	North...	张三
☐	master	
☐	model	
☐	msdb	
☐	pubs	

"Northwind"的数据库角色(D):

数据库角色中允许
☑ public
☐ db_owner
☐ db_accessadmin
☐ db_securityadmin
☐ db_ddladmin

属性(P)

确定 取消 帮助

图 11-3　查看服务器登录账号(数据库访问属性)

指定访问的数据库为 Northwind。

4）单击“确定”按钮，填写并确认新密码。

(2) 用 sp_addlogin 语句创建账户

语法格式为：

```
sp_addlogin '登录名'? [,'密码']? [,'默认数据库']? [,'默认语言']
```

其中，登录名和密码可以包含 1～128 个字符，可以是字母、数字和汉字，但不可以含有反斜线(\)、保留字(如 sa、public、null)等。

除登录名外，其余参数为可选项。如果不指定，密码的默认值 null，默认数据库的默认值 Master，默认语言的默认值取服务器当前的默认语言。

注意：只有 sysadmin 和 securityadmin 角色的账户可用 sp_addlogin 语句创建 SQL Server 身份验证的登录账户。

【例 11－2】 使用 T－SQL 语句创建登录账号“李思”。

代码如下：

```
sp_addlogin '李思' , '222' , 'Northwind'
go
select name from syslogins
go
```

提示：

```
sp_defaultdb        --更改用户的默认数据库
sp_defaultlanguage      --更改用户的默认语言
```

11.2.2 特殊的登录账户 sa

sa 是 SQL Server 数据库服务器系统管理员登录账户，不可删除、不能更改。该账户拥有最高的管理权限，可以执行服务器范围内的所有操作。因此，进行数据库管理应使用其他具有 sysadmin 角色的账户，尽量不要使用该账户；进行开发数据库应用程序管理更应使用具有相应权限的账户连接数据库，不要使用该账户。

11.3 数据库的安全性

11.3.1 创建和管理数据库用户

(1) 使用企业管理器添加数据库用户

【例 11－3】 使用企业管理器为 Northwind 数据库添加数据库用户“赵达”。

在企业管理器中，通过下列操作步骤可向固定服务器角色中添加成员。

1）展开“服务器组”节点，找到要设置的“数据库名”节点。

2）双击展开“数据库名”节点，再展开“Northwind”数据库。

3）右击“用户”，单击“新建数据库用户…”，如图 11－4 所示。

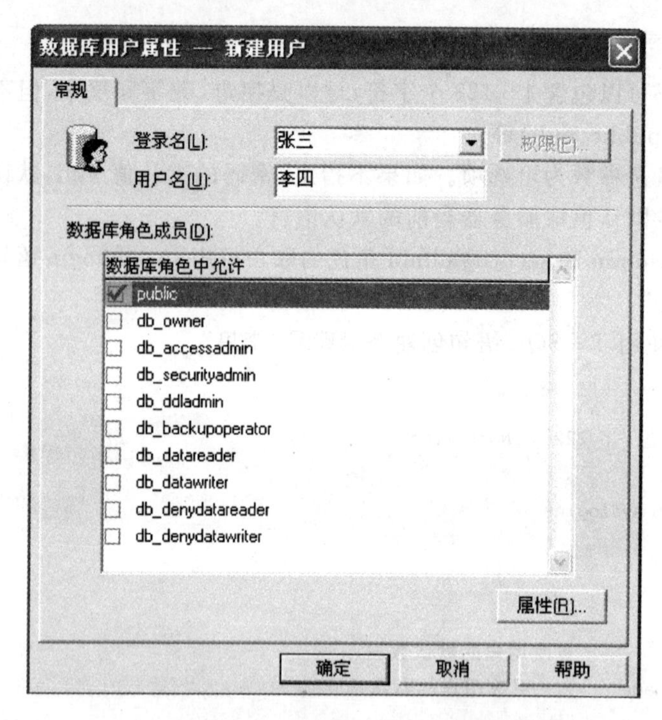

图 11－4 新建数据库用户

4）从“登录名”下拉列表中选择一个登录账号“张三”。

5）在“用户名”文本框中输入用户名“李四”。

6）单击“确定”按钮。

(2) 使用 T－SQL 语句添加数据库用户

语法格式为：

```
sp_grantdbaccess '登录账户名','数据库用户名'
```

当前数据库中有一个名为“登录账户名”的登录账户，此语句将添加一个名为“数据库用户名”的数据库用户到这个登录账户中。

【例 11－4】 添加数据库用户(查询分析器)。

在当前数据库中，在“张三”SQL 身份验证账户中添加一个名为“李四”的数据库用户。

```
USE Northwind
```

```
EXEC sp_grantdbaccess '张三','李四'
```

11.3.2　特殊的数据库用户 dbo 和 guest

SQL Server 2008 的数据库级别上存在着两个特殊的数据库用户，分别是 dbo 和 guest。

dbo 是数据库对象所有者，在安装 SQL Server 2008 时被设置到 Model 数据库中，而且不能被删除，所以 dbo 在每个数据库中都存在，具有数据库的最高权利，可以在数据库范围内执行一切操作。dbo 用户对应于创建该数据库的登录用户。

guest 用户账户允许没有账户的用户登录访问数据库。可以将权限应用到 guest 用户，就如同它是任何其他用户账户一样。可以在除 Master 和 Tempdb 外(在这两个数据库中它必须始终存在)的所有数据库中添加或删除 guest 用户。默认情况下，新建的数据库中没有 guest 用户账户。

11.4　角色管理

角色管理是一种权限管理的方法，角色中的每一用户都拥有此角色的所有权限。SQL Server 2008 提供了预定义的服务器角色和数据库角色，同时也支持根据具体需要创建自定义数据库角色。

11.4.1　固定服务器角色

固定服务器角色提供了在服务器级别上的管理权限组，只能在服务器级别上对其进行管理。它们独立于用户数据库外，存放在 master. syslogins 系统表中。

在企业管理器中，展开“安全性”节点，在“服务器角色”节点中可以查看具体的服务器角色，如图 11-5 所示。

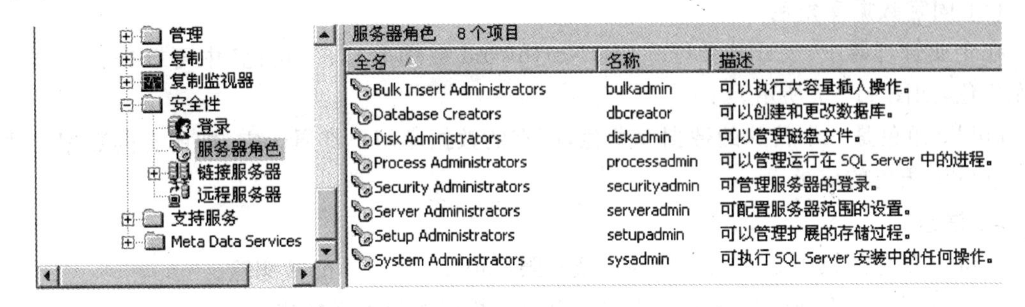

图 11-5　固定服务器角色

可以使用企业管理器或系统存储过程来将登录用户添加为固定服务器角色的成员。

选中某一固定服务器角色，右击，进入其属性对话框，可以添加或删除该固定服务器角色的成员,如图 11 - 6 所示。

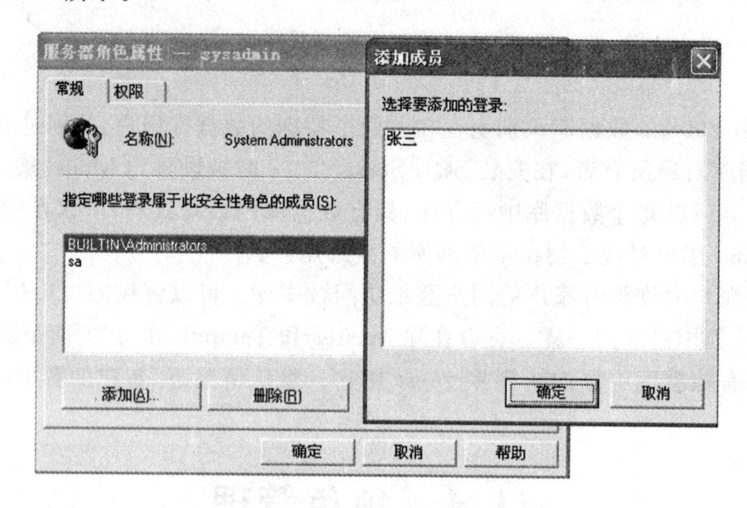

图 11 - 6 添加固定服务器角色成员

注意

不能添加、修改或删除固定服务器角色;而固定服务器角色的任何成员,都拥有为此角色添加成员的权限。

也可以使用 sp_addsrvrolemember 系统存储过程来为固定服务器角色添加成员,使用 sp_dropsrvrolemember 系统存储过程为固定服务器角色删除成员。

11.4.2 数据库角色

固定数据库角色提供了在数据库级别上的管理权限组,固定数据库角色存储在每个数据库的 sysusers 系统表中。除此之外,用户还可以自己创建自定义数据库角色。

(1) 固定数据库角色

在企业管理器中,展开某数据库(如 Northwind 数据库),在"角色"中可以查看具体的数据库角色,如图 11 - 7 所示。

public 角色是一个特殊的数据库角色,所有的数据库用户都属于它,即所有的数据库成员都是 public 角色的成员。

注意

pubilic 角色的权限是所有用户的最低权限;pubilic 角色不能被删除。

可以使用企业管理器和系统存储过程为固定数据库角色添加成员。

选中某一固定数据库角色,右击,进入其属性对话框,可以添加或删除该固定数据库角色的成员,如图 11 - 8 所示。

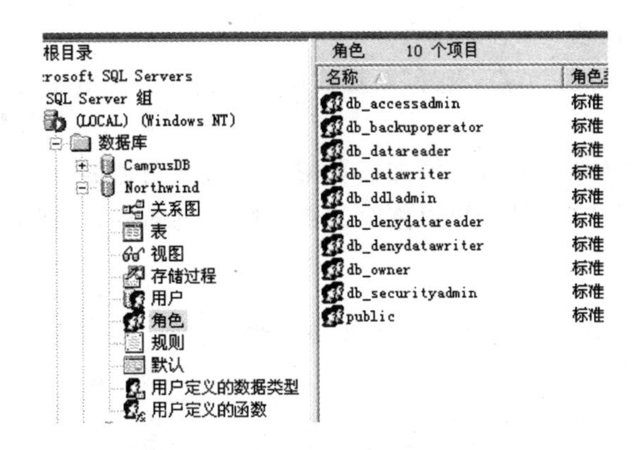

图 11－7　固定数据库角色

图 11－8　添加固定数据库角色成员

注意

不能添加、修改或删除固定服务器角色；但固定服务器角色的任何成员，都拥有为此角色添加成员的权限。

也可以使用 sp_addrolemember 系统存储过程为固定数据库角色添加成员，使用 sp_droprolemember 系统存储过程为固定数据库角色删除成员。

(2) 自定义数据库角色

右击某一数据库的“角色”节点，选择“新建数据库角色”进入“新建角色”对话框，如图 11－9 所示。

这里可以输入新建角色的名称和添加已有用户成为该角色的成员。单击“确定”按钮，右击该新建数据库角色，单击“属性”，可以修改此数据库角色的权限，即为属于此新建数据库角色的成员赋予相同的权限。

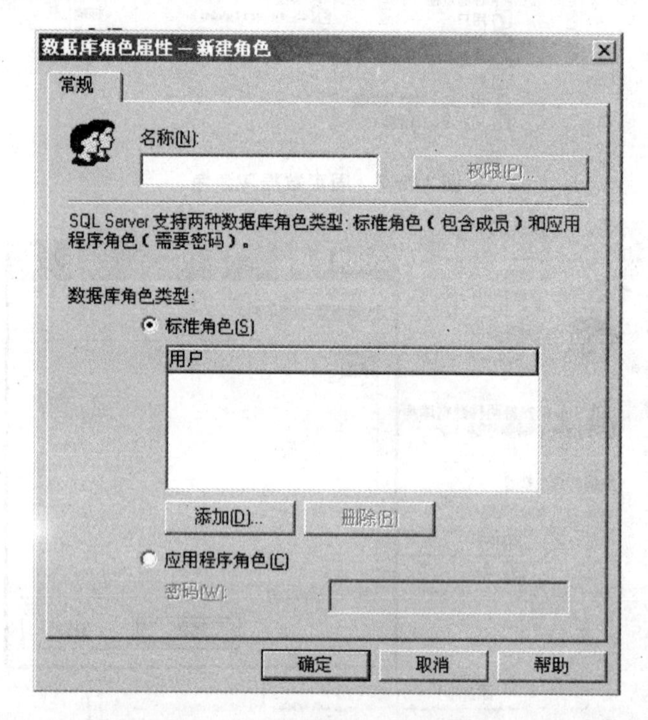

图 11－9 “新建角色”对话框

11.5 权限管理

11.5.1 权限的种类

SQL Server 数据库中的权限是指设计和实现允许或禁止数据库用户访问数据库对象(包括库、表、视图、表或视图的列、存储过程和内嵌表值函数)及其访问的方式(SELECT，INSERT，DELETE，UPDATE，EXECUTE，CREATE 等)的安全机制，是数据库管理系统的安全性的具体实现。用户若要进行任何数据库定义或访问数据的活动，则必须有相应的权限。

11.5.2　权限的管理

1. 用 T-SQL 语句分配用户权限

语句权限的语法格式：

grant　all | 语句 [,...] to 数据库用户[,...]

对象权限的语法格式：

```
grant all [ privileges ] | 权限[ ,... ]
[ ( 列[ ,... ] ) ] on 表| 视图　| on　表| 视图[ ( 列[ ,... ] ) ]
| on　存储过程| 扩展存储过程　| on 用户自定义函数
to 数据库用户[ ,... ]
[ with grant option ]
[ as 组| 角色]
```

说明：

all:表示授予所有可用的权限。对于语句权限，只有 sysadmin 角色成员可以使用 all。对于对象权限，sysadmin 和 db_owner 角色成员和数据库对象所有者都可以使用 all。

with grant option:表示可以将指定的对象权限授予其他用户。

2. 用企业管理器分配用户权限

(1) 使用企业管理器管理分配权限

操作步骤如下：

1) 在企业管理器左侧窗口中找到需要修改权限的数据库。

2) 右击该数据库，在弹出的快捷菜单中选择“属性”命令，打开如图 11-10 所示的对话框。

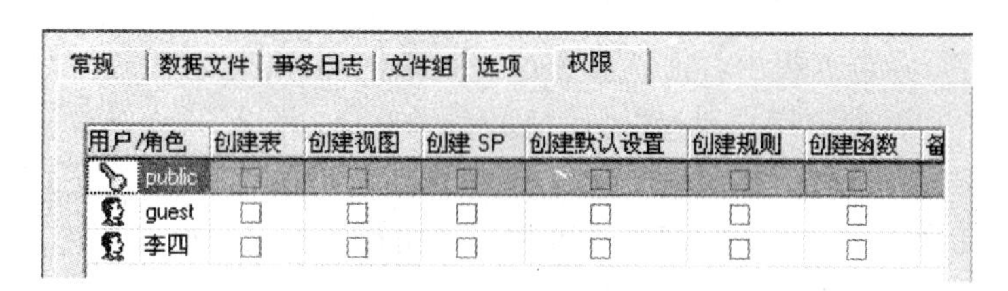

图 11-10　语句权限设置

3) 在图 11-6 所示的对话框中单击“权限”选项卡，打开如图 11-11 所示的界面。

4) “权限”选项卡中列出了数据库中所有用户和角色，以及所有的语句权限，单击用户/角色与权限交叉点上方的方框可以改变用户或角色的授权状况。

5) 设置完毕，单击“确定”按钮，使设置生效。

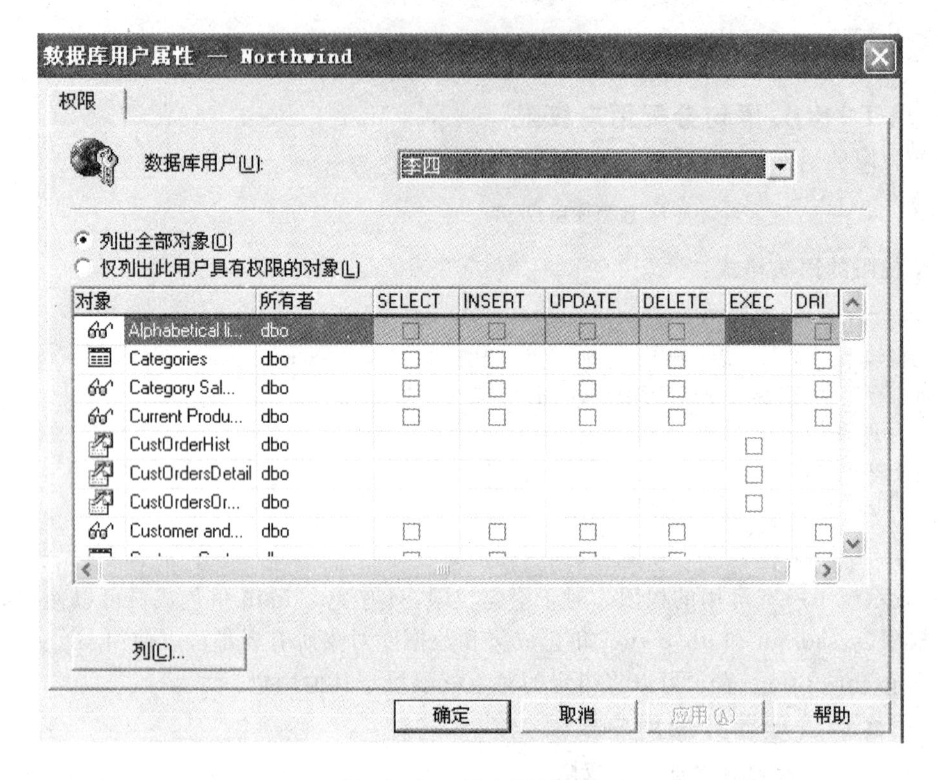

图 11－11　用户权限设置

(2) 使用企业管理器管理用户/角色的权限

操作步骤如下：

1) 在企业管理器中找到设置权限的数据库并展开。

2) 根据对象类型，单击用户/角色。

3) 在右侧用户/角色列表中右击选择要改变权限的用户/自定义角色，弹出快捷菜单，选择“属性”选项，弹出“数据库用户属性”对话框，如图 11－12 所示。

4) 单击“权限”按钮，对话框列出了用户/角色的所有可选权限，单击用户/角色与数据表、视图或存储过程交叉点上方的方框可以改变用户或角色的授权状况，如图 11－13 所示。

5) 在对话框中，选中数据表或视图时，单击“列”按钮列出该数据表、视图的列名的所有可选权限，单击列名与权限(SELECT，UPDATE)交叉点上方的方框可以改变用户或角色的列级授权状况，单击“确定”按钮，使设置生效，如图 11－14 所示。

6) 设置完毕，单击“确定”按钮，使设置生效。

(3) 使用企业管理器管理对象权限

操作步骤如下：

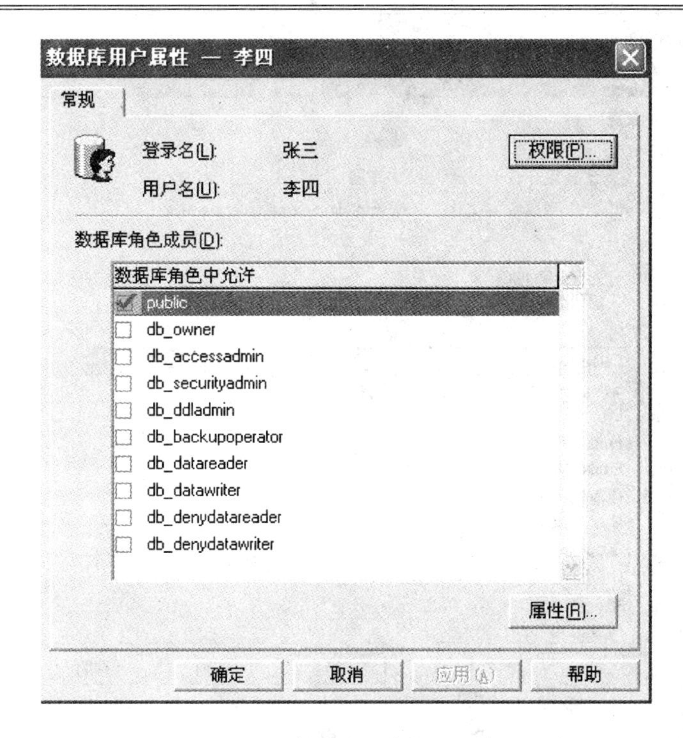

图 11-12　“数据库用户属性”对话框

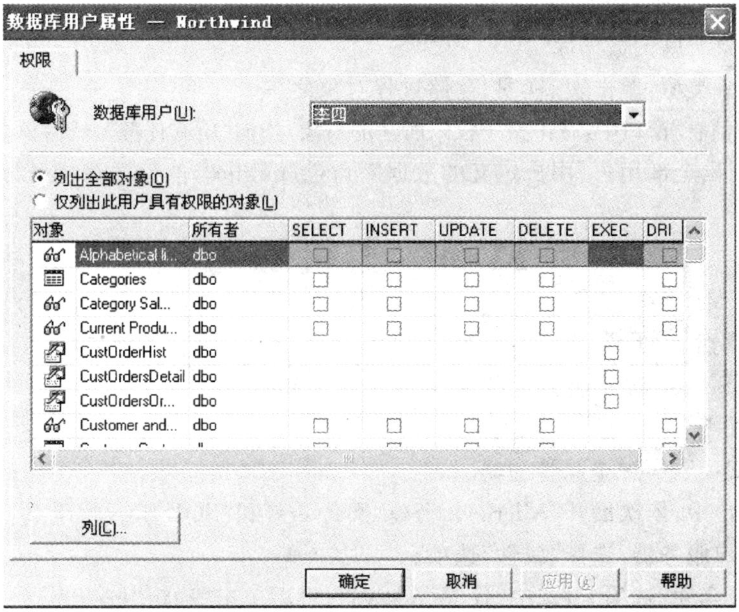

数据库用户属性 — Northwind
权限
数据库用户(U): 李四
列出全部对象(O)
仅列出此用户具有权限的对象(L)

对象	所有者	SELECT	INSERT	UPDATE	DELETE	EXEC	DRI
Alphabetical li...	dbo	□	□	□	□		□
Categories	dbo	□	□	□	□		□
Category Sal...	dbo	□	□	□	□		□
Current Produ...	dbo	□	□	□	□		□
CustOrderHist	dbo					□	
CustOrdersDetail	dbo					□	
CustOrdersOr...	dbo					□	
Customer and...	dbo	□	□	□	□		□

列(C)...
确定
取消
应用(A)
帮助

图 11-13　用户权限属性设置

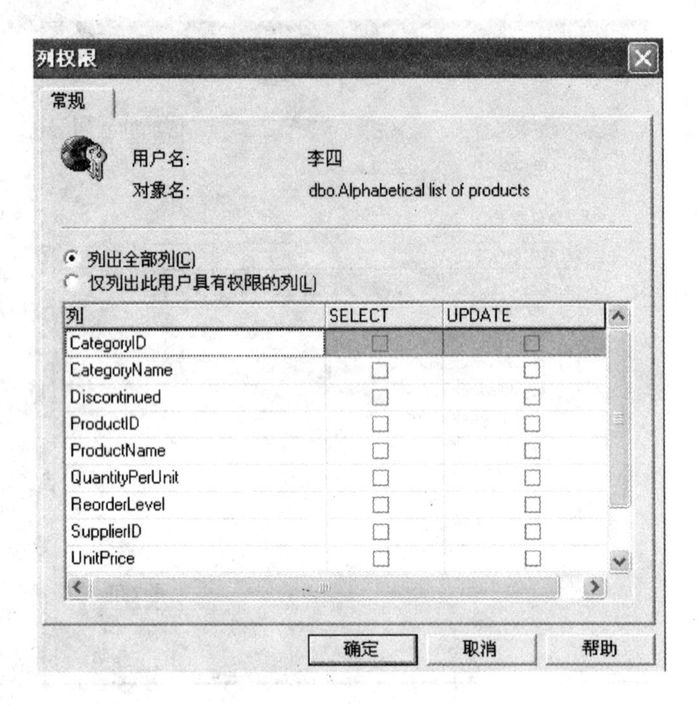

图 11－14 用户列权限设置

1）找到对象所属的数据库。

2）展开对象所属的数据库。

3）根据对象类型，单击表、视图、存储过程对象之一。

4）在“详细信息”窗口中，右击授予权限所在的对象，指向“所有任务”，然后单击“管理权限”。

5）单击“列出全部用户/用户定义的数据库角色/public”，然后选择授予每位用户的权限。

11.6 上机练习

1. 确认身份验证模式

确认 SQL Server 2008 使用的仅是 Windows 身份验证。

操作步骤如下：

1）启动 SQL Server 企业管理器。

2）在控制台中，依次展开“Microsoft SQL Servers”和“SQL Server 组”。

3）右击用户服务器，选择“属性”选项。

4）单击“安全性”选项卡，选中“仅 Windows”，最后单击“确定”按钮。

2. 为账号赋予服务器权限

为账号“gly”赋予服务器最高的权限(即加入 sysadmin 角色)。

1) 启动 SQL Server 企业管理器。

2) 在控制台中,依次展开“Microsoft SQL Servers”和“SQL Server 组”及“安全性”节点,选定“服务器角色”。

3) 在“详细信息”窗口中右击“sysadmin”角色,选择“属性”选项。

4) 添加账号“gly”,单击“确定”按钮。

3. 创建数据库角色

创建数据库角色“数据录入员”,该角色拥有对“Northwind”数据库中“Products”表的插入属性。

操作步骤如下:

1) 启动 SQL Server 企业管理器。

2) 在控制台中,依次展开“Microsoft SQL Servers”和“SQL Server 组”,在“Northwind”数据库中右击“角色”节点,选择“新建数据库角色”选项。

3) 在弹出的“新建角色”对话框中,添入“名称”为数据录入员,单击“确定”按钮。

4) 右击新建的角色“数据录入员”,选择“属性”选项,进入“数据录入员”对话框。

5) 单击“权限”按钮,进入“数据库角色属性- Northwind”对话框,数据库角色选中“数据录入员”,权限选择“Products”表的“INSERT”,最后单击“确定”按钮。

11.7 习　题

1. 两个关系模式如下:

职工(职工号,姓名,年龄,职务,工资,部门号);

部门(部门号,名称,经理名,地址,电话)。

请用 SQL 的 GRANT 和 REVOKE 语句(加上视图机制),完成以下授权定义或存取控制功能。

(1) 用户 Wangming 对两个表有 SELECT 权利。

(2) 用户 Liyong 对两个表有 INSERT 和 DELETE 权利。

(3) 用户 Liuxin 对职工表有 SELECT 权利,对工资字段具有更新权利。

(4) 用户 Zhangxin 具有修改两个表的结构的权利。

(5) 用户 Wangming 对两个表有所有权利(读、写、插、改、删除数据),并具有给其他用户授权的权利。

(6) 用户 Yanglan 具有从每个部门职工中 SELECT 最高工资,最低工资,平均工资的权利,他不能查看每个人的工资。

2. 把习题 1 中授予每个用户的权利予以撤销。

第12章　备份与恢复

本章要点

本章介绍数据库备份与恢复的基本概念、类型及方法，重点介绍各种不同数据库备份方法的异同点，以及根据不同实际情况制定相应的备份与恢复策略，并介绍使用 SQL Server 企业管理器及 T-SQL 语句进行数据库备份与恢复的操作方法。

学习目标

☑ 理解数据库备份的基本概念及种类

☑ 理解数据库恢复的基本概念及恢复模型

☑ 掌握使用 T-SQL 语句备份和恢复数据库

☑ 掌握使用企业管理器备份和恢复数据库

☑ 会制订备份与恢复计划

12.1　备份与恢复的概念

12.1.1　基本概念

备份是指制作数据库结构、对象和数据的复制，以便在数据库遭到破坏的时候能够修复数据库；恢复则是指将数据库备份加载到服务器中的过程。SQL Server 提供了一套功能强大的数据备份和恢复工具，在系统发生错误的时候，可以利用数据的备份来恢复数据库中的数据。在下述情况下，需要使用数据库的备份和恢复：

- 存储媒体损坏，例如存放数据库数据的硬盘损坏。
- 用户操作错误，例如非恶意或恶意修改或删除数据。
- 整个服务器崩溃，例如操作系统被破坏，造成计算机无法启动。
- 需要在不同的服务器之间移动数据库，例如把一个服务器上的某个数据库备份下来，然后恢复到另一个服务器中去。

由于 SQL Server 支持在线备份，所以通常情况下可以一边进行备份，一边进行其他操作。但是，在备份过程中避免执行以下操作：

- 创建或删除数据库文件。
- 创建索引。
- 执行任何无日志记录操作，包括数据的大容量装载(bcp 和 BULK INSERT)、SELECT

INTO 等语句。

- 自动或手工缩小数据库或数据库文件大小。

恢复是将遭受破坏、丢失的数据或出现错误的数据库恢复到原来的正常状态。这一状态是由备份决定的,但是为了维护数据库的一致性,在备份中未完成的事务并不进行恢复。

进行备份和恢复的工作主要是由数据库管理员来完成。实际上,数据库管理员日常比较重要和频繁的工作就是对数据库进行备份和恢复。

12.1.2 数据库备份

在 SQL Server2000 中,数据库备份有以下四种类型。

(1) 完全数据库备份

完全数据库备份是指备份整个数据库的内容,包括所有的数据以及数据库对象。恢复时,仅需要恢复最后一次完全数据库备份即可。该备份以后的修改都将丢失。

这种备份的主要优点是操作简单,可按一定的时间间隔预先设定,恢复时,只需一个步骤就可以完成。但在备份过程中需要花费的时间和空间较多,不宜频繁进行,适合于小型数据库,或者数据库中的数据变化很少的情况。

(2) 差异备份

差异备份又叫增量备份,即只备份自上次数据库备份后发生更改的部分数据库。与完全数据库备份相比,差异备份由于备份的数据量较小,所以备份和恢复所用的时间较短。通过增加差异备份的备份次数,可以降低丢失数据的风险。

(3) 事务日志备份

事务日志备份只备份最后一次日志备份后所有的事务日志记录。备份所用的时间和空间更少。利用日志备份进行恢复时,可以指定恢复到某一个事务。例如,可以将其恢复到某个破坏性操作执行前的一个事务,这是完全数据库备份和差异备份所不能做到的。但利用日志备份进行恢复时,需要重新执行日志记录中的修改命令来恢复数据库中的数据,所以通常恢复的时间较长。

在实际中,为了最大限度地减少数据库恢复的时间以及降低数据损失的程度,一般经常综合使用完全数据库备份、差异备份和事务日志备份。建议每周进行一次完全数据库备份,每天进行一次差异备份,每小时执行一次日志备份,这样最多只会丢失一小时的数据。恢复时,先恢复最后一次全库备份,再恢复最后一次差异备份,再顺次恢复最后一次差异备份以后进行的所有事务日志备份。

(4) 文件或文件组备份

文件或文件组备份即备份某个数据库文件或数据库文件组,必须与事务日志备份结合才有意义。例如,某数据库中有两个数据文件,一次仅备份一个文件,而且在每个数据文件备份后,都要进行日志备份。在恢复时,使用事务日志使所有的数据文件恢复到同一个时间点。

例如,如表 12-1 所示,某数据库在三个不同时刻分别做了不同的数据库备份。若在时刻 3 以后数据库被破坏,要恢复数据库时就要按表中"恢复顺序"列中所给出的顺序进行。

表 12-1 数据库备份与恢复顺序表

备份方法	时刻 1	时刻 2	时刻 3	恢复顺序
完全数据库备份	完全 1	完全 2	完全 3	完全 3
差异备份	完全 1	差异 1	差异 2	完全 1→差异 2
日志备份	完全 1	日志 1	日志 2	完全 1→日志 1→日志 2
文件或文件组备份	文件 1, 日志 1	文件 2, 日志 2	文件 1, 日志 3	恢复文件 2 的顺序:时刻 2 的文件 2 备份→日志 2→日志 3 恢复文件 1 的顺序:时刻 3 的文件 1 备份→日志 3

12.1.3 数据恢复方式

在 SQL Server 2008 中有简单恢复、完全恢复和大容量日志记录恢复三种数据库恢复模式。

(1) 简单恢复

简单恢复就是指在进行数据库恢复时仅使用了完全数据库备份或差异备份,而不涉及事务日志备份。简单恢复模式可使数据库恢复到上一次备份的状态。但由于不使用事务日志备份来进行恢复,所以无法将数据库恢复到失败点状态。当选择简单恢复模式时,常使用的备份策略是:首先进行完全数据库备份,然后进行差异备份。

(2) 完全恢复

完全恢复是指通过使用完全数据库备份和事务日志备份,将数据库恢复到发生失败的时刻,因此几乎不造成任何数据丢失。这是对付因存储介质损坏而数据丢失的最佳方法。为了保证数据库的这种恢复能力,所有的批数据操作,比如 SELECT INTO、创建索引都被写入日志文件。选择完全恢复模式时常使用的备份策略是:首先进行完全数据库备份,然后进行差异数据库备份,最后进行事务日志的备份。如果准备让数据库恢复到失败时刻,则必需对数据库失败前正处于运行状态的事务进行备份。

(3) 大容量日志记录恢复

大容量日志记录恢复在性能上要优于简单恢复和完全恢复模式。它能尽最大努力减少批操作所需要的存储空间。这些批操作主要是 SELECT INTO、批装载操作(如 bcp 操作或 BULK INSERT 操作)、创建索引以及针对大文本或图像的操作(如 WRITETEXT 及 UPDATETEXT)。选择大容量日志记录恢复模式所采用的备份策略与完全恢复所采用的备份策略基本相同。

12.2　备份数据库

在进行数据库备份以前首先需要创建备份设备。备份设备是用来存储数据库、事务日志、文件或文件组备份的存储介质。备份设备可以是硬盘、磁带或管道。SQL Server 只支持将数据库备份到本地磁带机，而不是备份到网络上的远程磁带机。当使用磁盘时，SQL Server 允许将本地主机硬盘和远程主机上的硬盘作为备份设备，备份设备在硬盘中是以文件的方式存储的。

当建立一个备份设备时，要给该设备分配一个逻辑备份名称和一个物理备份名称，物理备份名称是计算机操作系统所能识别该设备所使用的名字，如“D:\backup\databackup.bak”；逻辑备份名称是物理备份名称的一个别名，逻辑名称存储在 SQL Server 的系统表 sysdevices 中，使用逻辑名称的好处是比物理名称简单好记，如“D:\backup\databackup.bak”的逻辑名可以是 databackup。

12.2.1　使用企业管理器备份

1. 创建备份设备

操作步骤如下：

1）在企业管理器目录树中展开要使用的服务器组、服务器。

2）展开“管理”文件夹，右击“备份”图标，弹出快捷菜单，如图 12-1 所示。

3）在图 12-1 所示的快捷菜单中，选择“新建备份设备”选项，打开“备份设备属性”对话框，如图 12-2 所示。

4）在图 12-2 所示的对话框中，分别输入备份设备的逻辑名和完整的物理路径名，单击“确定”按钮，则完成新的备份设备的创建。

如果要删除备份设备，可在企业管理器目录树中展开“管理”文件夹，单击“备份”图标，则在右边窗格中会显示出目前已经创建的各备份设备，右击要删除的备份设备，在弹出的快捷菜单中选择“删除”选项，如图 12-3 所示，即可删除该备份设备。注意，如果被删除的备份设备有相应的磁盘文件，那么必须在其物理路径下用手工删除该文件。

2. 备份数据库

在 SQL Server 中，无论是完全数据库备份，还是事务日志备份、差异备份、文件或文件组备份都执行相同的步骤。

下面以示例数据库 Northwind 为例介绍如何在企业管理器中备份数据库。

使用企业管理器进行备份的步骤如下：

1）在企业管理器目录树中展开要使用的服务器组、服务器。

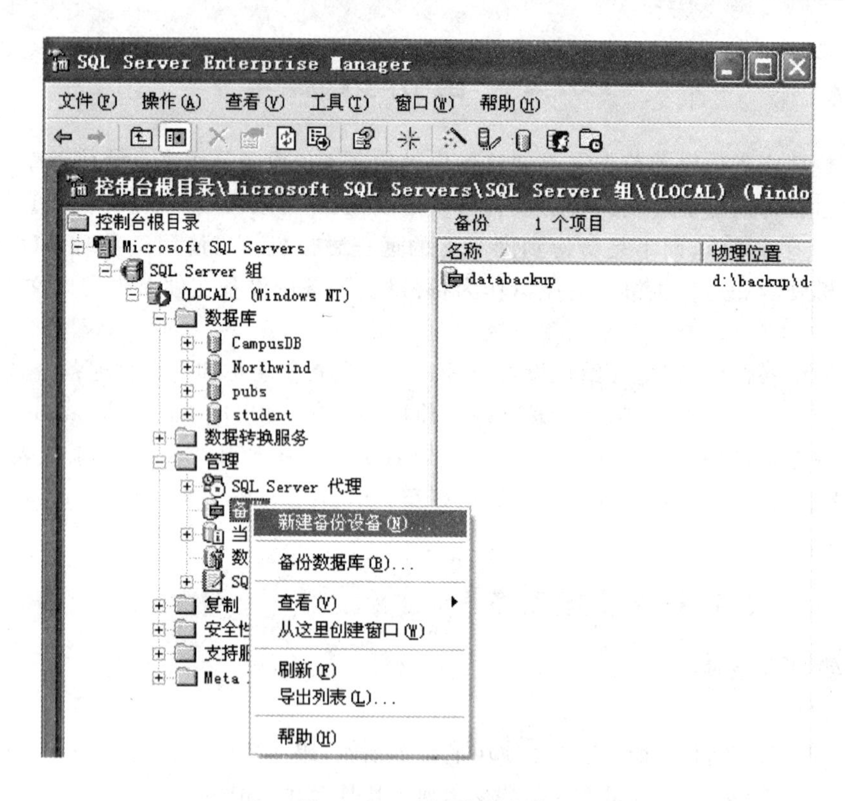

图 12-1 新建备份设备

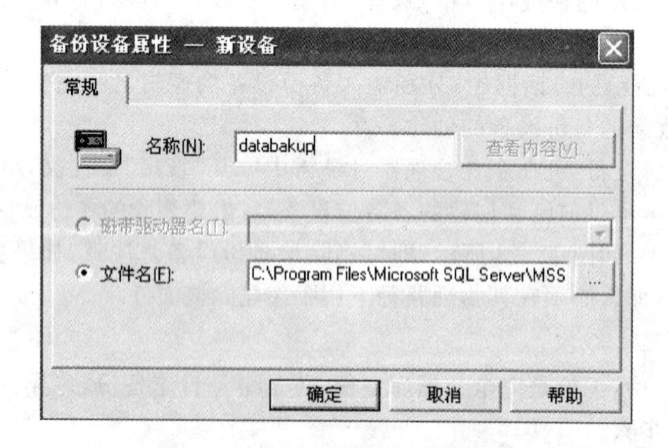

图 12-2 "备份设备属性"对话框

2) 展开"数据库"文件夹,右击要备份的数据库,弹出如图 12-4 所示的快捷菜单。

3) 在图 12-4 所示的快捷菜单中选择"所有任务→备份数据库"选项,打开"SQL Server

备份”对话框，如图 12－5 所示。

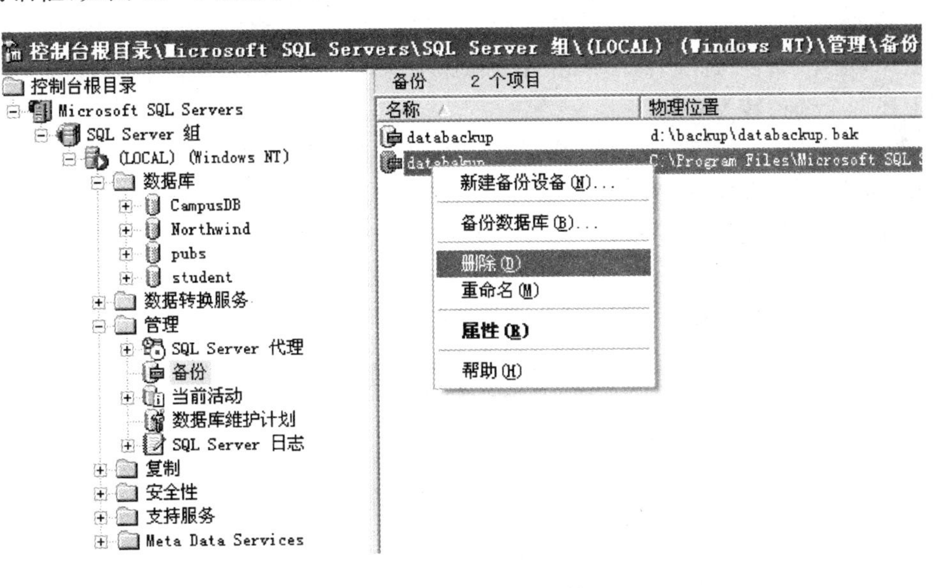

图 12－3　删除备份设备

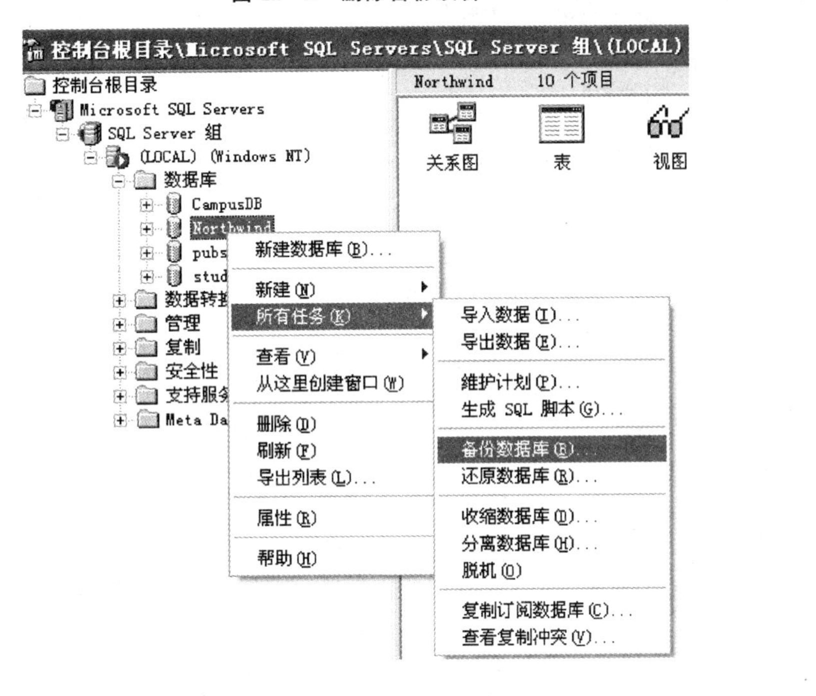

图 12－4　备份数据库快捷菜单

4）在图 12－5 所示对话框“常规”选项卡的“备份”选项组内选择要进行备份的类型。需要说明的是，如果在图 12－5 中看到“事务日志”和“文件和文件组”两个选项被禁用，可以通过右击数据库，选择“属性”选项，然后单击“选项”选项卡将“故障恢复模型”框更改为“完全”，就可以使上述两个选项转为有效。

5）然后单击“添加”按钮，打开如图 12－6 所示的“选择备份目的”对话框，在该对话框中，可以选择“备份设备”选项，指定备份设备；或选择“文件名”选项，指定备份文件名，SQL Server 将自动为这个文件创建一个备份设备。然后单击“确定”按钮，返回 14－5 所示的对话框，可以看到选择的备份设备出现在“备份到”下边的列表框中。如果要备份到多个设备上，可以多次单击图 12－5 中的“添加”按钮，添加多个设备。

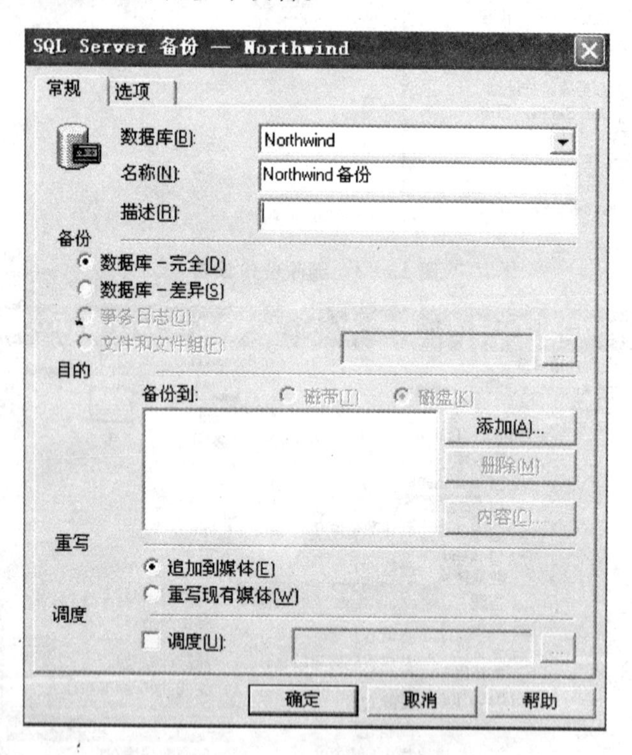

图 12－5 “SQL Server 备份”对话框

6）在图 12－5 所示的“重写”选项组中选择备份方式。如果希望覆盖当前设备上以前备份的内容，则选择“重写现有媒体”选项；否则，选择“追加到媒体”选项，备份将添加到备份设备已有内容的后面。

7）如果希望按照一定周期对数据库进行备份，可以选择图 12－5 中的“调度”复选框，并单击右边的按钮，在打开的如图 12－7 所示的“编辑调度”对话框中设定备份操作进行的时间。如果希望按照自己的要求设定备份时间，可以单击“更改”按钮来改变当前默认的备份时间设置。

8）返回到图 12－5 所示的对话框以后，单击“确定”按钮，开始执行备份操作。当出现“备份操作已顺利完成”提示信息时，表示备份操作成功完成。

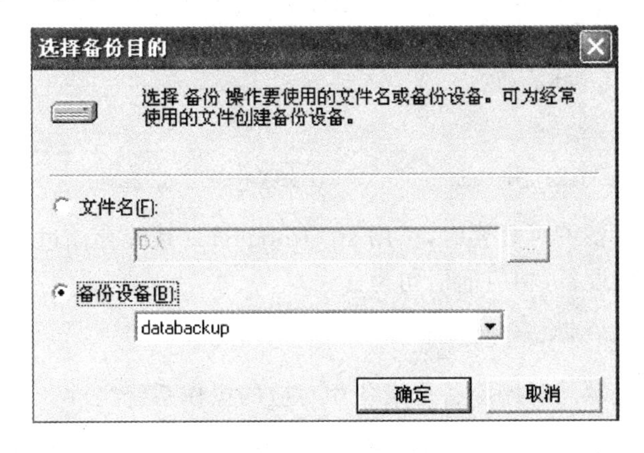

图 12－6　“选择备份目的”对话框

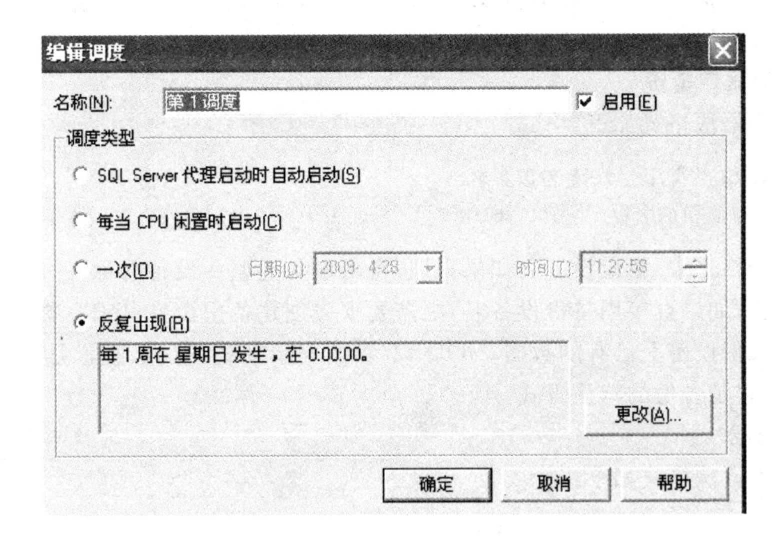

图 12－7　“编辑调度”对话框

12.2.2　使用 SQL 语句备份

1. 创建备份设备

在查询分析器中，可以使用系统存储过程 sp_addumpdevice 来添加备份设备。其基本语法格式为：

```
[EXECUTE] sp_addumpdevice '设备类型','逻辑名称','物理名称'
```

其中,第一个参数用于指定备份设备的类型,包括磁盘、磁带和命名管道,分别用 disk,pipe 和 tape 表示。

【例 12-1】 在本地硬盘上创建一个备份设备,其逻辑名称为 mybackup,物理名称为 D:\sql\back\mybackup. bak。

相应的语句为:

```
EXEC sp_addumpdevice 'disk','mybackup','d:\sql\back\mybackup. bak'
```

当所创建的备份设备不再需要时,可用 sp_dropdevice 系统存储过程将其删除。如要删除图 12-1 所创建的备份设备,相应的语句为:

```
EXEC sp_dropdevice 'mybackup',DELFILE
```

其中,DELFILE 选项表示同时删除备份设备相对应的操作系统文件。

2. 备份数据库

可以在查询分析器中使用 BACKUP 命令对数据库进行完全数据库备份、差异备份、日志备份或文件和文件组备份。

(1) 完全数据库备份

其所用基本语法格式如下:

```
BACKUP DATABASE 数据库名 TO 备份设备名
[WITH [NAME = '备份的名称'][,INIT|NOINIT]]
```

在上述语法格式中,备份设备名如果采用"备份设备类型=设备名称"的形式,则事先不需要创建备份设备,如果直接用备份设备名,则需要事先创建备份设备;INIT 参数表示新备份的数据覆盖当前备份设备上已有的数据;NOINIT 参数表示新备份的数据添加到备份设备上已有数据的后面,它是备份的默认方式。

(2) 差异备份

其所用基本语法格式如下:

```
BACKUP DATABASE 数据库名 TO 备份设备名
WITH DIFFERENTIAL [,NAME = '备份的名称'][,INIT|NOINIT]
```

在上述语法格式中,DIFFERENTIAL 子句用来指明备份类型为差异备份。

(3) 日志备份

其所用基本语法格式如下:

```
BACKUP LOG 数据库名 TO 备份设备名
[WITH [NAME = '备份的名称'][,INIT|NOINIT]]
```

这个语法格式中的参数与完全数据库备份格式中的参数相同。

(4) 文件与文件组备份

其所用基本语法格式如下：

```
BACKUP DATABASE 数据库名
FILE = '文件的逻辑名称'|FILEGROUP = '文件组的逻辑名称'TO 备份设备名
[WITH [NAME = '备份的名称'][,INIT|NOINIT]]
```

使用上述语法格式备份数据库时，如果备份的是文件，则写做“FILE='文件的逻辑名称'”的方式；如果备份的是文件组，则写做“FILEGROUP='文件组的逻辑名称'”的方式。

注意

必须通过使用 BACKUP LOG 提供事务日志的单独备份，才能使用文件和文件组备份来恢复数据库。

【例 12-2】 对 Northwind 数据库做一次完全数据库备份，备份设备为在例 12-1 中创建的 mybackup 本地磁盘设备，并且此次备份覆盖以前所有的备份。

代码如下：

```
BACKUP DATABASE Northwind to mybackup
WITH NAME = 'full_lib_bak',INIT
```

也可以将数据库备份到一个磁盘文件，此时 SQL Server 将自动为其创建设备，比如：

```
BACKUP DATABASE Northwind to DISK = 'd:\sql\Lib_backup.bak'
WITH NAME = 'full_nor_bak'
```

【例 12-3】 对 Northwind 数据库进行差异备份，备份设备为在例 12-1 中创建的 mybackup 本地磁盘设备。

代码如下：

```
BACKUP DATABASE Northwind to mybackup
WITH DIFFERENTIAL,NAME = 'diff_nor_bak',NOINIT
```

【例 12-4】 对 Northwind 数据库进行日志备份，备份设备为在例 12-1 中创建的 mybackup 本地磁盘设备。

代码如下：

```
BACKUP LOG Northwind to mybackup
WITH   NAME = 'log_nor_bak',NOINIT
```

在查询分析器中可输入 RESTORE HEADERONLY FROM mybackup 语句查看 mybackup 备份设备上所有的备份。

【例 12-5】 将 Northwind 数据库的 Northwind_data 文件备份到本地磁盘设备 databackup。

代码如下：

```
BACKUP DATABASE Northwind FILE = 'Northwind_data' to databackup
```

12.3 恢复数据库

12.3.1 使用企业管理器恢复

使用企业管理器恢复数据库的方法和步骤如下：

1）在企业管理器目录树中展开要使用的服务器组、服务器。

2）在左窗格中右击“数据库”文件夹，在弹出的快捷菜单中选择“所有任务”选项，再选择“还原数据库”选项，打开如图 12-8 所示的对话框。

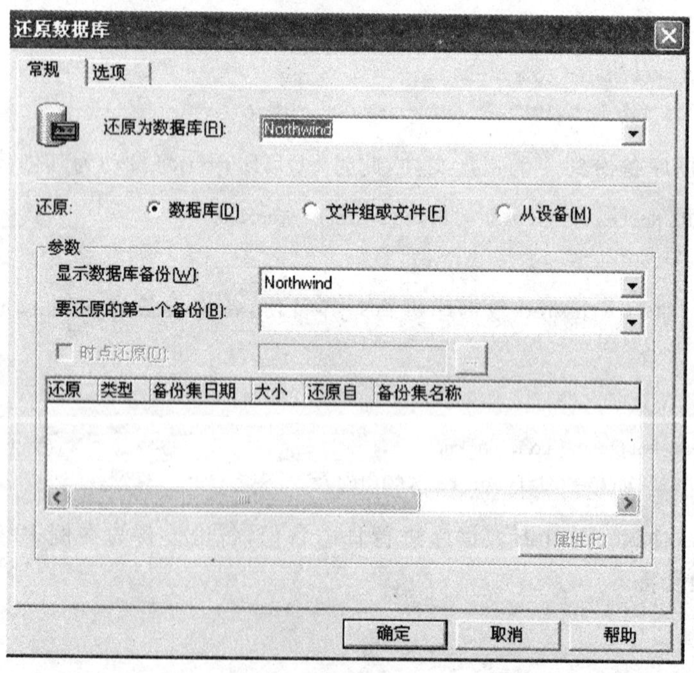

图 12-8 “还原数据库”对话框

3）在“还原为数据库”下拉列表中选择要恢复的目标数据库，也可以输入一个新的数据库名称，SQL Server 2008 将自动新建一个数据库，并将数据库备份恢复到新建的数据库中。

4）在“还原”选项组中，选择一种恢复方式，可以是“数据库”或“文件组或文件”或“从设备”方式。选择第一种方式可以很方便地恢复数据库，但这种方式要求要恢复的备份必须在 Msdb 数据库中保存了备份历史记录。在其他服务器上创建的备份在 Msdb 数据库中没有记录，在将一个服务器上制作的数据库备份恢复到另一个服务器上时，不能使用“数据库”的恢复方式。

5）选择不同的恢复方式，还原数据库对话框显示为不同的样式。如果选择“从设备”恢复数据库，可出现如图 12－9 所示的对话框。

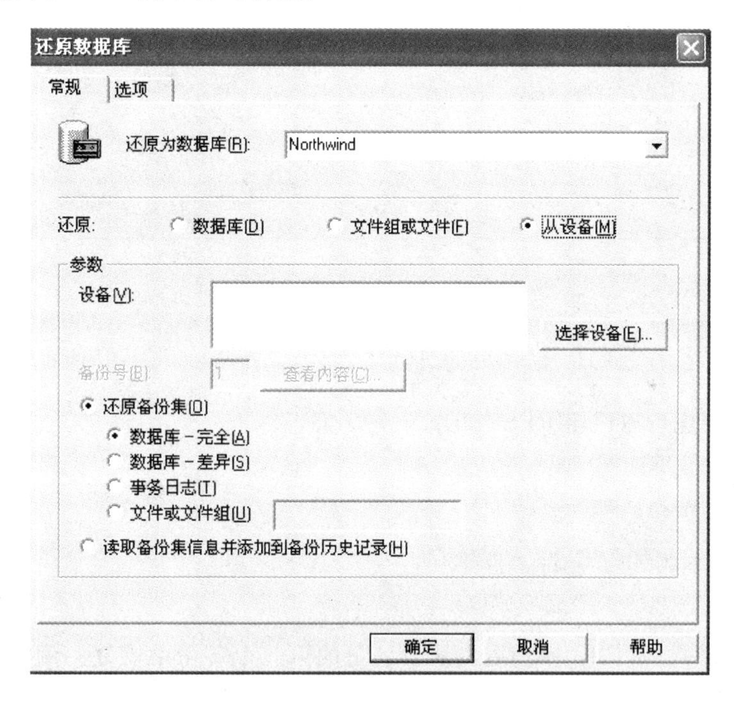

图 12－9　从设备恢复数据库

6）在图 12－9 所示的对话框中，单击“选择设备”按钮，然后在如图 12－10 所示的对话框中单击“添加”按钮，选择要恢复的备份设备，再单击“确定”按钮，返回图 12－9 所示的对话框，可以看到选择的备份设备出现在“设备”右边的列表框中。

7）在图 12－9 所示的对话框中，选中“选项”选项卡进行其他选项的设置。

8）在图 12－9 所示的对话框中，单击“确定”按钮，数据库开始恢复。

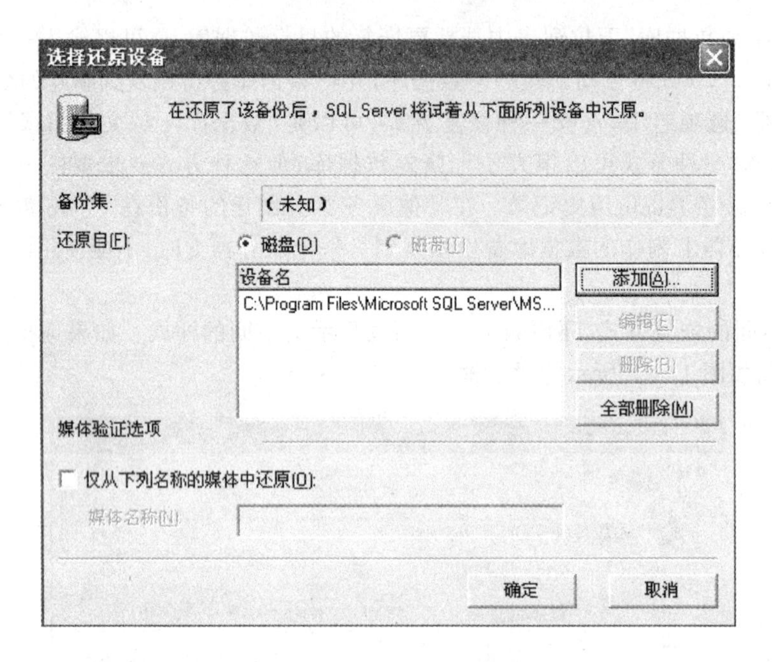

图 12-10 “选择还原设备”对话框

12.3.2 使用 SQL 语句恢复

数据库的恢复也可以使用 RESTORE 语句来实现。

(1) 恢复整个数据库

其所用基本语法格式如下：

```
RESTORE DATABASE 数据库名 FROM 备份设备名
[WITH[FILE = n][,NORECOVERY|RECOVERY][,REPLACE]]
```

在上述语法格式中，FILE＝n 指出从设备上的第几个备份中恢复。例如，数据库在同一备份设备上做了两次备份，若恢复第一个备份，则使用“FILE＝1”选项；若恢复第二个备份，则使用“FILE＝2”选项。

RECOVERY 指定在数据库恢复完成后，SQL Server 回滚被恢复的数据库中所有未完成的事务，以保持数据库的一致性。在恢复后，用户就可以访问数据库了。所以 RECOVERY 选项用于最后一个备份的恢复。如果使用 NORECOVERY 选项，那么 SQL Server 不回滚所有未完成的事务，在恢复结束后，用户不能访问数据库。所以，当要恢复的备份不是最后一个备份时，应使用 NORECOVERY 选项。例如，要恢复一个完全数据库备份、一个差异备份和一个日志备份，那么应先用 NORECOVERY 选项恢复完全数据库备份和差异备份，最后用 RECOVERY 选项恢复日志备份。

REPLACE 表示如果恢复的数据库名称与已有的某数据库重名，则首先删除原数据库，然后重新创建。

从完全数据库备份中恢复数据和从差异备份中恢复数据都使用上述语法格式。

(2) 恢复事务日志

其所用基本语法格式如下：

```
RESTORE LOG 数据库名 FROM 备份设备名
[WITH[FILE = n][,NORECOVERY|RECOVERY]]
```

在上述语法格式中，选项[FILE＝n]，[，NORECOVERY|RECOVERY]的含义与恢复整个数据库语法格式中的选项意义相同。

恢复事务日志必须在进行完全数据库恢复以后才能进行。

(3) 恢复特定的文件或文件组

其所用基本语法格式如下：

```
RESTROE DATABASE 数据库名 FILE = 文件名|FILEGROUP = 文件组名 FROM 备份设备名
[WITH [,FILE = n][,NORECOVERY][,REPLACE]]
```

其中，选项“FILE＝文件名|FILEGROUP＝文件组”指定要恢复的数据库文件或文件组的名称；NORECOVERY，REPLACE 的含义与前面相同。

【例 12-6】 前面例 12-2～例 12-4 分别在 mybackup 备份设备上进行了一次完全数据库备份、一次差异备份和一次日志备份。假设存储介质发生故障，需要从 mybackup 备份中恢复数据库 Northwind，如何实现？

恢复完全数据库备份：

```
RESTORE DATABASE Northwind FROM mybackup
WITH file = 1,NORECOVERY
```

恢复差异备份：

```
RESTORE DATABASE Northwind FROM mybackup
WITH file = 2,NORECOVERY
```

恢复日志备份：

```
RESTORE LOG Northwind FROM mybackup
WITH file = 3,RECOVERY
```

12.4　制订备份与恢复计划

为了确保数据库系统的安全，应该制订一个完善可行的备份与恢复计划。通常，我们总是依赖所要求的恢复能力、备份文件的大小以及备份需要的时间等来决定该使用哪种类型的备份。常用的备份方案有:只进行完全数据库备份;或在进行完全数据库备份的同时进行事务日志备份;或使用完全数据库备份和差异数据库备份。

选用何种备份方案将对备份和恢复产生直接影响,而且决定了数据库在遭到破坏前后的一致性水平。所以在制订备份与恢复计划时,必须考虑以下几个问题:

1) 如果只进行完全数据库备份,那么将无法恢复自最近一次完全数据库备份以来数据库中所发生的所有事务。这种方案的优点是简单,而且在进行数据库恢复时操作也很方便。

2) 如果在进行完全数据库备份时也进行事务日志备份,那么可以将数据库恢复到失败点。那些在失败前未提交的事务将无法恢复。但如果在数据库失败后立即对当前处于活动状态的事务进行备份,则未提交的事务也可以恢复。

从以上问题可以看出,对数据库一致性的要求程度成为选择备份方案的主要原因。但在某些情况下,对数据库备份提出了更为严格的要求。例如,在处理重要业务的应用环境中,常要求数据库服务器连续工作,至多只留有一小段时间来执行系统维护任务。在这种情况下,一旦出现系统失败,则要求数据库在最短时间内立即恢复到正常状态,以避免丢失过多的重要数据。由此可见,备份或恢复所需时间往往也成为选择何种备份方案的重要因素。

SQL Server 提供了以下几种方法以减少备份或恢复操作的执行时间。

1) 使用多个备份设备同时进行备份处理。同理,可以从多个备份设备上同时进行数据库恢复操作。

2) 综合使用完全数据库备份、差异备份或事务日志备份来减少每次需要备份的数据量。

3) 使用文件或文件组备份以及事务日志备份,这样可以只备份或恢复那些包含相关数据的文件,而不是整个数据库。

另外,还需要注意在备份时使用哪种备份设备,如磁盘或磁带,并且决定如何在备份设备上创建备份,比如将备份添加到备份设备上或将其覆盖。

总之,在实际应用中备份策略和恢复策略的选择是紧密联系的。在选择备份类型时,必须考虑到当使用该备份进行数据库恢复时,能把遭到损坏的数据库恢复到什么程度,是数据库失败的时刻,还是最近一次备份的时刻。但有一点必须强调,即备份类型的选择和恢复模式的确定都应以尽最大可能、以最快速度减少或消灭数据丢失为目标。

12.5 上机练习

数据库的备份与恢复操作既可以使用企业管理器来实现,也可以通过 T - SQL 语句来实现。在此只给出相应的 T - SQL 语句,在企业管理器中的实现由读者自己练习。

创建两个备份设备,名称为 bak1 和 bak2,首先对 Northwind 数据库做一次完全数据库备份,备份到设备 bak1 中。然后修改 Northwind 数据库的 Products 表中的数据,再对 Northwind 数据库做一次日志备份，备份到设备 bak2 中，并且两次备份都要求覆盖以前所有的备份数据。模拟数据库故障，比如删除数据库 Northwind。然后从 bak1 和 bak2 备份设备中恢复 Northwind 数据库。写出以上过程对应的 T－SQL 语句。

（1）创建 bak1 备份设备

```
EXEC sp_addumpdevice 'disk','bak1','d:\bak1.bak'
```

（2）创建 bak2 备份设备

```
EXEC sp_addumpdevice 'disk','bak2','d:\bak2.bak'
```

（3）对 Northwind 数据库进行完全数据库备份

```
BACKUP DATABASE Northwind to bak1
WITH NAME = 'full_lib_bak',INIT
```

（4）修改 Products 表中的数据，假设把产品"chai"的名称改为"chen"。

```
USE Northwind
GO
UPDATE Products SET ProductName = 'chen'
WHERE ProductName  = 'chai'
GO
```

（5）对 Northwind 数据库进行日志备份

```
BACKUP LOG Northwind to bak2
WITH   NAME = 'log_lib_bak',INIT
```

（6）模拟数据库故障，删除 Northwind 数据库

```
DROP DATABASE Northwind
```

（7）从 bak1 中恢复完全数据库备份

```
RESTORE DATABASE Northwind FROM bak1
WITH file = 1,NORECOVERY
```

此时，可执行下面语句，观察能否打开数据库。

```
USE Northwind
SELECT  *  FROM Products
```

（8）从 bak2 中恢复日志备份

```
RESTORE LOG Northwind FROM bak2
WITH file = 1,RECOVERY
```

(9) 观察记录

执行下面语句,观察姓名为“高红”的记录是否被修改。

```
USE Northwind
SELECT * FROM Products
```

12.6 习 题

1. 使用向导和企业管理器对 Northwind 数据库进行完全数据备份,备份到 E:\backup1 文件中。

2. 使用企业管理器对 Northwind 数据库进行数据还原。

3. 使用 T - SQL 语句对 Northwind 数据库进行完全数据备份。

4. 使用 T - SQL 语句对 Northwind 数据库进行数据还原。

第13章　切削管理数据库的设计与实现

本章要点

本章介绍一个完整的数据库系统从需求分析到设计实现和管理维护的全过程，覆盖数据库基本操作和知识点。

学习目标

☑ 熟悉切削管理数据库的设计与实现

☑ 理解切削管理数据库的安全性管理

☑ 掌握切削管理数据库的数据检索

☑ 掌握切削管理数据库的备份与恢复

13.1　切削管理数据库的设计与实现

13.1.1　切削管理数据库的需求分析

目前，制造业已经普遍使用了大功率的数控加工中心。加工中，正确、合理地选择切削参数对确保产品加工质量、提高企业生产效率、降低企业生产成本有着十分重要的作用。本系统的开发工作就是在上述制造业发展背景下提出的，我们以某飞机制造公司具有典型航空企业特点的数控加工中心为研究对象，通过分析切削加工参数等数据，完成将数据存储到规范的数据库中，并进行相应的管理和检索工作，把加工人员从先前繁杂的切削参数准备工作中解放出来，提高企业的生产效率。数据库中关于切削参数等数据参照工艺标准编撰模拟产生。

(1) 需求功能

1）能输入、修改切削数据库的相关信息。

2）能查询、统计切削数据库的相关信息。

(2) 数据分析

1）切削信息：包括切削信息ID、切削速度、切削深度等。

2）切削：包括切削ID、切削类型、切削材料、切削直径、切削主偏角等。

3）匹配信息：包括匹配ID、工件ID、工件类型ID、过程类型ID、过程方法ID、切削ID、切削信息ID等。

4）过程方法：包括过程方法ID、过程方法等。

5）过程类型：包括过程类型ID、过程类型等。

6）工件：包括工件ID、工件标号、工件名、工件硬度指标、工件用途等。

7）工件类型：包括工件类型ID、工件类型等。

（3）功能分析

功能分析的任务是了解用户对数据的处理方法和输出格式。

1）基础数据录入：包括工件数据、切削数据等。要求系统能录入这些数据，并且能够进行修改。注意，在数据录入和修改的过程中应保持数据的参照完整性。

2）查询：能够查询出工件数据、切削数据、过程数据等。

13.1.2 概念模型设计

（1）数据库关系模型

数据库关系模型见图13-1。

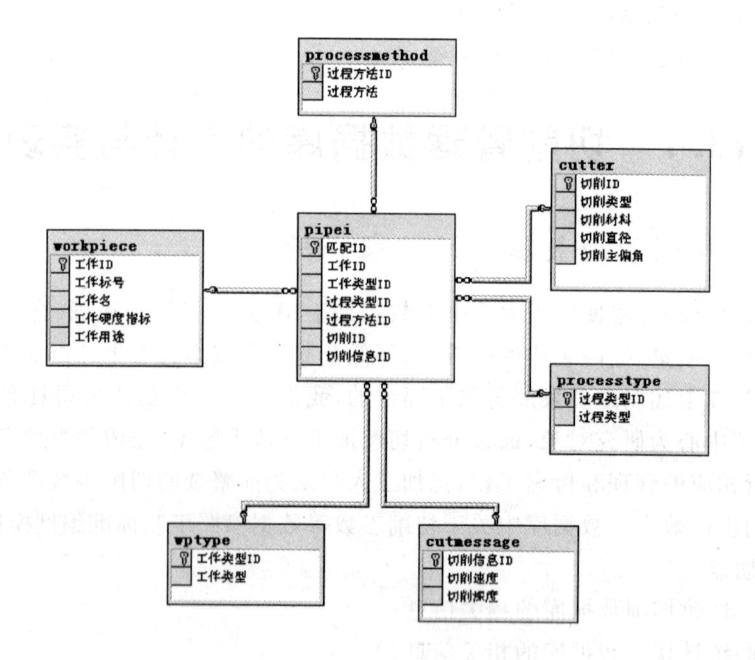

图13-1 切削数据库关系模型图

（2）最终关系模型

切削信息表（切削信息ID、切削速度、切削深度）

切削表（切削ID、切削类型、切削材料、切削直径、切削主偏角）

匹配信息表（匹配ID、工件ID、工件类型ID、过程类型ID、过程方法ID、切削ID、切削信息ID）

过程方法表（过程方法ID、过程方法）

过程类型表(过程类型 ID、过程类型)

工件表(工件 ID、工件标号、工件名、工件硬度指标、工件用途)

工件类型(工件类型 ID、工件类型)

13.1.3　数据库的实现

切削管理数据库参数设置见表 13－1。

表 13－1　切削管理数据库参数设置

参　数	值
数据库名称	CutDB
数据库逻辑文件名	CutDB_data
操作系统数据文件名	C:\Program Files\Microsoft SQL Server\MSSQL\Data\CutDB. mdf
数据库文件初始大小/MB	10
数据文件最大大小/MB	100
数据文件增长增量/MB	2
日志逻辑文件名	CutDB_log
操作系统日志文件名	C:\Program Files\Microsoft SQL Server\MSSQL\Data\CutDB. ldf
日志文件初始大小/MB	3
日志文件最大大小/MB	30
日志文件增长增量/MB	1

创建数据库的操作步骤如下：

1) 启动 SQL Server 查询分析器，以 sa 用户名登录到 SQL Server 服务器。

2) 执行以下命令：

```
USE Master
GO
CREATE DATABASE CutDB
ON
( NAME = CutDB_data,
FILENAME = 'C:\program files\microsoft sql server\mssql\data\CutDB_dat.mdf',
SIZE = 30MB,
MAXSIZE = 100MB,
FILEGROWTH = 1MB )
LOG ON
(NAME = CutDB_log,
FILENAME = 'C:\program files\microsoft sql server\mssql\data\CutDB_log.ldf',
```

```
SIZE = 10MB,
MAXSIZE = 30MB,
FILEGROWTH = 1MB )
GO
```

3）数据库创建成功，如图 13-2 所示。

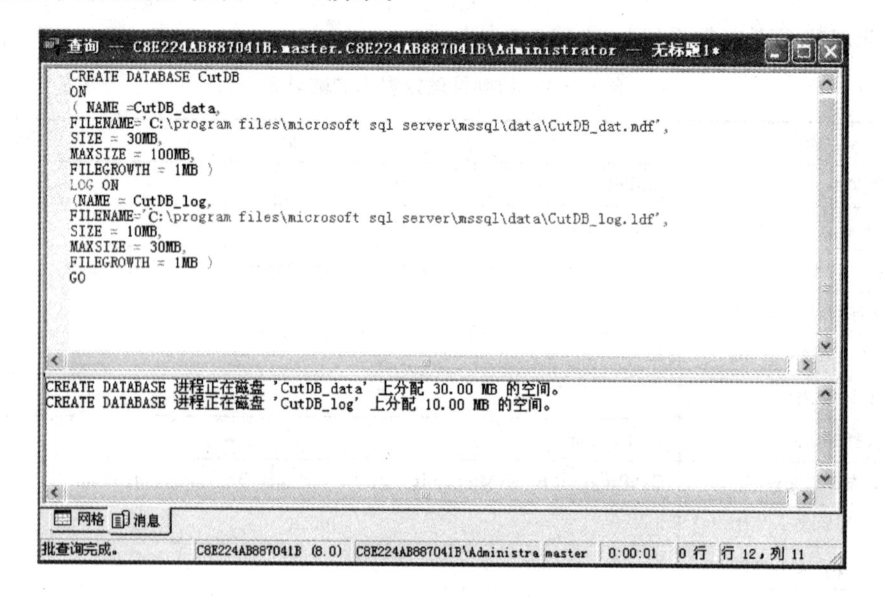

图 13-2 创建数据库

13.1.4 数据表的实现

在数据库中创建表的操作步骤如下：

1）启动 SQL Server 查询分析器，以 sa 用户名登录到 SQL Server 服务器。

2）输入如下代码：

```
Use CutDB
CREATE TABLE cutmessage (
    切削信息 ID char (10) NOT NULL,
    切削速度 nvarchar (50),
    切削深度 nvarchar (50)
) ON PRIMARY
GO

CREATE TABLE cutter (
    切削 ID char (10) NOT NULL,
```

```
    切削类型 nvarchar  (50),
     切削材料   nvarchar   (50),
     切削直径   nvarchar   (50),
     切削主偏角   decimal   (9)
)
GO

CREATE TABLE pipei (
    匹配 ID  char   (10)  NOT NULL,
    工件 ID   char   (10)  NOT NULL,
    工件类型 ID   char   (10)  NOT NULL,
    过程类型 ID   char   (10)  NOT NULL,
    过程方法 ID   char   (10)  NOT NULL,
    切削 ID   char   (10)  NOT NULL,
    切削信息 ID   char   (10)  NOT NULL
)
GO

CREATE TABLE  processmethod   (
      过程方法 ID   char   (10)  NOT NULL,
      过程方法   nvarchar   (50)
)
GO

CREATE TABLE  processtype   (
      过程类型 ID   char   (10)  NOT NULL,
      过程类型   nvarchar   (50)
)
GO

CREATE TABLE workpiece   (
      工件 ID   char   (10)  NOT NULL,
      工件标号   nvarchar   (50)  NOT NULL,
      工件名   nvarchar   (50)  NOT NULL,
      工件硬度指标   nvarchar   (50),
      工件用途   nvarchar   (50)
)
GO
```

```
CREATE TABLE wptype   (
      工件类型 ID   char   (10)  NOT NULL,
      工件类型   nvarchar   (50)
)
GO
```

3）表创建成功，如图 13－3 所示。

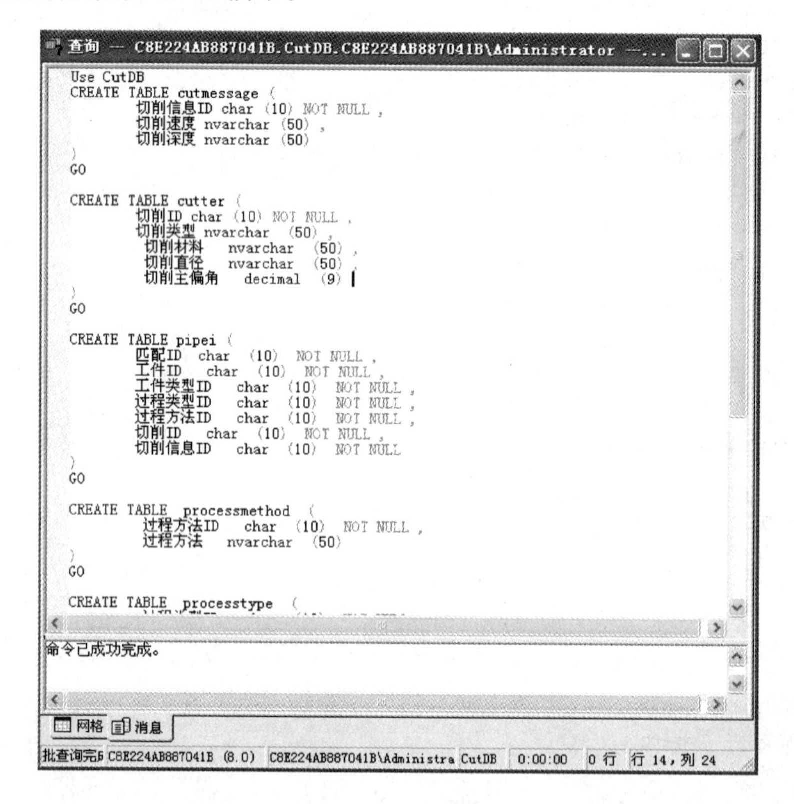

图 13－3　创建表

13.1.5　创建约束关系

创建约束关系的操作步骤如下：

1）启动 SQL Server 查询分析器，以 sa 用户名登录到 SQL Server 服务器。

2）输入如下代码：

```
Use CutDB
ALTER TABLE cutmessage   ADD
    CONSTRAINT  PK_cutmessage  PRIMARY KEY  CLUSTERED
```

```
    (切削信息 ID)
GO

ALTER TABLE cutter  ADD
    CONSTRAINT  PK_cutter  PRIMARY KEY  CLUSTERED
    (切削 ID)
GO

ALTER TABLE pipei  ADD
    CONSTRAINT  PK_PIPEI  PRIMARY KEY  CLUSTERED
    (匹配 ID)
GO

ALTER TABLE processmethod  ADD
    CONSTRAINT  PK_processmethod  PRIMARY KEY  CLUSTERED
    (过程方法 ID)
GO

ALTER TABLE processtype  ADD
    CONSTRAINT  PK_processtype  PRIMARY KEY  CLUSTERED
    (过程类型 ID)
GO

ALTER TABLE workpiece  ADD
    CONSTRAINT  PK_workpiece  PRIMARY KEY  CLUSTERED
    (工件 ID)
GO

ALTER TABLE wptype  ADD
    CONSTRAINT  PK_wptype  PRIMARY KEY  CLUSTERED
    (工件类型 ID)
GO

ALTER TABLE pipei  ADD
    CONSTRAINT  FK_pipei_cutmessage  FOREIGN KEY
    (切削信息 ID) REFERENCES cutmessage  (切削信息 ID),
    CONSTRAINT  FK_pipei_cutter  FOREIGN KEY
    (切削 ID) REFERENCES cutter  (切削 ID),
    CONSTRAINT  FK_pipei_processmethod  FOREIGN KEY
```

```
    (过程方法 ID) REFERENCES processmethod  (过程方法 ID),
    CONSTRAINT  FK_pipei_processtype  FOREIGN KEY
    (过程类型 ID) REFERENCES processtype  (过程类型 ID),
    CONSTRAINT  FK_pipei_workpiece  FOREIGN KEY
    (工件 ID) REFERENCES workpiece  (工件 ID),
    CONSTRAINT  FK_pipei_wptype  FOREIGN KEY
    (工件类型 ID ) REFERENCES wptype  (工件类型 ID)
GO
```

3）约束关系创建成功，如图 13－4 所示。

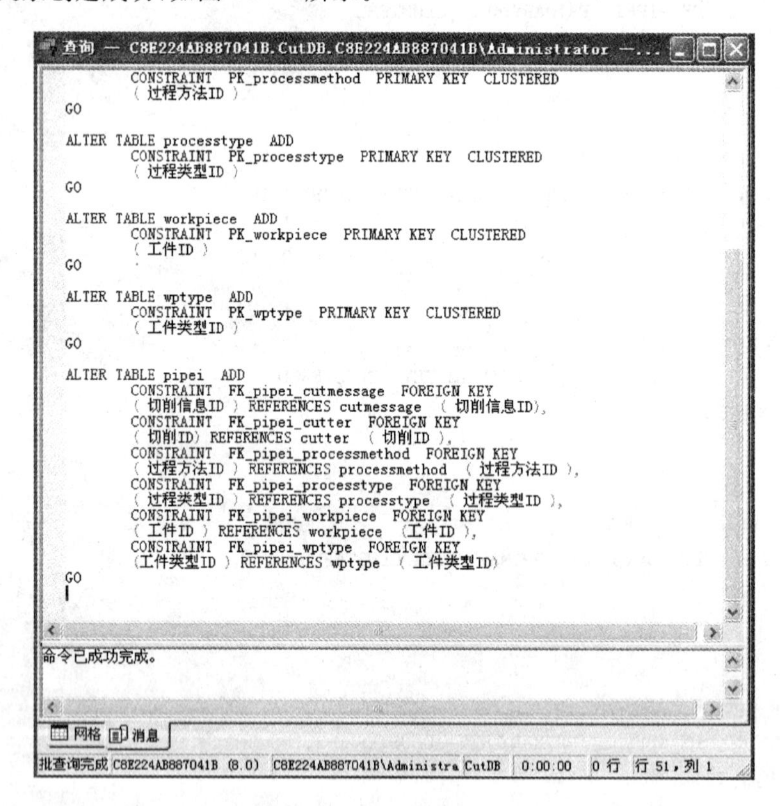

图 13－4 创建约束关系

13.2 切削管理数据库的安全性管理

数据库的安全性管理通过登录账户的管理来完成，步骤如下：

1）创建一个 SQL Server 的登录账户。在企业管理器的控制台根目录中，选择“SQL

Server 组/安全性”，单击“登录”选项，在弹出的菜单中选择“新建登录…”菜单项，如 13 - 5 所示。

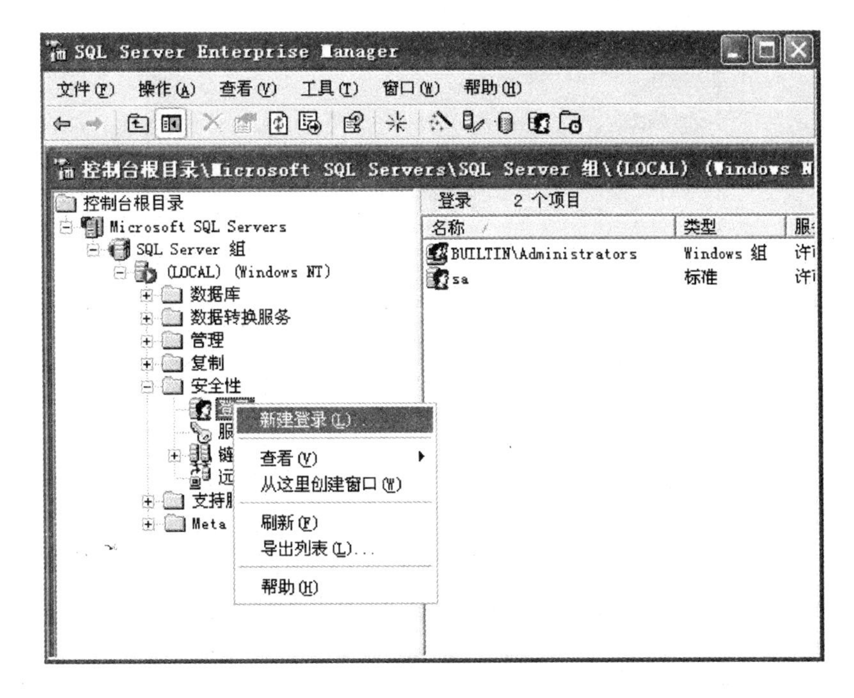

图 13 - 5　新建登录

2）在弹出的“新建登录”对话框中，有“常规”“服务器角色”“数据库访问”三个选项卡，如图 13 - 6 所示。“常规”选项卡用于指定登录账号的名称和默认访问的数据库等信息。

3）在“常规”选项卡中，单击“名称”文本框后面的扩展按钮“[...]”，弹出如图 13 - 7 所示的新建登录名称界面。可以直接在“列出的名称来自”下拉列表中选择其中列出来的名称，也可以在“添加名称”文本框中输入新的登录名称。

4）在“服务器角色”选项卡中，可以指定登录用户的角色和描述信息。在“服务器角色”列表框中选择某个角色，“描述”文本框中就会列出相应的描述信息，如图 13 - 8 所示。

5）在“数据库访问”选项卡中，可以指定该登录账户可以访问的数据库，如目前存在的所有数据库名称，如系统数据库 Master、Model、MSDB 和 Tempdb，范例数据库 Northwind 和 Pubs，以及当前使用的数据库，如图 13 - 9 所示。

6）如果选中“许可”选项，在下面的“数据库角色中允许”列表框中将列出有关信息，并可以通过单击“属性”按钮查看选中数据库角色的属性，如图 13 - 10 所示。

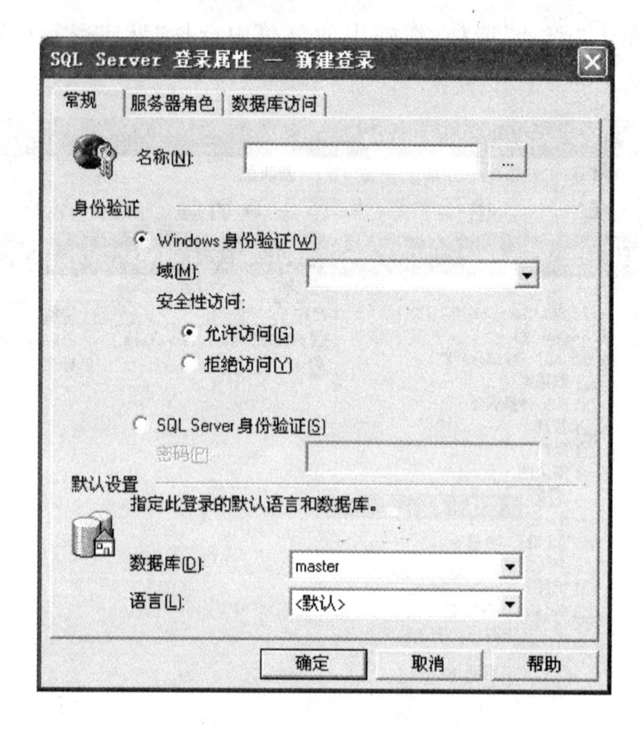

图 13-6 “新建登录”对话框

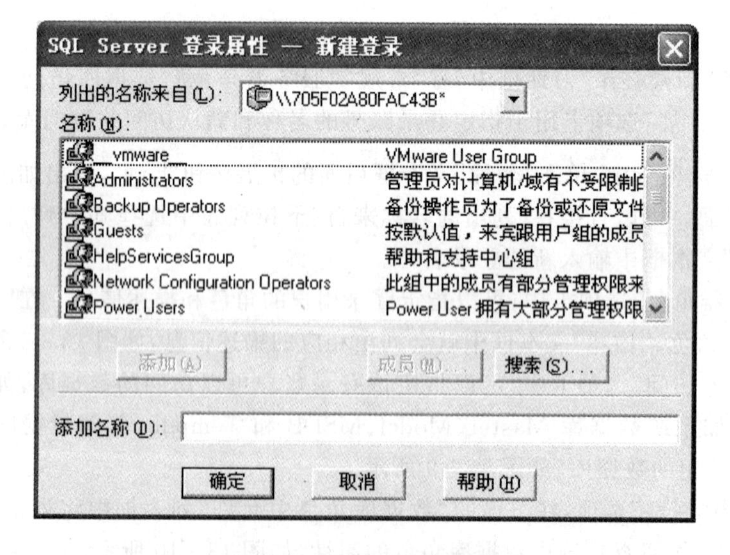

图 13-7 新建登录名称

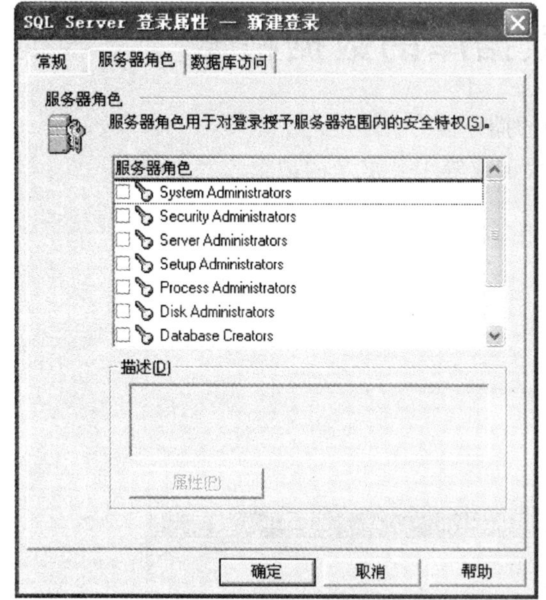

图 13-8　"新建登录"对话框的"服务器角色"选项卡界面

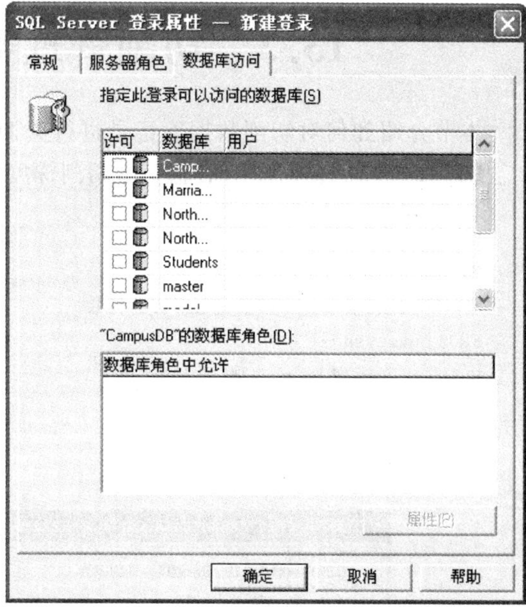

图 13-9　"新建登录"对话框的"数据库访问"选项卡界面

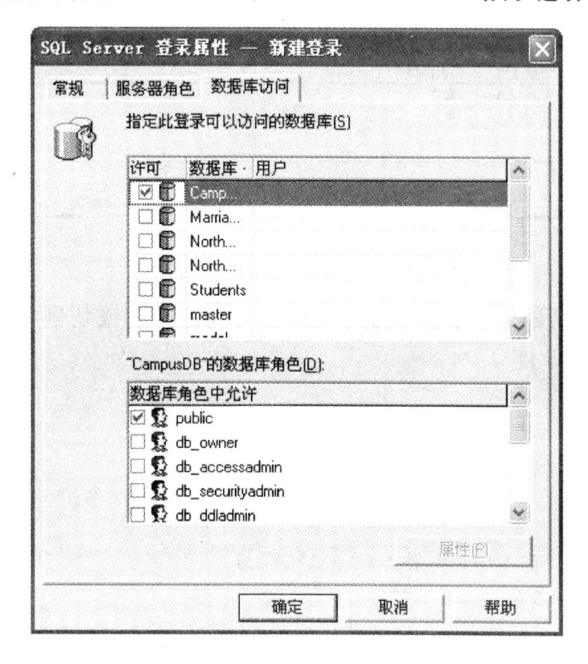

图 13-10　数据库访问角色

13.3 切削管理数据库的数据检索

本节介绍如何对切削数据库记录进行查询的操作。

【例 13－1】 查询切削信息表中切削深度大于或等于 1 毫米的记录。

代码如下：

```
USE CutDB
SELECT 切削信息 ID,切削速度,切削深度
FROM cutmessage
WHERE 切削深度 >= '1 毫米'
GO
```

查询结果如图 13－11 所示。

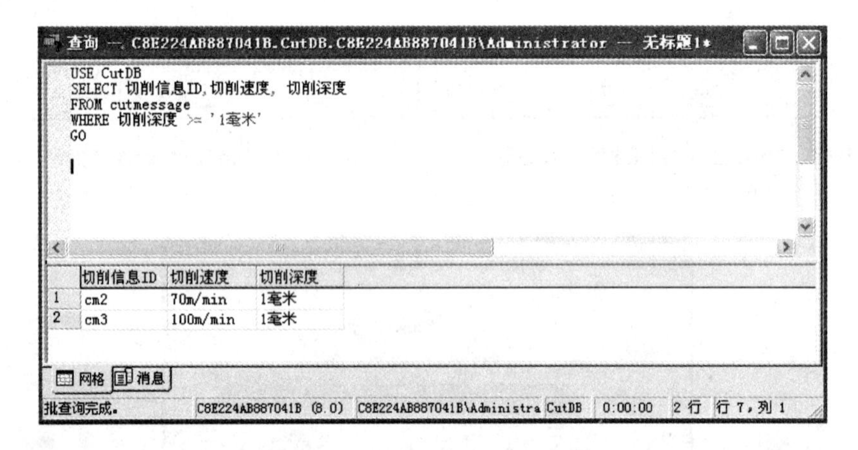

图 13－11 例 13－1 的查询结果

【例 13－2】 查询切削表，找出切削材料必须以“碳”开头或切削类型为“车削”的记录，且“切削主偏角”必须大于 5 度。

代码如下：

```
USE CutDB
SELECT *
FROM  cutter
WHERE (切削材料 LIKE '碳 %' OR 切削类型 = '车削')
AND  (切削主偏角 > '5 度')
GO
```

查询结果如图 13－12 所示。

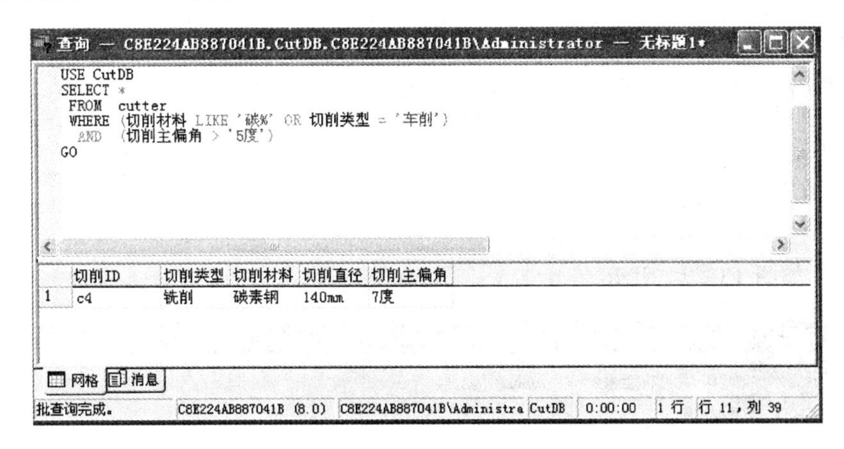

图 13－12 例 13－2 的查询结果

【例 13－3】 查询切削表，找出切削材料为碳素钢或合金钢的记录。

代码如下：

```
USE CutDB
SELECT *
FROM cutter
WHERE 切削材料 IN ('碳素钢','合金钢')
GO
```

查询结果如图 13－13 所示。

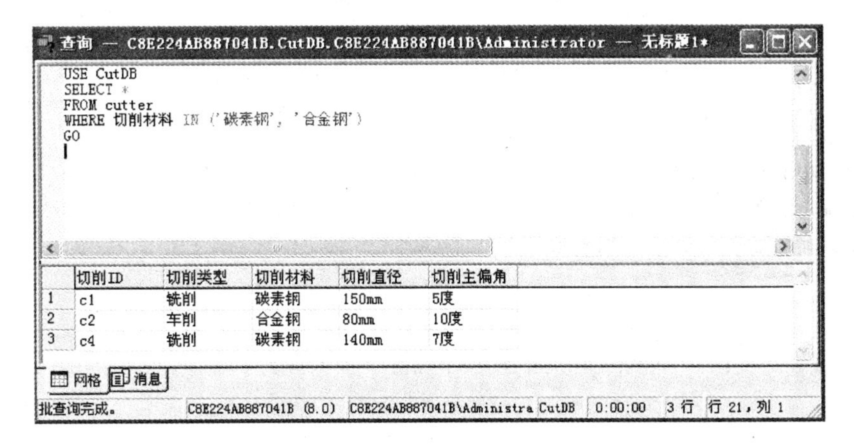

图 13－13 例 13－3 的查询结果

【例 13－4】 查询各种切削材料的平均主偏角。

代码如下：

```
USE CutDB
SELECT 切削材料,AVG(切削主偏角) AS average_degree
FROM cutter
GROUP BY 切削材料
GO
```

查询结果如图 13－14 所示。

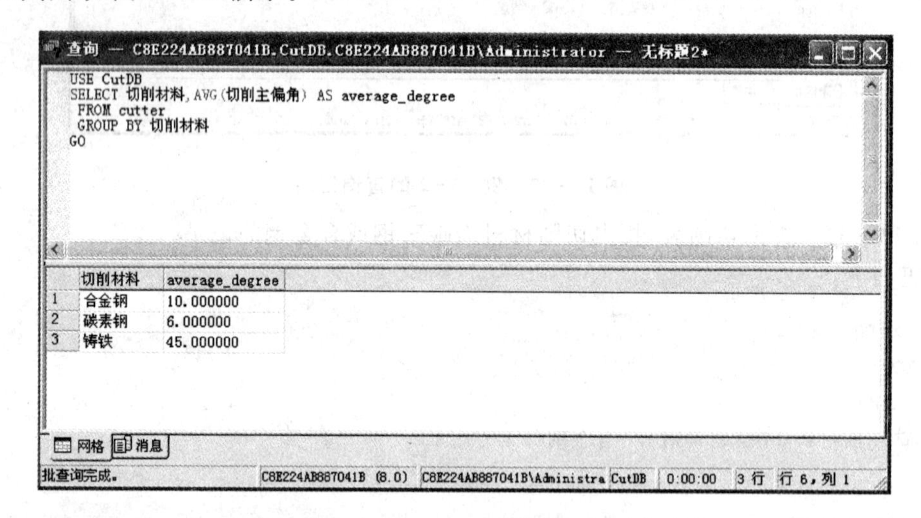

图 13－14 例 13－4 的查询结果

【例 13－5】 查询各种切削过程的类型、方法和材料。

代码如下：

```
USE CutDB
SELECT 过程类型 ID,过程方法 ID,切削材料
FROM pipei   INNER JOIN cutter
ON pipei.切削 ID = cutter.切削 ID
GO
```

查询结果如图 13－15 所示。

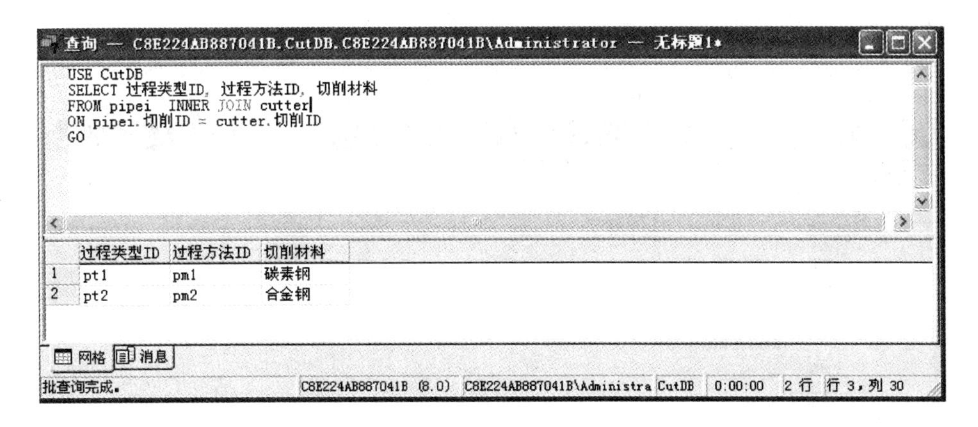

图 13-15　例 13-5 的查询结果

13.4　切削管理数据库的备份与恢复

13.4.1　数据库备份

数据库备份有两种方式，一种是采用 SQL 语句进行备份，另一种是使用企业管理器进行备份。

(1) 采用 SQL 语句进行备份

例如，对数据库 CutDB 进行完全备份，备份文件名为 CutDBbackup，其代码如下：

```
BACKUP DATABASE CutDB to CutDBbackup
WITH NAME = 'full_Campus_bak',INIT
```

(2)使用企业管理器进行备份

使用企业管理器进行备份的操作步骤如下：

1) 在企业管理器的控制台根目录中，选择“SQL Server 组/管理”，单击“备份”选项，在弹出的菜单中选择“新建备份设备…”菜单项，如图 13-16 所示。

2) 这时，会弹出一个“备份属性—新设备”对话框。在“名称”文本框中输入设备名称“CutDBbakup”。如果选择“磁带驱动器”单选按钮，则输入磁带设备的名字；如果选择“文件名”单选按钮，则输入文件名。单击“文件名”文本框右端的扩展按钮“...”，显示现有的备份设备位置，输入名称“D:\CutDBbakup.BAK”，如图 13-17 所示。

3) 在企业管理器的“工具”菜单上，选择“向导…”，弹出“选择向导”对话框，选择“管理/备份向导”选项，如图 13-18 所示。

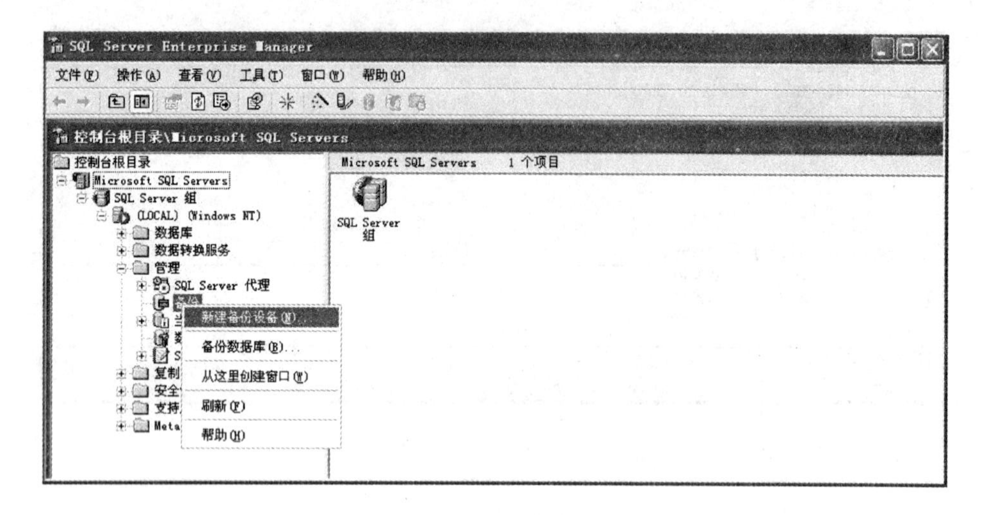

图 13-16　新建备份设备

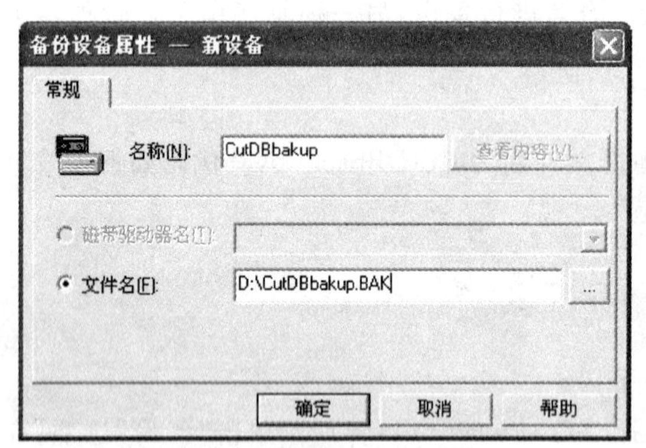

图 13-17　新建立备份设备

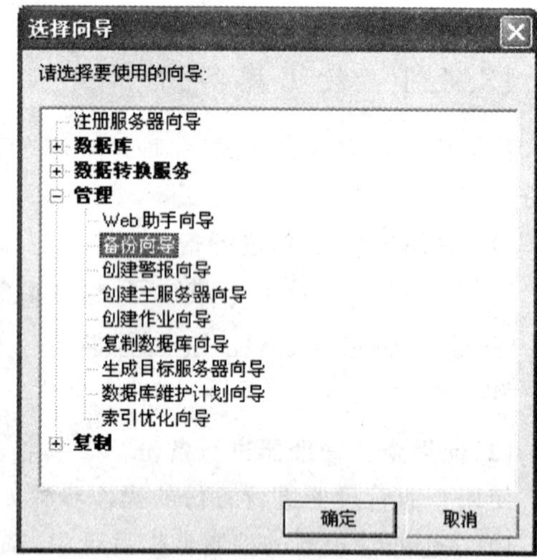

图 13-18　"选择向导"对话框

4) 双击"备份向导"选项,弹出"创建数据库备份向导"对话框,如图 13-19 所示。

5) 在"创建数据库备份向导"对话框中,单击"下一步"按钮,进入"选择要备份的数据库"界面。这里选择 CutDB 数据库作为要备份的对象,如图 13-20 所示。

6) 单击"下一步"按钮,进入"键入备份的名称和描述"界面,在"名称"文本框中输入"CutDB 备份"作为数据库备份名称,如图 13-21 所示。

图 13－19　“创建数据库备份向导”对话框

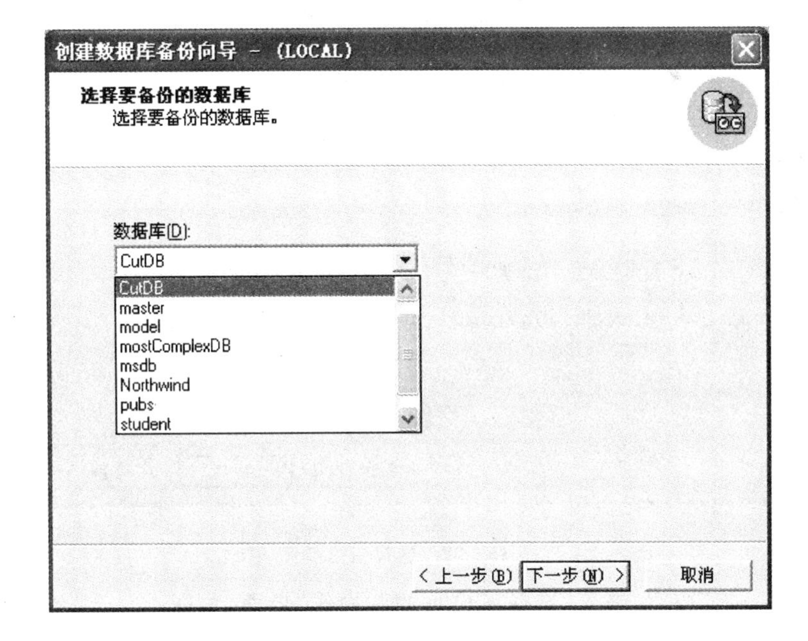

图 13－20　选择要备份的数据库

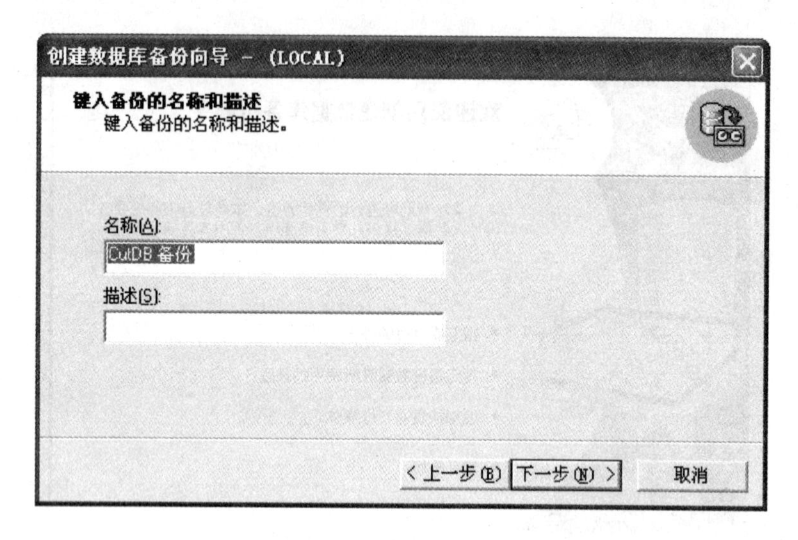

图 13-21 输入备份数据库的名称和描述

7）单击“下一步”按钮，进入“选择备份的类型”界面，如图 13-22 所示。这里有三种类型的备份，选择“数据库备份—备份整个数据库”单选按钮。

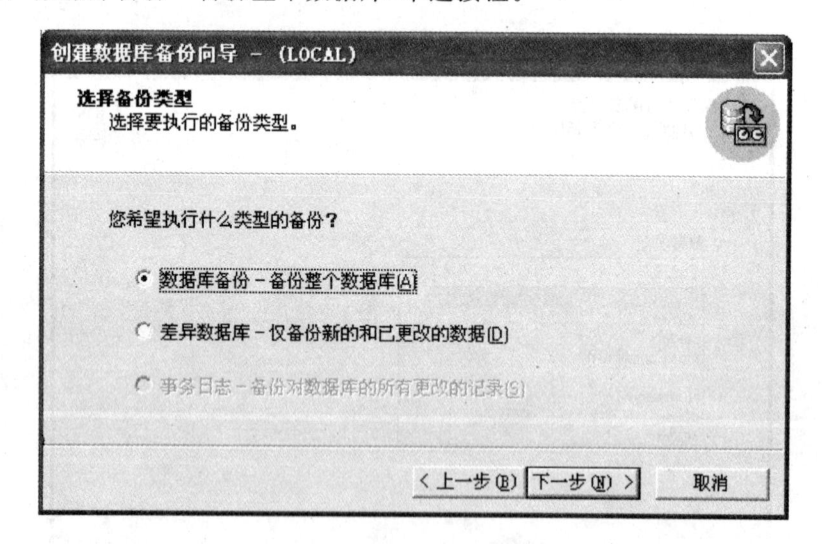

图 13-22 选择备份类型

8）单击“下一步”按钮，进入“选择备份目的和操作”界面，如图 13-23 所示。在“选择备份设备”选项组中“选择备份设备”单选按钮，在其右边的下拉列表中可以指定磁带、文件和备份设备作为备份；在“属性”选项组中可以选择“追加到备份媒体”或“重写备份媒体”单选按钮，以及“备份后读取并验证备份的完整性”等复选框。

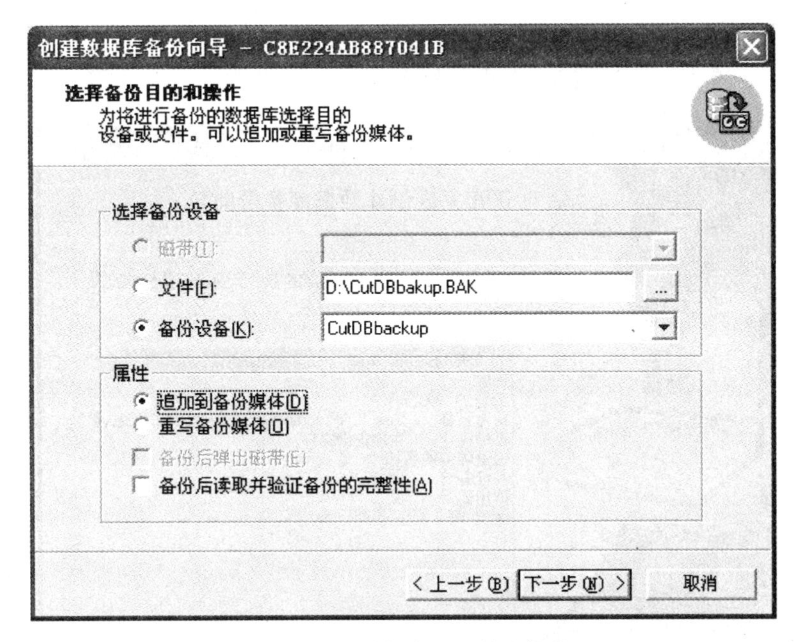

图 13－23　选择备份目的和操作

9）单击"下一步"按钮，进入"备份验证和调度"界面，如图 13－24 所示。在这里分别设定"检查媒体集""备份集到期时间""调度"。"调度"用于设定备份是在以后某个时间执行，还是周期性执行。

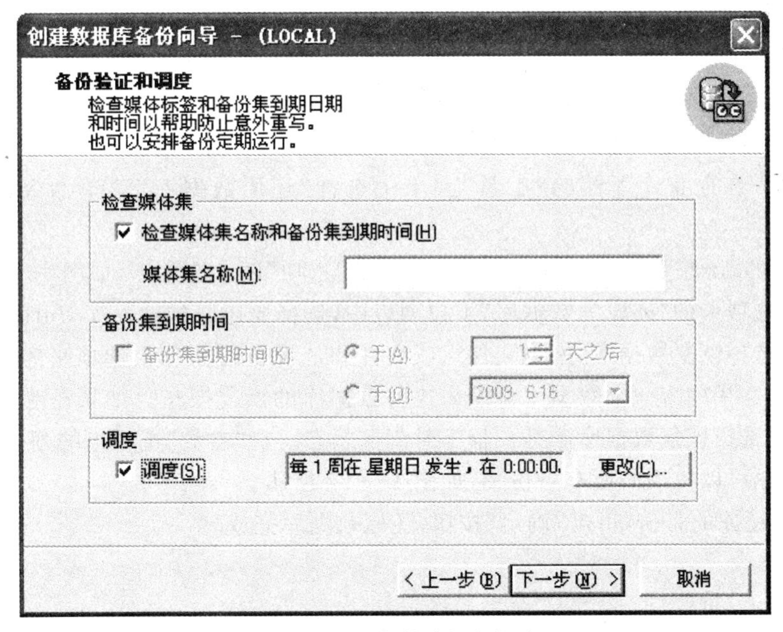

图 13－24　备份验证和调度

10）单击“下一步”按钮，可以预览“备份定义”，如图 13 - 25 所示。这里给出了有关这次备份的所有信息。单击“完成”按钮，完成备份操作。

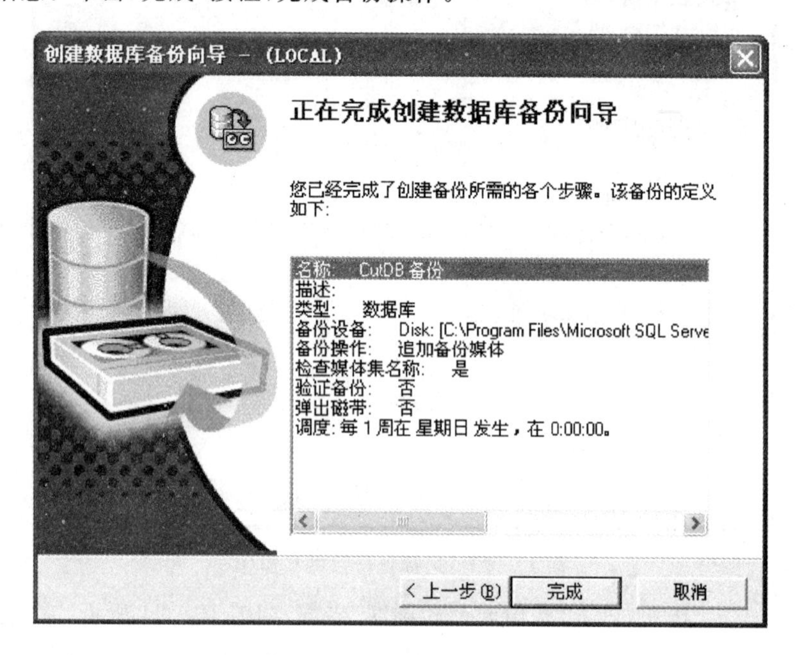

图 13 - 25 完成的备份定义

13.4.2 数据库还原

这里使用企业管理器完成数据库还原，操作步骤如下：

1）在企业管理器的控制台根目录中，选择“SQL Server 组/数据库”下已经完成备份的 CutDB 数据库。在企业管理器的“工具”菜单中选择“还原数据库”菜单命令，如图 13 - 26 所示。

2）在弹出的“还原数据库”对话框中，有“常规”“选项”两个选项卡，如图 13 - 27 所示。

在“常规”选项卡的“还原为数据库”下拉列表中，选择要还原的数据库 CutDB。

还原可以选择恢复数据库、恢复文件组或文件和从设备还原三个选项来完成。在“参数”选项组中，可以选择用哪一个数据库备份来执行数据库的恢复操作。如果是利用事务日志进行恢复，还可以选择恢复数据库到某一指定时刻的状态。在“参数”选项组的列表框中，显示了当前数据库还原可以使用的所有备份集，如图 13 - 27 所示。

3）选中要还原的备份，单击“确定”按钮，还原数据库完成。

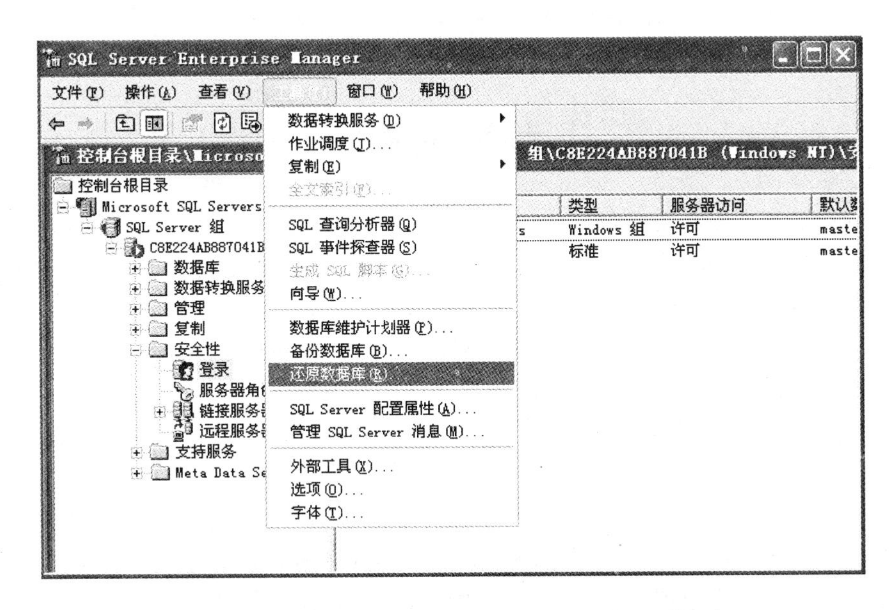

图 13－26　选择已备份的数据库和“还原数据库”命令

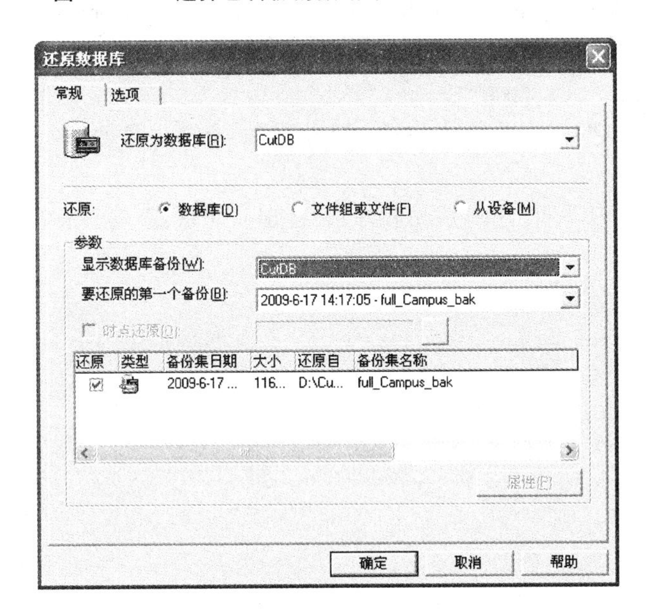

图 13－27　“还原数据库”对话框

参考文献

[1] 王珊,萨师煊.数据库系统概论[M].北京:高等教育出版社,2007.

[2] Abraham Silberschatz, Henry F Korth,Sudarshan S.数据库系统概念[M].5版.杨冬青,马秀莉,唐世渭,等译.北京:机械工业出版社,2006.

[3] 霍特克.SQL Server 2008 实现与维护(MCTS教程)(微软技术丛书).传思,陆昌辉,吴春华,卢晓冬,等译.北京:清华大学出版社,2011.

[4] 微软公司.数据库程序设计——SQL Server 2000数据库程序设计[M].北京:高等教育出版社,2004.

[5] 柴晟,刘莹,蔡锦成.SQL Server 2000数据库应用教程[M].北京:清华大学出版社,2007.

[6] 郑阿奇.SQL Server实用教程[M].3版.北京:电子工业出版社,2009.

[7] 周察金,汪剑.数据库原理与应用[M].北京:北京航空航天大学出版社,2007.

[8] 微软公司.数据库访问技术——ADO.NET程序设计[M].北京:高等教育出版社,2004.

[9] Rebecca M. Riordan. ADO.NET程序设计[M].李高健,孙瑛霖,译.北京:清华大学出版社,2003.

[10] David Sceppa. ADO.NET技术内幕[M].梁超,张莉,贺堃,译.北京:清华大学出版社,2003.

[11] 微软公司.面向.NET的Web应用程序设计[M].北京:高等教育出版社,2004.